国家精品课程教材

新编公共行政与公共...

行政伦理学
Ethics of Administration

李建华 左高山 ／主编

图书在版编目(CIP)数据

行政伦理学/李建华,左高山主编. —北京:北京大学出版社,2010.6
ISBN 978-7-301-17268-1

Ⅰ.①行…　Ⅱ.①李…②左…　Ⅲ.①行政学-伦理学-高等学校-教材
Ⅳ.①B82-051

中国版本图书馆 CIP 数据核字(2010)第 101643 号

书　　　名：行政伦理学
著作责任者：李建华　左高山　主编
责 任 编 辑：胡利国
封 面 设 计：春天书装
标 准 书 号：ISBN 978-7-301-17268-1/D·2612
出 版 发 行：北京大学出版社
地　　　址：北京市海淀区成府路 205 号　100871
网　　　址：http://www.pup.cn
电 子 邮 箱：编辑部 ss@pup.cn　　总编室 zpup@pup.cn
电　　　话：邮购部 010-62752015　发行部 010-62750672　出版部 010-62754962
　　　　　　编辑部 010-62753121
印　刷　者：北京虎彩文化传播有限公司
经　销　者：新华书店
　　　　　　730mm×980mm　16 开本　14.75 印张　265 千字
　　　　　　2010 年 6 月第 1 版　2024 年 8 月第 10 次印刷
定　　　价：39.00 元

未经许可,不得以任何方式复制或抄袭本书之部分或全部内容。
版权所有,侵权必究
举报电话:010-62752024　　电子邮箱:fd@pup.cn

目 录

第一章 行政伦理学：学科定位与知识体系 /1
 第一节 行政伦理学的基本概念 /1
  一、伦理与道德的概念 /2
  二、行政的公共性 /4
  三、行政伦理的内涵 /7
 第二节 行政伦理学的学科定位与知识体系 /9
  一、行政伦理学的研究对象 /9
  二、行政伦理学的基本问题 /14
  三、行政伦理学的学科性质 /24
  四、行政伦理学的形成与发展 /26
 第三节 行政伦理学的价值与方法 /31
  一、行政伦理学的价值 /31
  二、行政伦理学的方法 /33

第二章 行政伦理学的相关道德理论 /37
 第一节 功利论的道德理论 /38
  一、边沁的功利主义道德理论 /38
  二、穆勒对功利主义道德理论的发展 /39
 第二节 义务论的道德理论 /41
  一、义务论的主要观点及特征 /42

二、康德的道德理论 /43
第三节 美德论的道德理论 /45
一、亚里士多德的美德伦理 /45
二、基督教的美德伦理 /46
三、儒家的美德伦理 /48

第三章 中国传统行政伦理 /50
第一节 中国传统行政伦理的理据 /50
一、"德"与"孝":传统行政伦理的逻辑起点 /51
二、"礼"与"仁":传统行政伦理的理据 /54
第二节 中国传统行政伦理的主要规范 /59
一、忠:臣事君以忠 /60
二、信:无信则不立 /62
三、廉:知耻而不贪 /64
四、智:是非明辨之 /66

第四章 行政理性 /69
第一节 行政理性的基本概念 /70
一、理性为道德立法 /70
二、行政理性的界定 /72
三、行政理性的实质 /74
四、行政理性的标准 /76
第二节 行政理性的限度 /77
一、政府的有限性 /78
二、行政理性的限度 /82

第五章 行政正义 /85
第一节 行政正义的基本概念与内涵 /85
一、行政对于正义的诉求 /86
二、行政正义的概念及其现代含义 /88
三、行政正义的优先价值 /91
第二节 行政程序正义 /94
一、行政程序正义的价值 /94

二、行政程序正义的原则 /98
三、行政程序正义的实现 /99

第三节 行政实质正义 /104
一、行政的实质正义界定 /104
二、行政实质正义的标准 /106
三、行政实质正义的实现 /108

第六章 行政自由裁量 /111

第一节 行政自由裁量的基本概念 /111
一、行政自由裁量的界定 /111
二、行政自由裁量的演进 /114
三、行政自由裁量的原则 /118

第二节 行政自由裁量的边界 /119
一、行政自由裁量的法律边界 /119
二、行政自由裁量的理性边界 /122
三、行政自由裁量的道德边界 /123

第三节 行政自由裁量的失范与控制 /125
一、行政自由裁量的失范 /125
二、行政自由裁量的控制 /126

第七章 行政腐败 /129

第一节 行政腐败的基本概念 /129
一、行政腐败的界定 /129
二、行政腐败的特征 /132
三、行政权力的滥用 /135
四、行政腐败的原因 /136

第二节 行政腐败的危害 /139
一、行政腐败造成国家经济损失 /139
二、行政腐败造成政治资源流失 /140
三、行政腐败造成重大社会危害 /142

第三节 行政腐败的规制 /144
一、以道德规制行政腐败 /145
二、以权力规制行政腐败 /148

三、以社会规制行政腐败 /150

第八章 行政忠诚 /153
第一节 行政忠诚的基本概念 /153
一、忠诚及其相关问题 /154
二、行政忠诚的界定 /156
三、行政忠诚的对象 /158
四、行政忠诚与认同 /159
第二节 对宪法的行政忠诚 /162
一、忠诚宪法是政府的首要义务 /162
二、宣誓是忠诚宪法的重要途径 /164

第九章 行政检举 /166
第一节 行政检举的基本概念 /166
一、行政检举的渊源 /166
二、行政检举的界定 /169
三、行政检举的特征 /171
第二节 行政检举的困境及原因 /173
一、行政检举的困境 /173
二、行政检举困境的原因 /174
第三节 行政检举的实现 /178
一、培育公共精神 /178
二、完善检举制度 /181

第十章 行政责任 /184
第一节 行政责任的基本概念 /184
一、行政责任的界定 /184
二、行政责任的变迁 /187
三、行政责任的冲突 /191
第二节 客观行政责任与主观行政责任 /194
一、客观行政责任 /194
二、主观行政责任 /196

第十一章　廉政与善政　/198
第一节　廉政的基本概念　/199
　　一、廉政的界定　/199
　　二、廉政的主体与内涵　/201
第二节　廉洁政府的建立　/203
　　一、我国廉政建设的现状　/204
　　二、国外廉政建设的经验　/207
　　三、廉政制度创新的模型分析　/209
　　四、廉政建设与制度创新　/212
第三节　善政及其实现　/215
　　一、善政的界定　/215
　　二、治理与善治　/218
　　三、治理与善政　/220
　　四、善政的实现　/223

后　记　/227

第一章 行政伦理学:学科定位与知识体系

行政伦理学是一门研究公共行政活动中产生的伦理问题和道德现象的应用学科。作为一门与现实生活息息相关的学科,它需要对当代公共行政领域中所凸显的最尖锐、最具挑战性的问题提出一套系统的看法。如何科学地认识和理解公共行政活动中的道德现象,如何有效地揭示行政伦理的原则和规范,如何有效地运用这些原则和规范促进公共行政朝着正确的和高效率的方向发展,是行政伦理学研究的基本任务。在现代社会,现代科学发展的趋势是人文科学、社会科学与自然科学的相互交叉和相互渗透,交叉学科越来越繁荣。行政伦理学作为一门交叉学科具有社会科学和人文科学的双重属性,然而,公共行政领域很少有效地利用伦理学或政治哲学这些古老的人文科学传统。伦理学就是告诉我们如何去发现、思考和解决公共行政领域面临的伦理困境和道德选择问题,而政治哲学则是告诉行政管理者如何扮演恰当角色、做出合理的行为和坚持政治信念和道德价值。如果公共行政缺乏这种哲学传统,它就不能自觉地服务于公共利益。在这一章,我们将概述行政伦理学的基本概念、基本问题、学科定位和知识体系。

第一节 行政伦理学的基本概念

有关行政伦理的思想古已有之,但成为一门系统的学科则始于20世纪70年代中期,随着新公共行政运动的不断高涨,行政伦理的研究和应用也都得到了快速发展并呈现出多样性。行政伦理学已日益证明了自身在公共行政领域内的存在并逐步由非主流学科研究走向了中心。① 行政伦理学已经具备了自身独立的问题域,相对完整的原理、规范、研究方法和知识体系。

一、伦理与道德的概念

我们有必要对行政伦理学最为基础的概念进行初步的界定和分析。概念界定是人们认识世界、传播知识、表达思想、解决问题的重要手段,也是人们进行逻辑思维的起点。但是,概念的界定是一项非常艰难的工作,任何概念的界定都是相对的,很难做到完美无缺。我们先从词源学的角度来简要分析"行政伦理"中的"伦理"一词。在《说文解字》中,"伦"被解释为"辈也,从人,明道也"②。"伦"的本义就是"关系"或"条理","父子有亲,君臣有义,夫妇有别,长幼有序,朋友有信"③指的就是人与人之间的五种主要关系。"理"被解释为"治玉也,从玉"④。"理"的原意是指依照玉本身的纹路来雕琢玉器,使得玉器成型有用,后来引申为治理、协调社会生活和人际关系。《礼记·乐记》把伦理合用,曰:"乐者,通伦理者也。""伦理"一词是指"人伦之理"或"做人之理",专指人类社会生活关系中应该遵循的道理和规则,或人类社会的秩序、规则及合理正当的行为。在英文中,与"伦理"大致对应的词为"ethics",该词源自希腊文"ethos"一词,其本意是"本质""人格",也有"风俗""习惯"等含义。"道德"二字本来也是分开用的。"道"的原意是道路,后来逐渐引申为支配自然和人类社会生活的法度、准则以及运行规律。如表示自然运行规律的"天道"、表示社会生活规律和做人规矩的"人道"。"德"字原意为正道而行,也有心中有所得到的意思。朱熹注释"德"字,曰:"德者,得也,得其于心,而不失之谓也。"⑤意思是说,心中得道,并且能够保持它,行为上遵循它,便是德了。在英文中,"道德"一词大致对应于"moral"或"morality",源自拉丁文"mores",指"风俗"或"习惯"。在日常语言使用中,"伦理"更具客观、客体、社会、团体的意味。著名学者何怀宏指出,"伦理"可以是低层次的、外在的、类似于法律、"百姓日用而不知"的东西,但也可以是高层次的、综合了主客观的、类似于家园、体现了人或民族的精神实质的、可以在其中居留的东西。而"道德"则更含主观、主体、个人、个体意味。在大多数情况

---

① 〔美〕特里·L. 库珀:《行政伦理学应关注的四个重大问题》,《国家行政学院学报》2005年第3期。
② 〔汉〕许慎:《说文解字》,北京:中华书局1963年版,第164页。
③ 《孟子·滕文公章句上》。
④ 〔汉〕许慎:《说文解字》,北京:中华书局1963年版,第12页。
⑤ 《四书集注·论语注》。

下,"伦理"和"道德"被当作同义词使用。①

关于伦理道德和行政之间的关系,美国著名的行政学大师乔治·弗雷德里克森指出:"伦理是一个哲学、价值和道德准则的世界,而行政则属于决策和行动的世界。伦理寻求对与错,而行政则必须完成工作。伦理是抽象的,而行政实践则是具体的。伦理如何改革行政?行政如何影响道德?行政的观念——秩序、效率、经济、生产力——如何有助于定义伦理?道德的观念,比如对与错,如何有助于定义行政?"②应该说,乔治·弗雷德里克森不仅为我们区分伦理和行政以及二者的关系,同时也提出了富有启发意义的行政伦理问题。

公共行政是否真的能做到"价值无涉"或"价值中立"呢?答案是否定的,公共行政人员不仅不可能做到所谓的价值中立或价值无涉,恰恰相反,他们总是带有某种价值观念来从事公共行政活动的。"公共行政领域的一些重大问题往往是与管理者的信念、价值和习惯有关的。"③其实,大多数人对德国著名社会学家马克斯·韦伯提出的"价值无涉"或"价值中立"问题都存在着误解。美国著名社会学家科塞在《社会思想名家》一书的导言中对此进行了很好的说明:

> 如果你不能通过想象把自己置身于韦伯著述时的那个学术环境和社会环境之中,你就不能理解他的思想。韦伯对一个事实感到震惊:社会科学是由出于爱国主义而认为必须用讲课和著述捍卫德意志帝国事业的那些人把持着的。他们进行研究的目的是增加祖国的荣耀。正是为了反对这一亵渎科学家天职的行为,马克斯·韦伯确定了他的主要工作。他之所以诉诸价值中立这一概念,是为了彻底把社会科学从为当权者服务的桎梏下解放出来,是为了强调研究者有权利、有义务独立解决问题,而不必考虑所得出的结论对国家事务有利还是有害。韦伯认为,在成熟的讲究方法的研究中,价值中立可以把社会科学从政策制定者的巨掌下解放出来。它会结束社会科学的无自由权状态,为社会科学的自主发展扫清道路……④

通过科塞的论述,我们可以认识到:韦伯之所以诉诸"价值中立"这一概念,其目的在于强调研究者的独立性,"彻底把社会科学从为当权者服务的桎梏下解放出来",为社会科学的自主发展扫清道路。其实,大多数学者强调学术研究中的

---

① 何怀宏:《伦理学是什么》,北京大学出版社2002年版,第9—12页。
② 〔美〕乔治·弗雷德里克森:《公共行政的精神》,张成福等译,北京:中国人民大学出版社2003年版,第140—141页。
③ 同上书,第2页。
④ 参见〔美〕科塞:《社会思想名家》,导言部分,石人译,北京:华夏出版社2007年版。

"价值中立"或"价值无涉"是针对学术研究应脱离政党或政治的干扰。

二、行政的公共性

我们要了解行政伦理,必须对行政、政治以及伦理的关系有所了解。在西方法学体系中,行政可以分为公共行政和私人行政。"行政乃是为实现某个私人目的或公共目的而在具体情形中对权力的行使。行政通常所涉及的是对某种财产、公司、政府机构或其他形式的私人企业或政府企业的管理。负责公司事务的官员向雇员发布命令,为生产制订计划,雇用和解雇工人。上述情形是私人行政。政府官员为公共利益而采取行政措施的情形,就是我们所倡的公共行政领域。公共行政的典型范例是:外交事务的处理,公路和水坝的建造,国家自然公园的保护等方面的决策和行动。"①本书中所说的行政指的是公共行政。

第一个明确使用"公共行政"这一术语的是伍德罗·威尔逊。因此,关于政治与行政的关系,我们将主要以他于1887年在《行政学研究》一文中提出著名的"政治与行政的二分"为例来进行分析。在行政学的早期发展阶段,行政学主要关注和强调行政的科学性和效率,即行政的工具理性和技术问题,至于与公共行政密切相关的价值理性和伦理道德问题则关注较少。威尔逊认为行政与政治不同。行政管理的问题并不属于政治问题,行政管理是置身于"政治"所特有的范围之外的。虽然行政管理的任务是由政治所确定的,但政治无须直接指挥行政管理机构。"政治是政府在重大而且带着普遍性事项方面的国家活动,而行政是政府在个别、细致而且带技术方面的国家活动,是合法、明确而且系统的执行活动。"政治制定政策,行政执行政策。政治家从事政治,官僚负责行政。同时,威尔逊还指出:政府官员不仅要为上级而且要为社会尽力,用"良心"做最大服务,政府官员应该具有良好的态度,具有坚定而强烈的忠诚。他指出,政府官员,尤其是行政领导应该带头克服官僚主义,是真正为人民服务的一个具有大公无私精神的政治家,可以把自负而且敷衍塞责的机关变成公正政府的具有大公无私精神的工具。② 显然,威尔逊对政治与行政的这种区分富有意义,他也认

---

① 〔美〕E. 博登海默:《法理学法律哲学与法律方法》,邓正来译,北京:中国政法大学出版社2004年版,第378页。

② 〔美〕伍德罗·威尔逊:《行政学研究》,彭和平等编译,《国外公共行政理论精选》,北京:中共中央党校出版社1997年版,第1—26页。参见丁煌:《威尔逊的行政学思想》,《政治学研究》1998年第3期,第35—36页。参见〔美〕乔治·弗雷德里克森:《公共行政的精神》,张成福等译,北京:中国人民大学出版社2003年版,第88页。

识到了伦理与价值观念在行政活动中的作用。在他看来,政党分肥制的弊病是将行政领域和政治领域混合在一起造成的。他试图通过"政治与行政的二分"使行政发展摆脱政治的干涉,行政系统才能以科学、效率、效益、技术合理性等价值为行为准则,并由此建立一个高效合理的政府管理模式,行政应努力成为实现政治价值的手段,行政学研究必须适应美国的民主理念。事实上,在实际的行政活动中,公共行政与政治是无法分离的,公共行政只不过是政治的一种表现形式,在中国更是如此。

行政或公共行政,其对应的英文词为"administration""public administration",并不存在本质上的区别。但在一定意义上反映出了行政管理学的发展历程。"公共行政"强调或凸显了"行政"的"公共性"这一本质特征。我们知道,"公共"立足于价值理性,而"行政"有赖于技术理性,但技术理性否认价值理性的逻辑,价值理性否认技术理性的逻辑。在汉语中,《礼记·礼运》载:"大道之行也,天下为公",其中的"公"含义为"公共、共同",强调多数人共同或公用,与"私"相对。"公共"(public)一词有两个起源:一是源自希腊词汇"pubes"或者"maturity",它们表示个人在身体上、情感上或智力上已经成熟,强调个人能超越自身利益去理解他人利益。二是源于希腊词汇"koinon"。英语"common"(共同)也来源于该词,意为人与人之间在工作、交往中相互照顾和关心的一种状态。因此,从词源上看,"公共"是指个体不仅能与他人合作,还能替他人着想。在现代英语中,"公共"成了"政府"和"政治"的同义词。[①] 与"公共"相对应的词是"私人"(private),它最接近的词源为拉丁词"*privatus*",意指离开公众生活,可追溯的最早词源为拉丁文"*privare*",意思为"丧失"或"剥夺"。"private"具有"私密的"或"隐蔽的"意思,后来发展为与"public"相对的词,主要意涵为"言行自由权、特权"。在某种意义上,"private"可能含有贬义,例如"private profit"(私人利益)与"private advantage"(私人利益)。另一方面,"private"又强调个人的权利和个人生活的私密性。可见,"private"是一个含义非常复杂的词[②]。古代社会并不存在明确的公/私领域划分,在政治领域,代表国家权力的"公"往往吞没了"私",而在经济领域,则表现为国家对经济生活的全面控制。直到近代,"公"与"私"才截然分离。公共行政在政治与行政"二分法"的影响下,热衷于

[①] 〔美〕乔治·弗雷德里克森:《公共行政的精神》,张成福等译,北京:中国人民大学出版社 2003 年版,第 18—19 页。

[②] 〔英〕雷蒙·阿隆:《关键词:文化与社会的词汇》,刘建基译,北京:生活·读书·新知三联书店 2005 年版,第 364—366 页。

对纯粹治理技术和效率的追求,从而形成对公共行政的公共精神和公共价值的冲击,于是就有新公共行政学强调公平与参与及同期的政策分析理论中的民主因素等。当代社会"公"与"私"甚至出现相互融合的趋势,经济领域表现为国家干预与自由经济并存,而在政治领域则表现为市民社会的成长。与此同时,公共行政的"公共性"问题再次凸显出来了,强调"公共性"不仅是公共部门的内在要求,也是市民社会推动的结果。

从理论上而言,"公共行政"是与"私人行政"相对立的概念。之所以强调"公共行政",是为了凸显出行政的"公共性"特征,现代行政管理活动中出现了偏离公共领域的现象,出现了越来越多的贪腐问题,出现了公共权力的异化。人们对领导专权、政党分赃和贪污腐败反应强烈,呼唤着公共行政的"公共性"精神的回归。那么,我们究竟如何来理解行政的"公共性"呢?

有学者较为全面地指出了"公共性"内涵:"公共性"在伦理价值层面上必须体现公共部门活动的公正与正义,在公共权力的运用上体现出人民主权和政府行为的合法性,在公共部门运作过程中体现为公开与参与;在利益取向上表明公共利益是公共部门一切活动的最终目的,必须克服私人或部门利益的缺陷;在理念表达上是一种理性与道德,它支持市民社会及其公共舆论的监督作用。① 我们认为,行政的公共性至少可从以下三个方面来分析:

(1)"公共性"可以理解为公共行政的新的理念。"公共性"揭示了公共行政目的的公益性,强调为公共利益服务。政府应当根据公共利益和民意来制定与执行公共政策。之所以说公共性是一种新的理念,是因为"公共性"要求政府组织应着眼于社会的长远发展,注重公民的普遍利益来开展公共行政活动。同时,"公共性"也要求公共行政人员树立为人民服务的观念,公共政策的制定与执行都要防止向部门利益和个人利益倾斜。

(2)"公共性"可以理解为公共行政的公共精神。公共行政的"公共性"内涵可以归结为公共精神。现代公共行政的公共精神包括四个方面:民主精神、法治精神、公正精神和服务精神。民意是政府合法性的唯一来源,政府的一切活动应受到预先确定并加以公布的规则制约,公民权利平等并不受公共权力的侵害,政府职能应积极向服务型政府转变,公共行政过程应平等、公正和透明②。

(3)"公共性"可以理解为公共行政的价值基础。政府的制度安排既要以公共性为基础,公共行政过程也要体现公共性。政府的组织机构、行为方式、运

---

① 王乐夫、陈干全:《公共性:公共管理研究的基础与核心》,《社会科学》2003年第4期。
② 张成福:《论公共行政的"公共精神"》,《中国行政管理》1995年第5期。

行机制、政策规范等都应体现其公共性。正如哈贝马斯所指出的："公共性成为国家机构本身的组织原则"，公共性应当建立在理性基础之上。在某种意义上，公共性等同于理性，甚至是良知，依靠公共舆论表达出来。①

三、行政伦理的内涵

近代西方社会，政界腐败触目惊心，政客们不择手段地获取金钱、权力、美色，大搞"权钱交易"，许多高官因为贿赂、贪污、"黑金政治"落马。根据美国一些行政伦理学家的研究，美国行政活动中主要存在着利益冲突、礼物、演讲费、兼职、后就业、任人唯亲、违法乱纪等伦理问题②。正是因为行政过程中出现了大量的伦理问题，有关行政伦理的研究也开始兴起。有人认为，行政伦理学研究在美国成为一个持续的理论话题始于1940年《公共行政评论》杂志的创刊。也有人认为行政伦理问题研究始于美国建国初期。还有人认为，直到20世纪70年代，人们才开始对行政伦理进行系统的研究③。其实，在行政学的发展过程中，行政价值问题在行政管理活动中的重要性始终是人们无法忽视的。行政学在早期发展过程中，追求公共行政体系的科学化、技术化，否定伦理、政治价值因素在公共行政运行中的作用。这种理论模式使得公共行政学科的发展出现了严重的缺陷，因而受到了人们的普遍质疑。第二次世界大战之后，公共行政向政治学回归。诸如民主价值、多元政体、公民参与、社会正义、法治、正当程序等，成了公共行政学的重要议题。与此同时，管理学的决策转向也为行政学发展的价值追求和伦理思考提供了可能性空间。乔治·弗雷德里克森曾指出："效率和经济是美国公共行政理论的两个支柱。效率——尽可能地利用已有的金钱实现更大的公共利益——是公共行政实践的理论基础。经济——尽可能少地使用纳税人的金钱去实现某一公共目标——同样是一个诱人的目标。"毫无疑问，把"效率"和"经济"作为公共行政的指导方针是必要的，但还不够，还必须把"社会公平"作为公共行政的第三个理论支柱，使公共行政能够回应公民的需要④。具体而言，我们可以从五个方面来界定行政伦理的内涵。⑤

---

① 〔德〕哈贝马斯：《公共领域的结构转型》，曹卫东等译，上海：学林出版社1999年版。
② 马国泉：《美国公务员制与道德规范》，北京：清华大学出版社1999年版，第32页。
③ 李春成：《美国行政伦理学的兴起》，《广东社会科学》2001年第5期。
④ 〔美〕乔治·弗雷德里克森：《公共行政的精神》，张成福等译，中国人民大学出版社2003年版，第88页。
⑤ 参见李文良：《西方国家行政伦理的内涵及其特点》，《华北电力大学学报（社会科学版）》2001年第2期。

（1）从公共利益的角度来界定行政伦理。政府及其官员是否能够代表并回应公共利益是行政伦理的核心议题之一。换言之，公共利益是公共行政的出发点，公共行政人员应当是公共利益的代理人，而不是个人私利或集团利益的代言人。政府具有促进和实现公共利益的义务和责任。

（2）从决策及其过程的角度来界定行政伦理。在这种意义上，行政伦理就是指行政过程和行政决策中的道德。进而言之，伦理道德内在于所有公共政策之中。因为行政决策者在制定公共政策时，总是或多或少要受该社会主流价值观念的影响。这样，行政伦理可以看作决策伦理。事实上，行政决策常常反映着一个社会的核心价值观。而行政官员对组织内制定的决策和决策依据的道德标准负有个人和专业的责任。

（3）从价值理性的角度来界定行政伦理。行政伦理可以看作行政活动和行政过程中的价值追求和实现。公共行政不仅仅要重视经济和效率，同时也要重视公平、正义和民主，要维系并发展民主法治社会的基本价值理念和公共行政的基本价值理念。公共行政不仅外显为工具理性，充当执行国家意志的手段和工具，而且内含价值理性，公共行政必须捍卫民主宪政，要致力于发展、弘扬民主治理过程的合法性、合理性、公正性。民主、法治、自由、人权、公共利益、社会公正、正当程序等价值构成了现代民主政治的基础，公共行政有责任维护并发展这些基本价值。因为这一切关系到政府治理的合法性、政府的权威和公信力问题。行政伦理就是回应在行政活动和行政过程中有人对这些基本价值的挑战，从而促进这些基本价值的追求和实现。

（4）从方法论的角度来界定行政伦理。行政伦理被当作抑制行政腐败，重塑政府信任和重建公共行政伦理秩序的手段与方法。公民对政府的信任和认同是政府合法性的来源，"善治"需要政府、公民、企业、社会之间的信任关系的存在，这种信任关系的重要基础在于公共权力的公共使用，而不是用于私人目的。腐败侵蚀着这种信任关系的基础，最终将损害政府的合法性。面对日益增加的政治丑闻、官员的腐败，学者们在探讨用法律手段来抑制腐败、惩处腐败的同时，也积极从提高行政人员的内在道德素质来反腐倡廉。善治是由好公民和好官共同建构的。

（5）从行政责任的角度来界定行政伦理。库珀认为："责任是建构行政伦理学的关键概念。"行政伦理就是与行政责任相关的各种伦理问题。行政人员必须为特定的职责承担责任，尽管行政人员在行政过程中会遇到各种角色冲突和义务冲突。行政责任又分为客观责任和主观责任。"客观责任源于法律、组织机构、社会对行政人员的角色期待，但主观责任却植根于我们自己对忠诚、良知、认同的信仰。"行政伦理就是客观责任和主观责任的有机统一。①

第二节 行政伦理学的学科定位与知识体系

每一门学科都有自己特定的研究对象。例如,物理学研究物体的一般性质,生物学讨论生命状态的问题,政治学研究社会政治现象,等等。每门学科都试图对一组特殊事实进行分析、归类和描述,同时也进行说明和解释,并寻求它们的因果关系,纳入一个完整的理论体系。行政伦理作为调节政府机关及其公务人员的伦理行为规范的总和,是行政管理领域的职业道德,一个国家行政伦理状况的好坏在很大程度上会影响政府执政能力和执政水平,关系到国家民族的发展前途。对行政伦理学进行学科定位,需要对行政伦理学的研究对象、基本问题、学科性质以及学科发展作出系统的分析。

一、行政伦理学的研究对象

一般而言,是否有独特的研究对象、独特的研究方法和学科体系决定了一门学科的存在。其中,学科的研究对象是该学科得以存在的首要条件。目前,人们关于行政伦理学的研究对象,学者们并没有达成共识。之所以出现这种状况,原因在于他们对行政伦理学的学科前提没有形成一致的看法。但由于缺乏一致的、共同的认识,从而导致行政伦理研究对象的模糊性和不确定性,也造成了行政伦理学学科建设的非规范性和随意性。因此,科学界定行政伦理学的研究对象是行政伦理学发展首先应该解决的关键问题,也是推进行政伦理学研究的基本前提。关于行政伦理学的研究对象,国内有几种代表性的观点。例如,周奋进在《转型中的行政伦理》一书中认为:"行政伦理是研究行政机关及公务员的道德理念、道德准则、道德操守的学说,包括两大部分:一是行政机关整体的伦理约束、导向的机制,二是行政机关人员,即公务员的伦理观念及操作。"②王伟在《行政伦理概述》中认为:"行政伦理是指国家公务人员的行政伦理意识、行政伦理活动以及行政伦理规范的总和。"③他在《行政伦理学》一书中认为:"行政伦理学是以公共行政领域的伦理关系为研究对象,它包含着与经济、政治、法律等关

---

① 参见〔美〕特里·L.库珀:《行政伦理学:实现行政责任的途径》,张秀琴译,北京:中国人民大学出版社2001年版,第62—79页。
② 周奋进:《转型期的行政伦理》,北京:中国审计出版社2000年版,第6页。
③ 王伟:《行政伦理概述》,北京:人民出版社2001年版,第64页。

系不同的特殊矛盾。这一特殊矛盾决定了行政伦理学的学科性质,规定着行政伦理学的基本问题。"①罗德刚认为行政伦理是"关于公共行政系统以公正和正义为基础的行政伦理价值观、行政伦理理论原则和行为规范的总和"。它的研究领域应包含行政体制伦理、公共政策伦理、行政组织伦理、行政行为伦理和公务员职业道德等方面。②张康之在《行政伦理学教程》中认为行政伦理学的研究对象是行政道德和行政伦理关系,因此行政伦理学应研究行政道德的本质和发展规律,研究政府系统内部和外部的行政伦理关系。③客观地说,在我国行政伦理学的初创时期,这种认识的不一致有着一定的积极意义。它能促使人们从不同角度对这门学科进行研究,最终比较全面深入地认识行政伦理学的研究对象,使人们对行政伦理学研究对象的认识上升到一个更高、更新的层次。

我们认为行政伦理学的研究对象大致包括三个部分:行政伦理主体、行政伦理关系和行政伦理行为。

行政伦理主体是行政伦理学研究的重要对象之一。行政伦理主体作为行政伦理学的一个重要范畴,既与行政主体这一概念密切相关,也与它有着较大的区别。行政主体作为从德国和日本引进的一个法学概念,我国学者对其界定有以下不同的观点。一部分学者认为,行政主体是指行政组织。例如,张焕光、胡建淼主编的《行政学原理》一书中指出:"行政主体是指能以自己名义实施国家行政管理,并承担相应行政责任的组织。"④王连昌主编的《行政法学》一书认为:"行政主体是指享有实施行政活动的权力,能以自己的名义从事活动,并因此而承担实施行政活动产生的责任的组织。"⑤罗豪才主编的《行政法学》认为:"行政主体特指能以自己名义实施国家行政权,并对行为的效果承担责任的组织。"⑥胡建淼在《行政法学》一书中认为:行政主体指"依法拥有独立的行政职权,能代表国家以自己的名义行使行政职权以及独立参加行政诉讼,并独立承受行政行为效果及行政诉讼效果的组织"。⑦但是,也有学者认为,行政主体仅仅包括行政组织是不全面的,也应包括个人。⑧

---

① 王伟:《行政伦理学》,北京:人民出版社2005年版,第34页。
② 罗德刚:《行政伦理的理论与实践研究》,北京:国家行政学院出版社2002年版,第6—9页。
③ 张康之、李传军主编:《行政伦理学教程》,北京:中国人民大学出版社2004年版,第6—7页。
④ 张焕光、胡建淼主编:《行政学原理》,北京:劳动人事出版社1989年版,第28页。
⑤ 王连昌主编:《行政法学》,成都:四川人民出版社1990年版,第71页。
⑥ 罗豪才主编:《行政法学》,北京:中国政法大学出版社1996年版,第67页。
⑦ 胡建淼:《行政法学》,北京:法律出版社1998年版,第143页。
⑧ 杨解君:《行政主体及其类型的理论界定与探索》,《法学评论》1999年第5期。梁凤云:《关于行政主体理论的几个问题》,《研究生法学》2004年第19卷。

在我国特有的行政伦理语境中,我们认为行政主体既包括行政组织,也包括行政管理人员。因为无论是行政组织还是行政管理人员,均具有作为伦理主体的客观依据或者说具有伦理行为能力。进而言之,行政主体不仅能以自己的名义实施行政管理,并且能独立承担自己行为所引起的效果或责任。事实上,只有具备履行行政义务和承担行政责任行为能力的主体,才能成为行政伦理主体。大致而言,行政伦理主体可分为广义的行政伦理主体和狭义的行政伦理主体。广义的行政伦理主体包括执政党、政府、人民代表大会及其常委会、人民政协组织等,在我国不仅仅是国家行政机关拥有行政权力。实际上,执政党的各级党委也拥有行对行政机关的领导和监督权,同时参与重大行政问题的政治决策。人民代表大会产生并监督行政机关,对重大行政问题作出法律决策。人民政协通过行使政治协商、民主监督、参政议政三大职能,也享有部分行政权力。因此,它们都属于行政伦理学的研究对象。狭义的行政伦理主体主要指公共行政系统内部的行政组织、行政领导、行政人员等。明确了行政伦理的主体之后,我们应该如何来看待这些主体呢?在很长一段时间内,效率和经济被认为是公共行政的核心,行政主体被当成了"经济人",结果导致公共行政人员要么成了会说话的工具,要么成了公共权力的滥用者。显然,行政主体并不是简单地按照经济利益逻辑来行事的,把它们简单地等同于"经济人"或自利的"理性人"是偏颇的。因为行政主体也是具有道德自主性的"道德人",公共行政人员的行政自由裁量权的存在是他们进行价值选择、行政职业自主化倾向的结果,他们也必须为此承担相应的行政伦理责任。在某种意义上,人们赋予了国家或者政府以"人格",国家或政府也具有行为意志,即所谓的国家意志或政府意愿,它们也像人一样应当遵循某种规则来进行决策并付诸实施。因此,政府组织也可以看作是一种伦理主体。

在公共行政活动中,行政伦理主体会形成各种社会关系。在传统的公共行政中,行政伦理关系常常被行政关系所遮蔽。我国早期的行政关系只是简单的权力关系,或者说是管理与被管理的关系。虽然也提出过服务关系,但主要是一种命令和服从的关系。费尔巴哈曾经指出:"只有把人对人的关系即一个人对另一个人的关系,我对你的关系加以考察时才能谈得上道德。"[①]正如我们前面已经指出的,行政组织和人一样也具有意志和情感,如果这些行政主体不能在基本的伦理原则下处理彼此之间的社会关系,并形成某种道德秩序的话,公共行政活动就很难得到有效的开展。简单地说,行政伦理关系就是指行政主体在公共

---

① 〔德〕费尔巴哈:《费尔巴哈哲学著作选集》上卷,北京:商务印书馆1984年版,第527页。

行政的过程中与其他组织或公民之间形成的伦理关系。在本质上,行政伦理关系是一种契约关系。或者说,社会契约理论是行政伦理关系得以建立的基础。我们知道,行政关系不仅仅是一般的政治关系,尤其在现代与后现代的公共行政语境中,行政关系包含着一定的伦理道德关系,这样行政主体之间的政治关系就具有了平等的契约伦理关系的性质。首先,行政伦理主体之间形成的关系是一种平等的契约关系,订立契约的任何一方地位是平等的。这也意味着订立契约的双方都是出于自愿而非某一方强迫所致。例如,洛克指出,在自然状态中,"一切权力和管辖权都是相互的,没有一个人享有多于别人的权力。极为明显,同种和同等的人们既毫无差别地生来就享有自然的一切同样的有利条件,能够运用相同的身心能力,就应该人人平等,不存在从属或受制关系。"①洛克指出了人们自然状态中地位是平等的,人们根据自然法即理性来行为。在人们让渡权力建立国家或政府以后,行政官员与人民之间的关系仍然是平等的道德关系,因为行政官员的权力来自人民让渡的结果。其次,行政伦理主体订立契约关系的目的是保护自己的生命、自由、财产等权利。洛克指出:订立契约只是为了人民的和平、安全和人民福利。② 最后,行政伦理主体对契约的允诺其实质是对责任和义务的承诺。如果行政主体滥用职权,不履行契约而损害人民利益,人民有权取消这种契约,当人民的自由和财产被行政主体掠夺时,人民可以其人之道还治其人之身。③

有学者认为,行政伦理关系一般可分为两个方面:"一是政府系统内部的行政伦理关系;二是政府系统与外部环境之间的行政伦理关系。政府系统内部的行政伦理关系包括:中央与地方、中央与部门、部门与部门、行政机关与行政人员、行政人员之间的行政伦理关系。政府系统与外部环境之间的行政伦理关系包括:政府与企业、政府与事业单位、政府与社会团体、政府与公民或公众之间的行政伦理关系。"④应该说他们的这种区分超过了传统的教科书对行政伦理关系的认识。但是,他们忽略了政府与自然、政府(或国家)与政府(或国家)之间的伦理关系。在此基础上,也有学者把以政府为中心的行政伦理关系进一步细分为:政府与自然、政府与社会、政府与市场、政府与企业、政府与非政府组织、政府与公民、政府与学府、政府间、政府与其成员、政府成员上下级间等"十大行政伦

---

① 〔英〕洛克:《政府论(下篇)》,北京:商务印书馆1983年版,第5页。
② 同上书,第9页。
③ 〔法〕卢梭:《论人类不平等的起源和基础》,北京:商务印书馆1982年版,第146页。
④ 张康之、李传军主编:《行政伦理学教程》,北京:中国人民大学出版社2004年版,第8页。

理关系"。他认为这些关系可以分为三个层次:一为宏观的行政伦理关系,包括政府与自然、政府与社会、政府与市场的伦理关系;二为中观的行政伦理关系,包括政府与企业、非政府组织、公民个人、学府的伦理关系;三为微观的行政伦理关系,包括政府间、政府成员上下级间、政府与其成员的伦理关系。① 这种对行政伦理关系的进一步划分为我们深入了解各种行政关系提供了可能,有利于我们了解行政伦理学需要探讨的实际行政伦理问题。然而,上述学者都是从民族国家的范围内探讨公共行政所涉及的伦理关系问题。事实上,在全球化的大背景下,国家与国家之间的关系对国家内部的行政伦理关系也有着重要而深刻的影响。因此,我们认为行政伦理关系可以从三个层面来分析:第一,政府各部门之间的行政伦理关系;第二,政府与社会之间的行政伦理关系;第三,政府与政府之间的行政伦理关系。所有这些关系实际上体现为人与人之间的关系。

　　行政决策最终体现在行政主体的行政行为之上,行政行为体现了公共权力和行政选择的最终结果,因此行政行为也是行政伦理学的重要研究对象。一般而言,行政行为是指行政主体作出公共决策、行使行政权力,并产生行政法律效果的行为。② 这一界定指出了行政行为的两项重要元素——行政权的行使和法律效果。具体而言,行政行为包括三层含义:第一,行政行为是行政主体所为的行为。第二,行政行为是行使行政权力,进行行政管理的行为。第三,行政行为是行政主体实施的能够产生法律效果的行为。在我国的行政法学著作中,对行政行为的分类非常复杂,甚至有些混乱。但对行政行为进行分类又是必要的。通常,行政行为可以分为行政许可、行政处罚、行政强制、行政征收、行政给付、行政裁决、行政确认和行政监督检查等。只有通过分类,我们才能科学地认识和掌握行政行为的内容和形式、程序和结果、合法和违法、制度和运作,从而有利于行政行为制度化、模式化。通过上述分析,我们认为行政行为应当是行政主体根据法律的明确规定或授权所作出的行为,这种行为是由行政主体依法自主作出,因而具有一定的自由裁量性和单方意志性。同时,行政行为是以国家强制力保障实施的,因而具有强制性,行政相对方必须服从并配合行政行为。否则,行政主体将予以制裁或强制执行。没有这种强制性就无法实现行政行为的单方意志性。由于行政主体以国家利益和公共利益为目的,因而其对公共利益的集合、维

---

① 刘祖云:《行政伦理关系研究》,北京:人民出版社2007年版,第41—57页。
② 应松年主编:《行政法学新论》,北京:中国方正出版社1999年版,第181页。罗豪才主编:《行政法学》,北京大学出版社1996年版,第105页。姜明安主编:《行政法与行政诉讼法》,北京大学出版社、高等教育出版社2005年版,第175页。

护和分配应当是无偿的。而当特定行政相对人承担了特别公共负担,或者分享了特殊公共利益时,则应该是有偿的。

在我国公共行政的话语中,行政行为既是一种需要承担政治责任的政治行为,也是一种对国家与社会公共事务的管理行为,同时也是一种对公私关系和群己关系进行调整的道德行为。正如张康之所指出的:对行政行为的判断包含着政治标准、管理标准和道德标准。政治标准要求行政行为从国家利益出发,贯彻国家意志,增强国家制度选择的合法性,推动政治的社会化,维护社会稳定和公众安全,促进社会与经济的发展。管理标准追求行政行为的效率,服务对象的满意度,行政体制的合理性,行政决策、行政组织结构的科学性以及行政执行的有效性。而道德标准则要求行政行为以人为本,公正对待不同管理对象,合法行使公共权力。[1] 对行政行为的政治判断和管理判断分别得到了统治集团和管理学界的支持。而对行政行为的道德判断则被他们有意或无意地忽视,却得到了公众的重视。不符合某一社会伦理道德的行政行为其正当性是要受到质疑的,也不可能实现最低限度的廉政,更谈不上善政。对行政行为进行道德判断实际上就是对行政人员及其行政行为的善恶判断。

从理论上而言,行政行为是确定的、无须选择的,但在实际情况中,行政行为往往面临着多种选择:包括行政行为目的的选择、行政行为手段的选择、行政行为效果的选择等等。因为一切行政行为都需要最终通过公共行政人员来实施,而行政人员是多重社会角色的扮演者,受到多重利益关系的冲突。总之,行政行为的性质和后果是由行政组织及其性质所决定的,也受到行政行为直接责任人的价值观、自身素质及其行为方式的制约,有时甚至直接决定着行政行为的效果。行政组织的合法性只是行政行为合法性和合理性的必要条件而非充分条件。因此,行政组织的合法性和合理性并不能直接保障行政行为的合法性和合理性,行政行为责任人往往对行政行为的性质及后果具有决定性的意义。如果我们从合法性的角度来对行政行为进行价值判断,我们必须要考量行政主体的合法性、行政行为内容的合法性、行政行为程序的合法性、行政行为范围的合法性,等等。

二、行政伦理学的基本问题

人们很难就行政伦理学研究的基本问题达成共识,这反映了行政伦理研究的多样性和复杂性。在实际的公共行政活动中,"政府及其行政人员是否应当

---

[1] 张康之:《论行政行为的道德判断》,《宁夏社会科学》1999 年第 3 期。

根据某种价值观和道德标准来开展公共行政活动"这一问题是无法回避的。这一问题又引申出另一个重要问题,即政府或政府工作人员的行政活动是否有一套不同于普通人的道德标准?也就是说,公共行政是否真的存在一套特定的职业道德准则?在美国著名的行政伦理学家库珀看来,有五项规范性标准可以为公共行政实践提供明确的道德指向,它们是政治价值、宪法理论及社会基本思想;公民理论;社会公平;品德或者说是"以性格为基础的道德";公共利益。①

我们根据库珀所提出的上述五项标准来进一步分析。(1)在现代民主国家,政府官员的行政道德应该建立在宪政传统及其所依存的政治价值之上。作为政府官员,应明确社会的核心价值并确保自己遵守这些价值。(2)将公民的角色理论作为公共行政研究的基础。公共行政人员"是公民的代表,是职业化的公民,是受委托的公民。"②换言之,公共行政人员的道德责任实际上跟一个好公民的道德责任是密不可分的。因此,从公民理论出发,"公共行政应对公民具有回应性、要鼓励公民参与、公共行政机构对公民负有解释的义务,要将公民视为行政组织和个人忠诚的最终指向,要尊重公民个人的权利和尊严,行政决策和行为应力求审慎并足堪质询,提倡公民美德的养成,公共部门要致力于提供公共物品。行政管理者可以有各种不同的专业化的分工,但其工作无一例外地都应服务于他们所代表的公民的利益。公共行政人员在接受其所在的官僚组织层级节制的约束和责任的同时,亦需培养和加强他们作为全体公民代表所应遵守的基本的道德约束和责任。"③(3)20世纪70年代开始的新公共行政运动倡导以社会平等为规范化视角的行政伦理研究。约翰·罗尔斯(John Rawls)认为"正义"是制度的首要美德,他还进一步提出了实现社会平等所应遵循的一整套具体的标准,对整个人类世界的发展产生了重要的影响。"公平"成为公共行政学研究的一个重要主题。社会平等已经成为行政伦理的主要的规范化标准之一。(4)从个性的角度来理解品德。哈特(Hart)指出,公共行政管理者应该具备高度谨慎、道德英雄主义、对人类的关心和热爱、对公民的信任以及对提高自身道德修养的不懈追求等品质。品德与个人所坚持的价值和原则是一致的,它是在日常生活中随着个人道德行为的实施和对道德目标的追求缓慢而持续地形成的。(5)公共利益是行政伦理的最高规范标准。因为它可以作为我们的道德指

---

① 〔美〕特里·L. 库珀:《行政伦理学应关注的四个重大问题》,《国家行政学院学报》2005年第3期。
② 同上。
③ 同上。

南并为我们提供基本的责任取向和正确的行政方向。它不断地提醒公共行政人员,要以共同利益而非有限的特殊利益作为自身行为的基础,并迫使我们不断地对自身行为进行反思。①

根据上述分析,结合我国公共行政活动实践中所表现出来的伦理问题,我们认为行政伦理学的基本问题包括公共利益问题、行政正义问题、行政责任问题、治理和善治问题,我们将就这些基本问题进行初步的、概括性的论述,由于我们在随后的章节中将进一步阐述这些问题,因此,我们在此只进行预备性的分析。

第一个基本问题:公共利益问题。

公共行政的根本任务是协调好社会利益关系,满足人们的利益要求。法国思想家霍尔巴赫曾指出:"利益就是人的行动的唯一动力。"②马克思也指出:"人们奋斗所争取的一切,都同他们的利益有关。"③公共利益支配着我们关于公共行政行为是否具有正当性的论证,成了公共行政的目标和评判标准。正是在这种意义上,公共利益是行政伦理学必须关注的基本问题。但是,公共利益并不是公共政策或行政行为正当性论证的充分条件或唯一条件,它只不过是行政行为正当性的必要条件。设立政府的目的是使统治者与被统治者之间保持一种适当的利益平衡,促进和保护公民的私人利益。现在的问题是:公共利益是否在任何情况下相对于私人利益都具有绝对的优先性?是不是所有的公共利益都可以限制私人利益?政府在何种情况下可以以"公共利益"之名"合法地"限制公民的私人利益?我们以2009年成都市女企业家唐福珍抵制政府暴力拆迁的个案为例来进行分析。

据媒体报道,2009年11月13日早晨,在成都市金牛区天回镇金华村发生一起"恶性"拆迁事件,女企业家唐福珍未能阻止金牛区城管执法局的暴力拆迁活动,最终自焚于楼顶天台。之后唐福珍因伤重不治去世,她的数名亲人受伤入院或被刑事拘留。政府部门将其定性为暴力抗法,而被拆户则控诉政府暴力拆迁。

事情起因:1996年,金华村村支书找到唐福珍的丈夫胡昌明,为促进地方经济发展,金华村准备招商引资,土地使用可给予政策优惠,村里可统一办理房地产手续。胡昌明和村委会签订了《建房用地合同》,先后投资700

---

① 〔美〕特里·L. 库珀:《行政伦理学应关注的四个重大问题》,《国家行政学院学报》2005年第3期。
② 〔法〕霍尔巴赫:《自然的体系》上卷,北京:商务印书馆1999年版,第260页。
③ 《马克思恩格斯全集》第1卷,北京:人民出版社1956年版,第82页。

余万元,建起一幢 2000 多平方米的综合楼,开办了一家服装加工厂。由于政府有关职能部门的推诿扯皮,他最终未能拿到房地产证书。2005 年,金牛城乡一体化后,企业的土地使用证和房屋产权证成为历史遗留问题。2005 年 7 月,街道办相关领导说胡昌明的企业用房是违章建筑,因为修路需拆除,当时只答应补偿 90 万元,几次调整后补偿费提高至 217 万元,胡昌明和唐福珍仍难以接受。此外,修路本应在原路基础上扩展,而规划者却偏偏对老路弃之不用,绕了一个弯,修成弓字形,把胡昌明和唐福珍的企业冲掉。而在他们企业对面同样没有产权证书但和乡村干部有关的楼房则保留下来了,他们认为拆迁很不公平。

显然,上述案例牵涉到公共利益与公民权利之间的关系问题。既然公共利益是政府限制公民权利的一个正当理由,那么法律必须对公共利益予以严格界定,才能限制政府权力的滥用。然而,迄今为止,我国法律并没有对"公共利益"进行严格的界定,只是提出了这一概念。我国宪法第十条第三款规定:"国家为了公共利益的需要,可以依照法律规定对土地实行征收或者征用并补偿。"第十三条第三款规定:"国家为了公共利益的需要,可以依照法律规定对公民的私有财产实行征收或者征用并给予补偿。"宪法的核心内容是规定政府权力和保障公民权利的。从理论上讲,由宪法来界定公共利益是最具权威性和合法性的。但是由于宪法是原则性和抽象性的根本大法,所以宪法很难对公共利益进行明确而具体的界定,只能作出抽象的、简单的规定,这种规定往往不具有可操作性。我国的《物权法》第四十二条第一款规定:"为了公共利益的需要,依照法律规定的权限和程序可以征收集体所有的土地和单位、个人的房屋及其他不动产。"虽然上述法律条款中出现了"公共利益"这一范畴,但并未对其进行明确的界定。因此,"公共利益"实际上是由行政机关和执法者行使自由裁量权来界定的。如果任凭行政机关或者公共行政人员来判断公共利益,就难免它们假借公共利益之名来获取部门利益,损害公民的合法权益。

从本质上讲,公共利益与个人利益是不冲突的。可是,在实际的公共行政活动中,公共利益似乎处处表现出与个人利益的矛盾,在我国的城镇拆迁活动中往往表现为尖锐的矛盾。在社会的急剧转型时期,土地的征用成了公共利益与公民权利角力的一个焦点。在本案例中,"修路"当然是为了公共利益,但是我们不能因为公共利益就可以不顾公民的合法权利。政府往往以维护或实现公共利益来为其行政行为的正当化进行辩护。虽然目的是正当的,但是否就可以不考虑手段的正当性呢?当政府为了"公共利益"强力执法的时候,手段的非正当性往往会伤害其目的的正当性。在很多实际情况中,与私人利益或公民权利构成冲突的"公共利益"并不是真正意义上的"公共"利益,而是部门利益或集团利益。当利益集团假借公共利益之名来侵害公民利益时,它就会严重影响和谐社会的建设。相对而言,公民与公民之间的利益冲突,或者说一个公民损害另一个公民的权利是有限的。而当政府与公民对抗时,由于政府掌控着公共权力,公民往往处于绝对的弱势地位。从法理上言,无论是公共利益还是个人利益都受到法律的保护。换言之,代表公共利益的政府和代表个人利益的公民都需要司法保护。然而,如果我们没有在立法层面明确界定公共利益,公共利益实际上就是由执法者和司法者自由判断和界定的。对公共利益的司法保护就变成了法院的自由裁量,一旦超过了自由裁量的边界,司法权力同样会被滥用。实际情况表明,在当前,法院很难客观公正地实现公共利益和公民利益的平衡。

一般而言,我们对公共利益的界定都是从民族国家的界限内进行的,尽管整个人类社会也有其公共利益。公共利益包括的范围很广,既包括经济利益,也包括社会的公共福祉。同时,公共利益的内容也是开放和发展的。在很多情况下,公共利益往往被国家利益、社会利益、集体利益等说法所代替。因此,公共利益内容的不确定性和受益对象的不确定性使得我们很难对它进行明确的界定,甚至有学者认为公共利益是不可界定的,"只可意会,不能言传"。在我们国家公共利益与私人利益之争主要集中在"土地"上,我们以房屋拆迁为例,就可以发现公共利益具有层次性和多样性的特征。不同的拆迁项目所代表的公共利益的层次性是不同的。有国家层面的公共利益,如三峡工程、国道等,这是以国家的名义投资的重大建设项目;有地方政府投资的建设项目,如城市道路、城市地铁、省道等;有非政府投资的建设项目,如工厂建设、BOT项目等。前两类建设项目具有一般意义上的公利性,而非政府投资的项目,尽管也会给社会带来好处,但其公共利益是间接的,因为投资主体首先是以自身利益为出发点的。公共利益的多样性是由公共物品(public goods)的多样性所决定的。公共物品可以分为基础性公共物品、管制性公共物品、保障性公共物品等三大类,基础性公共物品主要指基础设施这一类公共工程;管制性公共物品,主要指宪法、法律等制度安排以及国家安全和地方治安;保障性公共物品,主要指公共交通、医疗卫生保健等服务性公共项目等①。而在某个国家的内部,不同地域的人民也有其地域范围内的公共利益。

公共利益的优先性似乎是不证自明的。这一问题包括两个方面:一是不同的公共利益之间的优先性问题。例如,完成登月计划和保证民生工程何者优先?

---

① 胡象明、董琦:《论公共利益及其本质属性》,《公共管理学报》2006年第1期。

军备扩展和反贫困何者优先？城市绿化工程和安居工程何者优先？等等。决策者在制定公共政策时经常会面临这些两难处境的行政选择。二是相对于个人的正当权利，公共利益的优先性问题。公众质疑的是：公共利益是否具有无条件的优先性？倘若有一天最终证明某项公共政策所声称的公共利益实际上是虚假的公共利益，该怎么办？是否应当建立专门的政策救济制度来补偿公民的损失？所有这些问题又牵涉到另外一个更为重要的问题：公共利益的实现呼吁公共决策者的公共精神；公共权力相对于公民权利越是优势，公共利益的实现就越依赖于决策者的心智水平与品质①。

换言之，公共利益的实现牵涉到公共行政决策者的德性和他们能否设计出相对完美的制度或公共政策。完美的制度可以避免执法者假借公共利益之名侵害公民的合法权益，而决策者和执行者的德性可以保障公共利益实现的同时也最大限度地促进公民的福利。

总之，公共行政活动不应当凌驾于公民生活之上，更不应该与公民生活为敌，而应符合公共利益。公共利益既是抽象的也是具体的，没有脱离个人利益的公共利益，公共利益正是建立于个人利益之上的。个人利益是公共利益的根本，个人权利是公共利益的目的。如果不考虑国民的私人利益，就不可能界定公共利益，国家和政府正是因为公共利益而存在，并因此获得政治合法性。立法机关应明确公共利益的范围和边界，执法机关应依法维护和实现公共利益。公共行政人员作为代理人是公共权力拥有者和行使者，受人民的委托对公共事务进行管理，因此，实现公共利益是公共行政的首要目标。由于权力的特性，如果使用不当或是被滥用，不仅会损害公共利益，更会侵害个人利益。要使权力不被滥用，那就只有对权力加以制约，而社会对权力制约的唯一途径就是给予多大的权力就对其课以多大的责任，并通过法律和制度的安排予以保证。然而法律和制度的刚性约束有时并不能保证权责的对等，所以还必须通过人类社会赖以存在和发展的道德约束来规范行政主体的行为，以保证公共权力实现公共利益的最大化。

第二个基本问题：行政正义问题。

行政正义是公共行政学者彻底反思传统公共行政，探讨公共行政所面临的时代挑战和危机而提出来的重要问题。美国的新公共行政运动为行政伦理学提供了理论和实践上的合法性。根据弗雷德里克森教授和马芮尼教授的回顾，新公共行政的历史性影响在于：公共行政的研究重点从传统的重视机关的管理转移到政策的议题和政策的建议；公共行政从单纯地强调效率和经济到强调社会

---

① 李春成：《公共利益的必要性与充分性之争：个案分析》，《学海》2009年第1期。

的正义;公共行政从价值的中立到思考公共行政的价值和信仰问题;政府的伦理、诚信、责任问题成为公共行政强调的重点;变革而非成长成为公共行政重要的理论问题;有效率的公共行政是在主动参与的公民意识的系统中加以界定的;理性模型的正确性和官僚模型的有用性,受到质疑和批判;虽然多元主义长期以来被人们用来解释公共权力的运作,并视为有效的制度设计,但它已经无法成为公共行政实践的标准。①

在我们看来,行政正义是所有正义类型中最为重要的一种。因为公共行政承担着执行公共决策和配置公共资源的基本任务,如果公共行政不是基于正义的原则或者在公共行政过程中存在着严重的非正义的话,这种公共行政将面临合法性的危机。美国著名的政治哲学家罗尔斯的正义理论对当代公共行政产生了深远的影响,他深刻地指出:

> 正义是社会制度的首要价值,正像真理是思想体系的首要价值一样。一种理论,无论它多么精致和简洁,只要它不真实,就必须加以拒绝或修正;同样,某些法律和制度,不管它们如何有效率和有条理,只要它们不正义,就必须加以改造或废除。每个人都拥有一种基于正义的不可侵犯性,这种不可侵犯性即使以社会整体利益之名也不能逾越。因此,正义否认为了一些人分享更大利益而剥夺另一些人的自由是正当的,不承认许多人享受的较大利益能绰绰有余地补偿强加于少数人的牺牲。所以,在一个正义的社会里,平等的公民自由是确定不移的,由正义所保障的权利决不受制于政治的交易或社会利益的权衡。允许我们默认一种有错误的理论的唯一前提是尚无一种较好的理论,同样,使我们忍受一种不正义只能是在需要用它来避免另一种更大的不正义的情况下才有可能。作为人类活动的首要价值,真理和正义是决不妥协的。②

在上述所引的这段话中,罗尔斯指出了正义的首要性。正义的原则是基于利益的冲突而产生的,其目的在于达成利益的基本一致。正义的原则提供了一种在社会的基本制度中分配权利和义务的办法,确定了社会合作的利益和负担的适当分配。在罗尔斯看来,如果一个社会不仅能推进其社会成员的利益,而且受到正义原则的管理,这个社会就是一个好的社会③。

---

① 参见〔美〕乔治·弗雷德里克森:《公共行政的精神》,张成福等译,北京:中国人民大学出版社2003年版,译者前言,第3页。
② 〔美〕约翰·罗尔斯:《正义论》,何怀宏等译,北京:中国社会科学出版社1988年版,第3—4页。
③ 〔美〕约翰·罗尔斯:《正义论》,何怀宏等译,北京:中国社会科学出版社1988年版,第5页。

实际上,罗尔斯继承了亚里士多德的观点。正如亚里士多德把正义誉为政治生活首要的德性那样,正义也是官员的重要德性。行政正义就是指公共行政人员以正当的方式为了公共利益而行使公共权力,它包括目的正义即为了公共利益而行使公共权力,也包括程序正义即以效率的方式来行使公共权力。

理解公共行政的"目的正义"的关键在于正确对待公共利益。我们可以把公共利益理解为公共行政人员实施公共权力所产生的结果,以及这一结果对公共生活所发挥的作用是否能为公众所认可。如果公众认可这一结果,则表明实施公共权力的目的就具有了某种正义性,否则就是非正义的。在罗尔斯看来,社会结构和社会政策如果允许存在的任何不平等应有利于社会的最不利者。"所有的社会基本善——自由和机会、收入和财富及自尊的基础——都应被平等地分配,除非对一些或所有社会基本善的一种不平等分配有利于最不利者。"①罗尔斯方法的意义在于:它为技术复杂性阻碍了公共管理者与他们所服务的公民进行真正的对话的情况下,讨论对公平原则的需求提供了框架。这个方法鼓励公共管理者特别注意他们的行为对社会群体的影响,以及在就形成行政决定的正式对话中采取那些社会弱势群体的立场②。

因此,行政正义意味着公共行政人员在行使公共权力时,既要代表大多数人的利益,也要使最少受惠者的利益最大化。行政正义除了目的的正义性之外,还要考虑手段和程序的正义性。一项公共决策或公共政策虽然能增进公共利益,但是其效率低下且不经济,我们也不能认为它是"好的"或"善的"。因此,公共行政人员采取何种方式即"手段正义"来行使公共权力对于行政正义具有重要意义。效率观念只有置于其所维护的价值体系中才具有效用和意义,真正的效率乃是建立在公平正义基础上的社会效率。

第三个基本问题:行政责任问题。

在公共行政实践中,公共行政人员的行政自由裁量是客观存在的,问题是这种自由裁量应向谁和对什么负责。在这种情况下,公共行政人员的自律和公共精神的作用就凸显了。换言之,公共行政人员出于其专业理念与标准的认同而产生的义务感、对自我行为的伦理反思和规范性判断,影响着他们的行政自由裁量。在复杂的行政环境条件下,由政治和法律所施加的外部控制不足以确保公共行政人员的责任行政。因此,公共行政人员的自律,即以公共行政人员的专业

---

① 〔美〕约翰·罗尔斯:《正义论》,何怀宏等译,北京:中国社会科学出版社1988年版,第303页。
② 参见〔美〕乔治·弗雷德里克森:《公共行政的精神》,张成福等译,北京:中国人民大学出版社2003年版,第97页。

价值、伦理规范来弥补外部控制的不足。行政责任由政治意识形态和专业的规则所建构,是公共行政官员自主做出的牺牲个人偏好以贯彻法规政策的一种决断,是对公共利益的自觉维护。行政责任出自公共行政人员内心的忠诚,公共行政人员不仅应该而且必须忠诚于宪法、人民和民主,而不是只忠诚于政治领袖和上级。

库珀认为,行政责任是行政伦理学的关键。行政责任包括主观责任和客观责任。客观责任与从外部强加的可能事物有关,客观责任源于法律、组织机构、社会对行政人员的期待;而主观责任与那些我们自己认为应该为之负责的事物相关,主观责任根植于我们自己对忠诚、良知、认同的信仰。主观责任作为对我们信仰、个人与职业价值观以及性格特征的一种表达,和更为明确的客观责任的表达一样具有真实性。库珀认为,行政管理人员的客观责任主要包括三个方面:通过维护法律对民选官员负责;对上级负责和为下级负责;对公民负责。无论是按照正式的就职宣誓、政府伦理法规,还是法令,最终所有的公共行政人员的行为都要以是否符合公众的利益为标准来衡量是否是负责任的行为。而履行行政管理角色过程中的主观责任是职业道德的反映,该职业道德是通过行政人员个人的经历建立起来的,行政人员在良知、信仰、价值观等内部力量驱使下作出行政行为并自觉担当责任①。在现代社会,履行责任是一个艰巨而复杂的任务,在实际的行政工作中,公共行政人员面临的行政责任比我们在这里所探讨的要复杂得多,常常面临着各种行政责任的冲突。

第四个基本问题:治理与善治问题。

在配置公共资源的过程中,常常存在着市场失灵和政府失效的现象,仅仅依靠市场和政府很难对社会实行有效的管理。于是,有学者提出"治理"(governance)来弥补政府和市场在调控和协调过程中的某些不足。随着我国私人经济部门和各种民间组织的力量日益发展壮大,它们在经济和社会生活中发挥的作用也越来越大,中国的治理结构正在发生深刻的变革,政治国家与市民社会、公共部门和私人经济部门及第三部门之间正在形成一种相对独立的、分工合作的新型治理结构。与此同时,由于"治理"既不能代替国家而享有政治强制力,它也不可能代替市场自发地对公共资源进行有效的配置,它本身也存在诸多局限,也存在"治理失效"(governance failure)的可能性,因此,如何克服治理失效、如何使治理更为有效的问题便成为行政伦理学关注的基本问题了。

---

① 参见〔美〕特里·L. 库珀:《行政伦理学:实现行政责任的途径》,张秀琴译,北京:中国人民大学出版社 2001 年版,第 62—74 页。

"善治"理念的出现,主要出于以下两个原因:一是政府治理危机的出现。由于政治腐败、权力滥用、效率低下等问题的存在,人们发现政府的能力是有限的,政府对社会的管理也存在"失效"的现象。随着全球化进程的加快,政府及其制订的公共政策在贫困、饥荒、生态恶化、环境污染、核危险、毒品、犯罪、艾滋病以及互联网安全等问题面前常常显得软弱无力。政府要么不能有效地解决这些问题,要么不能合法地解决这些问题。与此同时,民族—国家在对外交往过程中的讨价还价往往使得公共政策成本的高涨,也不利于及时解决这些公共问题。二是市民社会的兴起。"市民社会"是介于国家和市场之间的社会形态,它包括各种各样的志愿组织、非营利组织,社会和政治运动,其他形式的社会参与,以及与之相联系的价值和文化模式。随着公民意识、平等、自由和人权等观念日益为人们所认可和接受,越来越多的公民、社区和非政府组织参与公共政策制定和决策过程,公民和非政府组织参与公共政策对话的正当权益和价值愈益得到尊重,公民在保护自己权益免受公共权力的侵犯以及对政府的制衡方面起到了越来越重要的作用。

针对上述情况,一些学者和国际组织纷纷提出了"元治理"(meta-governance)、"有效的治理"和"善治"(good governance)等概念,其中"善治"理论最具影响。到底什么是"善治"呢?著名政治学家俞可平认为:"善治就是使公共利益最大化的社会管理过程。善治的本质就在于它是政府与公民生活的合作管理,是政治国家与市民社会的一种新颖关系,是两者的最佳状态。"[①]从上述对"善治"的界定来看,我们可以发现"善治"既是一种过程、一种管理,也是一种关系、一种状态。换言之,"善治"既是具体的、现实的,为大家所能感觉得到的,同时它也是抽象的、理想的,存在于人们心目中的一种行政伦理理念。通常而言,"善治"应具备以下四个要素:(1)通过法治来实现公民的安全保障,法律得到应有的尊重;(2)公共机构进行有效的行政管理,正确而公正地管理公共开支;(3)政治领导人向人民负责,承担行政责任;(4)政治透明,信息公开,全体公民能够了解真相[②]。

根据世界银行和联合国开发计划署等有关国际组织提出的八条善治标准,俞可平认为根据发展中国家的实际情况应加上廉洁和稳定两条标准,因此衡量善治的标准包括:合法性、法治、透明性、责任性、回应性、参与、有效、稳定、廉洁、

---

① 俞可平:《治理与善治》,北京:社会科学文献出版社2000年版,第8—9页。
② 玛丽·克劳德·斯莫茨:《治理在国际关系中的正确运用》,《国际社会科学》(中文版)1999年第2期。

公正等。

"善治"理念与"善政"理念是密切相关的。"善政"(good government)是人们所期望的理想政治管理模式。无论是中国还是外国,古代还是现代,"善政"的内容都大致包括以下几个要素:严明的法度、清廉的官员、良好的行政服务、很高的行政效率。毫无疑问,只要存在国家或政府,"善政"将始终是公民对于政府的期望和理想。① 如果说"善政"是"统治"的理想形态,那么"善治"就是"治理"的理想形态。随着公共行政从"统治"向"治理"的转型,人们也将由向往"善政"转为对"善治"的向往。

三、行政伦理学的学科性质

行政伦理学的学科性质或学科定位问题,关系到它作为一门独立而成熟的学科存在的合法性。这一问题又可以被进一步分解为:行政伦理学作为一门"学科"能被看作一门"科学"吗?主流社会科学的研究标准能否适用于该领域?它的研究取向是实证的还是规范的?究竟是实证方法还是规范研究更有助于我们了解现代公共行政实践中的伦理问题?这些问题的思考将有助于我们加深对行政伦理学学科性质的认识。行政伦理学究竟是属于伦理学还是行政哲学,这是国内学者关于行政伦理学的学科定位争论的焦点。其实,这种争论主要取决于我们是从伦理学还是行政学的学科体系来对行政伦理学进行归类和划分。

从伦理学的历史发展来看,古代的思想家们对政治或行政中存在的种种伦理或道德问题进行过深入的思考,甚至提出了系统的理论。而在现代公共行政发展史上,伦理学的基本理论和原则为行政伦理学提供了理论基础,指引着行政伦理学的研究与发展。换言之,行政伦理学是运用伦理学的理论、原则、规范和方法来具体分析行政组织、行政过程和行政行为中的道德问题。在行政管理活动中,我们必须考虑行政主体行为的正当性。行政主体在开展行政管理活动时,必然会涉及其行政行为的"对错""好坏""善恶"等方面的价值判断。任何一个人当心智发展到一定阶段时,在日常生活中都会对事件及行为作出道德判断。例如,他会作出某人某事做得不对,或者认为某个社会的某条法律不公正等类似的判断。这表明判断者具有一种道德能力或道德判断能力。作为公共行政人员自然应该具有这种判别是非善恶的道德能力,行政伦理学就是要为公共行政人员在行政实践的道德能力提供一个理论上的说明。对于这些价值判断,行政学是无法独立完成的。行政学与行政伦理学的根本区别来自事实与价值之间的区

---

① 俞可平:《治理与善治》,北京:社会科学文献出版社2000年版,第8页。

别,即来自"是"与"应当"之间的区别。关于"是"的陈述即经验陈述是可以证实的,即我们能够验证它是真还是假。而关于"应当"的陈述即规范命题,陈述的是价值判断。根据这种认识,由于行政伦理学的研究对象是行政现象,因此它可以归属于行政学。而其研究方法与伦理学相同而与行政学不同,伦理学的方法即沿着直觉和思辨的指引使得行政现象脱离具象而达至具有普遍意义的价值。行政伦理学既强调理论的思辨性,又重视学科的实践性。从这种意义上,行政伦理学又属于伦理学的重要组成部分。因此,我们可以认为行政伦理学是伦理学的一个分支学科。

也有学者认为行政伦理学就是一种行政哲学。① 这需要我们对行政哲学的研究对象和研究内容有个基本的了解。事实上,国内学界对于行政哲学的学科性质也存在着争论。关于行政哲学的研究对象主要有三种观点:第一种观点认为行政哲学的研究对象是"行政活动",行政哲学是"关于行政活动的普遍本质和一般规律的科学"。第二种观点认为行政哲学的研究对象是行政科学、行政理论,认为行政哲学是行政科学的一个分支学科,即元行政学。第三种观点认为行政哲学的研究对象是行政科学,是对行政科学的哲学考察②。

第一种观点涉及"实际的行政活动"领域,而第二、三种观点则涉及"理论的行政科学"领域。关于行政哲学研究的内容体系也存在严重的分歧,代表性的观点有:王沪宁认为,行政哲学主要研究和分析一定行政活动和行政关系的性质、行政活动的目的和宗旨、行政活动中的价值观念、道德规范伦理原则等基本理论范畴③。何颖认为,行政哲学作为部门哲学以特定的行政理念、行政认识为其研究对象,通过对行政理念、行政认识的反思与跃迁,使行政理念与行政认识对行政现实更具指导性与创造性④。也有学者认为行政哲学应重视行政价值、行政参与、行政权力、行政责任、行政信用与行政腐败、行政自由裁量权、行政评价等问题的研究。而关于行政哲学的学科性质,大多数学者认为是一门部门哲学。根据我们对行政哲学的分析,我们可以发现行政伦理学和行政哲学存在着较大的差别,有着各自不同的问题域,而且学界关于行政哲学的种种问题也没有达成共识。

其实,无论行政伦理学属于伦理学还是行政哲学,行政伦理学都体现了基础

---

① 李春成:《行政伦理学研究的旨趣》,《南京社会科学》2002 年第 4 期。
② 参见乔耀章、芮国强:《行政哲学研究的对象是什么》,《中国行政管理》2002 年第 6 期。
③ 王沪宁:《行政生态分析》,上海:复旦大学出版社 1989 年版。
④ 何颖:《行政哲学的限域》,《中国行政管理》2003 年第 8 期。

理论与实际行政问题分析的结合；中国传统行政伦理与西方行政伦理的结合；现代政治哲学、行政哲学与现代管理学的结合，它既吸收了现代行政管理学发展的最新理论成果，又以伦理学的基本理论为基础，将二者有机地融合起来了。

四、行政伦理学的形成与发展

行政伦理学的形成和发展是特定社会的政治、经济状况的反映，也是人类有关公共行政的思想观念合乎逻辑的发展。一门学科的形成取决于三个基本的要素：第一，有一批对该学科有持久兴趣的学者，其中某些人已经成为这一研究领域中的专家；第二，出版一系列专著，重要的学术期刊，围绕该学科的进一步发展而召开的学术研讨会；第三，在大学的职业化教育计划中设立相应的教学课程。①

根据库珀提出的判断一门学科形成的基本标准，结合美国行政伦理思想发展的状况，我们可以初步将行政伦理学产生、形成和发展划分为三个阶段。

第一阶段：19世纪后期到20世纪30年代，行政伦理学的萌芽时期。

在美国早期历史上，政治腐败问题没有同时期的欧洲国家那么严重。因为当年这些逃离欧洲专制统治的政治和宗教压迫的殖民者来到美洲是为了要建立一个没有腐败和专制统治的新社会。在这一社会中，伦理道德是不能同政府行为相分离的，因此必须确立公务人员的行为标准和道德准则。早期的几任总统都认为国家政策必须依赖于个人道德，而且在宗教上寻找道德的根源。例如，华盛顿就认为，国家政策的基础在于个人道德的纯粹、坚定的原则。托马斯·杰弗逊也认为道德行为的普遍宗教原则是必不可少的。他们坚信，唯有道德上正直的管理者才能确保政府的诚实和政府的决策合乎道德，才能实现善政。然而，公共管理者并非圣人，邪恶必然会产生，制约邪恶必须依靠适当的政府体制和有效的措施来确保他们遵从道德。

1828年当选为美国总统的安德鲁·杰克逊提出了"政府掌握在人民手里"的口号，他于1829年12月在国会演讲中指出："在一个建立官职的唯一目的是人民的利益的国家，任何人都不比其他人有更多的占据官职的固有权利。"他在同年的一封书信中进一步认为："我确信，无论是富人还是穷人，都可以担任官职和显赫的职务；诚实、正直和能力构成唯一和独一无二的检验标准……"从杰

---

① Terry L. Cooper. ed., *Handbook of Administrative Ethics*, New York: Marcel Dekker, Inc. 2001, p. 1. 参见〔美〕马国泉：《行政伦理：美国的理论与实践》，上海：复旦大学出版社2006年版，第9页。郭夏娟：《公共行政伦理学》，杭州：浙江大学出版社2003年版，第31页。

克逊时代开始,政党分赃制成为政治制度的主要特征。政党分赃制一方面扩大了民众对民主工作的参与,缩小了人民和政府之间的鸿沟;另一方面也腐蚀着政府的道德。19世纪是美国公共官员腐败最严重的时期,权钱交易、利益集团收买公共官员、政治腐败成了司空见惯的现象。而且,公众对这些腐败现象并不特别反感,反而适应了政府雇员和官员的贪污现象,道德标准的败坏几乎影响了美国社会生活的所有方面。严重的政治腐败最终激起了社会要求改革的强烈呼声,美国20世纪通行的大多数公共规则都产生于19世纪后期。例如,"利益冲突"的概念就是在19世纪后半叶建立起来的,后来美国的政府道德法主要是围绕这一概念建立起来的。来自共和党内部的自由主义改革者希望通过文官制度的改革使新一代的文官免受意识形态和党派的影响,把不道德的人赶出政府。1883年,美国文官制度最终在国会通过的《彭德尔顿法》之后建立起来了,它授权总统通过一个道德委员会来为任命联邦雇员的程序订立规则,其目的是把联邦文官建立在道德基础之上。同时,该法案正式确立了美国公共行政的专业化和业绩制原则。①

众所周知,伍德罗·威尔逊1887年发表的《行政学研究》奠定了公共行政学的基础。但是,很少有人注意到这篇经典论文实际上也是行政伦理学的重要文献。在这篇文章中,威尔逊探讨了"团体精神""良心""责任""自由裁量权"等典型的行政伦理学问题。与文官改革运动并行的进步主义运动和人民党运动对于美国建立联邦政府道德标准起到了重要的推动作用。当时的"丑闻报道者"大量揭露了大公司的商业贿赂行为,从而使得政治腐败成了民众关注的焦点。"丑闻报道者"不与任何党派结盟,把自己看成是公共利益的直接代表,他们的报道唤醒了国民的道德意识,并迫使立法者颁布新的道德限制来保障公共官员的独立和公正。在某种意义上,可以说是政治腐败催生了行政伦理学的萌芽。

第二阶段:20世纪30年代到60年代,行政伦理学的奠基时期。

美国现代政府责任的扩大带来了新的腐败问题。第二次世界大战使得美国政府开支剧增,也为公共官员创造了利用权力获取个人利益和帮助私人利益集团获得好处的机会,政府官员的不道德行为的频频曝光使得美国的公务员制度受到了前所未有的挑战。为此,如何建立联邦政府的道德标准就成了一个持久的话题,正是公众对政治腐败的严厉批评加快了联邦政府道德标准的建立。1951年9月27日,美国总统杜鲁门向国会传达了"行政部门道德标准",并敦促

---

① 参见周琪:《美国的政治腐败和反腐败》,《美国研究》2004年第3期。

国会立法。但直到1961年5月,肯尼迪总统颁布第10939号行政令才正式提出了政府官员的道德标准指南,它们构成了美国现代公共行政道德的基本要素。1965年初,约翰逊总统颁布第11222号行政令,是当时最详尽的政府道德规则。它最重要的方面是要求行政部门的官员和雇员避免下述行为:利用公共职位来牟取私利;给予任何组织或个人优待;妨碍政府效率或妨碍政府经济;丧失完全的独立或行为公平;通过非官方渠道泄露政府决定,给公众对政府诚实的信心带来负面影响。约翰逊总统所颁布的行政令迄今仍然是联邦官员和雇员的行政道德标准。①

在这种社会背景下,学者们也开始深入反思美国的公共行政中存在的种种问题。他们普遍认为,社会责任感和正义感远比行政效率要重要得多,不能因为追求行政高效而忽视了道德沦丧的问题。在短短的30年间,美国出现了一大批有关行政伦理的理论和学说,我们将简要介绍几位代表性的学者的观点。

1936年,德莫克(Dimock)在《公共行政的标准和目标》一书中,对效率中心论提出了批判,认为准则和价值观念对公共行政更为重要,公共行政人员的"忠诚""诚实""谦逊"等品质能带来良好的服务。1940年前后,哈佛大学教授卡尔·弗里德里奇(Karl J. Friedrich)和赫尔曼·凡纳(Herman Finer)之间就行政官员的责任和控制的有效性问题展开激烈的争论。弗里德里奇认为,行政官员的专业精神和专业标准是监督行政官员行政行为的重要途径,外部控制不足以保持政府行为的责任感和道德性。而凡纳则主张通过外部的监督来保证行政官员的操守,因为内部控制是软弱无力的。弗里德里奇强调的是主观责任和内部控制,而凡纳强调的则是客观责任和外部控制。这场论战使得公共行政学界开始重视行政官员的行政责任问题了。1943年,维恩·李斯(Wayne A. Leys)在《道德和行政自由裁量》一文中认为,在实施行政自由裁量时,不仅要有智慧,更要注重职业道德,因为这些决定对下属、对政府部门和私人企业乃至社会公众都会产生不同程度的影响。他还强调了公共行政的政治性和公共行政中价值观的重要性。② 1942年,列维坦(D. Levitan)提出反对公务员价值中立的观点。1943年,考德威尔(L. Caldwell)从历史的角度驳斥了公务员价值中立的观点,强调了公务员的义务和责任,认为公务员"是人民的仆人,而不是人民的主人"。他说:"只要人们具有社会责任感和对个人自由的热爱,而且只要公务员具有服务意

---

① 参见周琪:《美国的政治腐败和反腐败》,《美国研究》2004年第3期。
② Wayne A. Leys, "Ethics and Administrative Discretion", Pubilc Administration Review, 3 : pp. 10-23. 参见〔美〕马国泉:《行政伦理:美国的理论与实践》,上海:复旦大学出版社2006年版,第5—6页。

识和自律意识,美国将无须担心国家行政权力的扩张问题了。"①1948 年,怀特(Leonard White)在《公共行政导论》一书中,从外部监督的角度探讨了伦理规范的问题。他认为,伦理规范是专业化的重要环节,伦理规范也是提高公共行政的形象和声誉的重要因素。1949 年,弗里茨·马克斯(Fritz Morstein Marx)在《行政伦理和法治》一文中指出,行政行为在很大程度上受到"个人利益"和"个人的判断力和洞察力的成熟度"的影响。显然,在这种情况下很难保证行政行为不偏离公共利益,因此我们需要一套"连贯一致的行政伦理体系"来整合它们。弗里茨·马克斯还认为:行政道德来自政治意识形态的内在逻辑,政府则将这种意识形态转化为社会现实。因此,"行政伦理的核心在于那些孕育政治体制的理念之中"。弗里茨·马克斯注意到了宪政民主精神对于行政伦理观念的形成和建设的重要意义。②1965 年,斯蒂芬·贝利(S. K. Bailey)在《伦理与公共服务》一文中阐释了公共行政人员的品质与德性问题,他指出:"与道德的模糊性、环境的侧重点、公共生活程序的自相矛盾相关联的思想态度,是政府官员的道德行为的必要前提",而"态度必须有道德品质这种实际美德作为基础"。贝利还认为乐观、勇气和仁慈的公正是政府体制中三个最基本的道德品质。③

综上所述,在这一阶段,学者们对传统的政治、行政两分法提出了质疑,就行政人员的品质和德性、行政责任、行政行为的内外控制等行政伦理学的重要问题进行了深入的分析,对行政伦理学的进一步发展提供了良好的基础。

第三阶段:20 世纪 70 年代至今,行政伦理学的发展时期。

20 世纪 60 年代末 70 年代初,美国出现了涉及政府行政的价值和伦理系列事件,例如民权运动、越战、水门事件、伊朗门事件等等。其中 1972—1974 年的"水门事件"不仅引发了严重的宪政危机,也对美国的行政伦理产生了持续而深远的影响。1978 年 10 月 26 日,美国国会通过了《政府道德法》,该法是美国公共行政道德演变过程中的一个里程碑,它通过建立一些新的联邦公共机构扩大了对联邦道德的管理,其中"独立检察官制度"是最引人注目的。在 1980 年到 1988 年里根执政时期,里根忽视其行政部门官员应遵守行政规则和刑法及道德限制的问题。1988 年 10 月,国会通过了新的《道德改革法》,但被里根否决。结

---

① Lynton K. Caldwell, "Thomas Jefferson and Public Administration", *Public Administration Review*, 1943, 50, p. 253.

② Fritz Morstein Marx, "Administrative Ehtics and the Rule of Law", *The American for Pulic Science Review*, 1949, p. 1127. 同时参见〔美〕马国泉:《行政伦理:美国的理论与实践》,上海:复旦大学出版社 2006 年版,第 6—7 页。李春成:《美国行政伦理学的兴起》,《广东社会科学》2001 年第 5 期。

③ 李春成:《美国行政伦理学的兴起》,《广东社会科学》2001 年第 5 期。

果在里根总统于1989年1月卸任时,有150多名总统任命的官员由于违反《道德改革法》而辞职。布什总统决心推行道德改革计划,他建立了联邦道德法改革总统委员会,他指示该委员会考虑四个方面的指导原则:公共官员的道德标准必须充分严格,以确保官员最诚实地工作,不辜负公众对他们的信任;道德标准必须公平,必须客观且合乎常理;道德标准必须对所有政府的三个部门一视同仁;不可不合理地阻止有能力的人进入公共服务领域。1989年11月,布什签署了国会通过的《道德改革法》。美国以立法的形式明确了政府及其公共官员的道德,从而将注意力从公共官员的品德集中到利益冲突问题上来了。公共官员不应有任何可能造成利用官职来牟取私利的表现。实际上,美国对政治腐败的制约不仅依赖于政府道德法和道德规章,而且也依赖于监督和执行这些法律和规章的机构。美国大多数州都制定了道德规则,并设立了"委员会"或"办公室"来监督道德管理。[1]

　　美国政府的一系列不道德行为促使公共行政学者们深入反思过去几十年来的行政伦理建设问题。这一时期美国的行政伦理学的发展呈现出新的特征。按照库珀所提出的关于学科形成的标准,行政伦理学作为一种系统的体系或学科出现在美国应该是这一时期。1971年,罗尔斯的《正义论》一书出版,对公共行政领域的影响极其深远。罗尔斯提出的"正义"的两个基本原则,为大多数行政伦理学家所认可,并把它们作为行政伦理学的基础和组织民主的原则。1973年,斯科特(W. Scott)和哈特(D. Hart)对公共行政研究中这种事实与价值二分的实证主义观点进行了批判。在他们看来,美国公共行政的危机是忽视形而上学思考所导致的必然结果。因此,他们主张把伦理学和公共行政结合起来进行研究。[2] 1976年,美国行政学会(ASPA)组建了"专业标准与伦理委员会",这对于推动美国行政伦理学的发展有着重要的意义。它不仅为行政伦理学研究者和实践工作者提供了彼此认识、相互交流的渠道,而且为美国行政学会制定了行政伦理规则。1982年,特里·L.库珀出版了《行政伦理学:实现行政责任的途径》一书,成为美国大学中公共行政伦理学课程最为广泛采用的教材,1994年他主编的《行政伦理学手册》被视为行政伦理学方面具有里程碑意义的著作。在《行政伦理学》一书中,库珀分别从行政人员个体和行政组织两个维度探讨了个人和组织在面临伦理困境时该如何应对。库珀认为,伦理困境的实质是责任和义

---

[1] 参见周琪:《美国的政治腐败和反腐败》,《美国研究》2004年第3期。
[2] W. Scott and D. Hart, "Administrative Crisis: the Neglect of Metaphysical Speculation", *Public Administration Review*, (1973)33: pp.415-422.

务之间的冲突,这种冲突是公共行政人员在现代和后现代社会中角色扮演的多样化和个人身份认同的多元化现象造成的,这种冲突还会加剧。要解决这种冲突,不仅要求改革外部控制资源,还要求行政人员个体运用自己的伦理自主性抵制不道德的组织和上级的不负责任的行为,这种伦理自主性需要行政人员有意识地进行内部控制。在此基础上,库珀提出了一种"负责任的行政模式"。1989年,美国行政伦理学在华盛顿召开了第一届"全国政府伦理学大会",有700名行政人员和学者与会。1991年,美国第一届"政府伦理研究大会"在犹他州帕克城召开,重点讨论了公共伦理学的研究状况。1995年,在佛罗里达州坦帕公共行政学院召开的"全国伦理学与价值观研讨会"则是美国行政伦理学研究发展的第二个里程碑。这些会议清楚地表明,随着社会的发展,行政伦理学的研究也越来越受到重视。①

第三节 行政伦理学的价值与方法

本书的目的不仅仅是为了促进我们对行政伦理学这门学科的了解,还在于要加强对公共背景下的公共行政目的的理解。我们学习行政伦理学的根本目的在于引导公共行政人员能朝着实现"廉洁的政府"这一目标努力。当然,仅仅达到"廉政"的目标还是不够的,最终要能达到一种好的政治或善的政治,实现"善政"这一终极目标。康德曾经说过:"有两样东西,我们愈经常愈持久地加以思索,它们就愈使心灵充满日新月异、有加无已的景仰和敬畏:在我之上的星空和居我心中的道德法则。"②对于公共行政人员而言,对心中的"道德法则"充满敬畏更为重要。

一、行政伦理学的价值

中国的改革开放是人类历史、现代化史乃至社会转型史上罕见的个案,在政治民主尚未充分实现、公共资源仍然高度集中的情况下,中国改革获得了令人欣喜的巨大成功。与此同时,过去改革模式中积累的许多问题也逐渐暴露出来,尤其是社会公正的问题更为凸显。随着科学技术的飞速发展,人文价值在各个领域遭遇到了前所未有的挑战。公共行政人员大都成了"技术官僚",公共行政过

---

① 〔美〕特里·L.库珀:《行政伦理学:实现行政责任的途径》,张秀琴译,北京:中国人民大学出版社2001年版。

② 〔德〕康德:《实践理性批判》,韩水法译,北京:商务印书馆1999年版,第177页。

程过度地关注效率,而忽视了人类伦理道德的基本价值。"人类的未来不仅要求我们做我们能做的事,而且要求我们为自己应该做的事做出理性的解释。"①在当代中国公共行政语境中,行政伦理建设不只是未来之事,更是当务之急。因为行政伦理对公共行政、社会整体道德、精神文明以及和谐社会建设起着至关重要的作用。

第一,行政伦理可以为政府的公共决策提供价值标准。我们知道,行政决策与行政官员的价值观密切相关,甚至可以说行政决策就是行政官员本身价值观的选择。而一个人的价值观往往又受到他的道德水平的制约。换言之,合乎道德的行政决策是行政官员行政道德水平的产物。一个道德的决策必然是考虑到了公共利益、社会正义的决策。各种行政伦理原则和规范构成了指导行政官员进行道德决策的标准。无论是强制性还是非强制性的行政伦理规范所倡导或禁止的行为,行政官员在进行决策时都应该遵守。行政官员遵守行政伦理规范的各种规定的过程,实质上就是他们在管理公共事务中确保决策具有道德性的过程。

第二,行政伦理倡导公共行政人员对宪法的忠诚、对人民的热爱。一个杰出的人应该具有崇高的抱负,有"天下兴亡、匹夫有责"的意识,有自觉维护公共利益的行动。正如亚里士多德所指出的:学习政治学的人必须有一个良好的品性。② 因此,从事公共行政的人也必须具有行政美德。通过对行政伦理规范的学习、内化以及规范本身的约束可以提高公共行政人员对公共行政活动目的的认识,避免公共行政活动偏离目的,从而有可能提高行政效率。通过学习行政伦理学,公共行政人员应该懂得为什么要忠诚于宪法、国家和人民,为什么要维护和实现公共利益,以及如何有效地防止公共权力的滥用。在社会的急剧转型时期,利益的多元化和价值观念的多样化使得一部分公共行政人员背叛了国家利益和公共利益,大搞权钱交易、权色交易,沉溺于极端利己主义和拜金主义的泥沼之中,严重地破坏了政府的形象,削弱了政府的执政基础和行政权威,导致了行政效率低下。"一些地方、部门和单位的违纪违法案件不断发生,特别是少数高级干部的腐败案件造成了很坏的社会影响;形式主义、官僚主义作风,弄虚作假、铺张浪费现象仍然突出;损害群众利益的不正之风屡禁不止。"③而这一切与

---

① 〔德〕伽达默尔:《哲学解释学》,夏镇平、宋建平译,上海译文出版社1994年版,第194页。
② 〔古希腊〕亚里士多德:《尼各马可伦理学》,廖申白译,北京:商务印书馆2003年版,第10页。
③ 《建立健全教育、制度、监督并重的惩治和预防腐败体系实施纲要》,北京:人民出版社2005年版,第4页。

对公共行政人员的行政伦理教育的缺失,制度建设的不健全,以及监督的不得力有着重要的关系。

第三,行政伦理是公共行政人员行政行为的指南。行政道德规范虽然内容繁杂,但对行政官员应当做什么和不应当做什么进行了具体而详细的规定,为行政官员在行政管理活动中应该遵守何种道德规范提供了有章可循的价值标准。例如,《澳大利亚公务人员行为准则》规定:公务人员不得行贿受贿,不得利用职权为他人谋取利益。① 美国公共行政协会全国理事会于1985年通过的道德规范规定公务人员在一切公众活动中,要表现出高度的正直、诚实和毅力,以激励公众对政府机关的信心和信任。在执行公务时不得牟取私利。回避任何与自身公务有冲突的利益或活动。对公众服务要有敬意、有爱心、有礼貌、负责任,要意识到为公众服务是为自己服务的延伸。尽量行使法律许可范围内的裁决权以促进公众利益等等。②《中华人民共和国公务员法》第59条也明确规定,公务员不得有下列行为:贪污贿赂,利用职务之便为自己或者他人牟取私利;违反职业道德、社会公德和家庭美德。③ 当我们面临着社会或制度并非完全公正时,当我们面临上级领导滥用公共权力甚至贪赃枉法时,我们该怎么办?这就面临着一个行政忠诚与行政检举之间的困境,行政伦理可以为公共行政人员提供行动的指南。

二、行政伦理学的方法

方法论是学习和研究行政伦理学的一个根本性的问题。探讨学习和研究行政伦理学需要处理好两个方面的关系:一是一般方法论与行政伦理学学科具体研究方法的关系。一般方法论主要是指历史唯物主义作为我们认识人类社会各种文化观念的科学方法论基础。历史唯物主义的方法论要求我们对人类的行政现象、行政观念的产生和发展进行唯物的、客观的、辩证的和历史的解释。当然,我们也要认识到行政伦理学作为一门交叉学科的特殊性,因此,要选择适合行政伦理学研究的合适方法。二是处理行政管理学与伦理学跨学科研究的关系问题。行政伦理学作为交叉学科,我们在学习和研究时既要考虑西方学者对行政伦理问题的认识,也要考虑中国学者对行政伦理问题的看法;既要考虑西方传统的伦理学理论在行政实践中的运用,也要考虑中国传统伦理观念对现实公共行

---

① 《国外公务员道德法律法规选编》,北京:中国方正出版社1997年版。
② 转引自马国泉:《美国公务员制与道德规范》,北京:清华大学出版社1999年版,第100—101页。
③ 参见《中华人民共和国公务员法》,北京:中国法制出版社2019年版。

政的影响。因此,具体而言,我们通过比较分析方法、案例分析方法和规范分析方法来学习和研究行政伦理学。

(1) 比较分析方法。比较是我们理解行政伦理问题的重要方式。我们需要对古今中外一些共同的行政伦理现象和行政伦理问题进行比较分析。毫无疑问,行政伦理学成为一门系统的学科是与美国的历史、政治文化和行政实践密不可分的,甚至有许多行政伦理问题是美国"国情"特有的产物。同样,中国传统的行政伦理也是与我们特有的传统文化和政治实践相关的。现在的问题是:一个国家的行政伦理规范是否可以适用于其他国家?行政伦理学家库珀通过比较分析20世纪70年代以来签订的大量国际条约、国际公约、国际协定、国际惯例和国际项目的文件,发现自主、自由、诚信、信任及稳定等构成了国际社会共有的核心价值。他认为,全球化背景下国家和组织间相互依存性的不断增强以及世界范围内朝着市场经济和民主政府方向的努力,为这些道德标准存在提供了基础。① 如果我们通过比较分析能够在某一具体范围内的基本道德规范达成共识,那么我们在全球范围内建立一套超越政治、历史等差异的公共行政伦理的规范性标准应该是可能的。但是,我们必须认识到建立统一的行政伦理规范的复杂性,因为不同国家、地区和文化对这些价值的理解总是会存在差异的。正如公共行政学大师罗伯特·达尔在《行政学的三个问题》中曾指出:"从某一个国家的行政环境归纳出来的概论,不能够立刻予以普遍化,或被应用到另一个不同环境的行政管理上去。一个理论是否适用于另一个不同的场合,必须先把那个特殊场合加以研究之后才可以判定。"② 而且,我们也要注意到有的国家的政府可能在形式上认同某些行政伦理价值,但在具体的行政活动中并不一定实施这些价值标准,而有的政府甚至还没有真正认识到这些价值的内涵与意义。

(2) 案例分析方法。案例分析法不同于比较研究和抽样调查研究,它注重单独的案例和事件。案例分析方法在行政伦理学中得到了广泛的应用。微观分析中的案例分析涉及行政人格、行政道德、行政忠诚。宏观分析中的案例分析包括研究行政组织伦理、政党伦理、制度伦理等。案例分析的特点是把握案例所涉及的对象的特性,而不是普遍命题。案例分析可以刺激人们思考重要的普遍问题和可能的理论方案。下面我们以上海"钓鱼式执法"为例来进行分析。2009年10月14日,刚到上海上班几天的孙中界好心搭载一名男子,落入执法人员设

---

① 〔美〕特里·L.库珀:《行政伦理学应关注的四个重大问题》,《国家行政学院学报》2005年第3期。
② 转引自《〈公共行政与公共管理经典译丛〉总序》,载〔美〕理查德·J.斯蒂尔曼二世编著:《公共行政学:概念与案例》,竺乾威等译,北京:中国人民大学出版社2004年版。

下的"钓鱼"圈套,他的车辆被扣,被指非法营运。孙中界不得已用菜刀断指以证清白。媒体对此进行了报道,引发社会各界强烈关注。10月17日,浦东新区政府应上海市政府要求责成浦东新区城市管理行政执法局对此展开调查。10月20日公布调查结果,称孙中界涉嫌非法营运,事实清楚,证据确凿,适用法律正确,不存在所谓的"钓鱼"执法问题。调查报告引起社会各界强烈批评,重新组织调查组深入调查后于10月25日公布调查结果确定孙中界遭"钓鱼"执法,"钓头"和"钓钩"也确认此事。10月26日,浦东新区政府向社会公开宣布有关部门在执法过程中使用了不正当取证手段,10月20日公布的结论与事实不符,为此向社会公众公开道歉。① "钓鱼式执法"构成了行政伦理的经典案例。该案例引人深思之处在于:"钓鱼式"行政执法凸显出政府行政正义的缺失。作为"钓头"之上的执法者理应是公平正义的化身,却在利益的驱动下积极使用"钓鱼"这种有悖常理、法律和伦理的执法方式。行政执法是否合法既要体现执法目的的正当性上,也要体现在执法手段的合理性中。行政执法的目的应是为了保护和实现社会的公共利益。打击"黑车"是为了保护合法营运出租车和消费者的权益。而"钓鱼式执法"打着公共利益的幌子,其实质就是执法利益化。这是对法律的严重亵渎,而且也侵害了社会共同体赖以存在的伦理基础:信任和互助。这个案例引发出另一个更有价值的行政伦理问题,即公民精神与公民责任的凸显。在"钓鱼式执法"中,孙中界剁掉自己的手指对违法行政者表示抗议和"不服从"。这种"公民不服从"是对执法结果的彻底否定和不信任。"这可以激励公民,使他们不仅仅关注政府的渎职与腐败问题,而且要使我们所有的人都要对其他人的基本权利承担个人的道德责任。"② 孙中界的"公民不服从"行为和态度值得肯定和赞赏,这是一个公民对政府行政人员违法行为坚决不妥协的抗争,这是推进政府法治建设的积极力量。因此,孙中界是我们社会需要的积极公民,虽然他维护的是自己的权利,但每个公民对自己权利的维护,客观上都是对公民权利的整体维护。

(3)规范分析方法。规范分析方法主要指规范伦理学中的价值论方法,这种方法是规范性的,它规定可以或不可以这么做,同时这种规定对于它们所影响到的每个人而言都是可以接受的。当行政现象与社会价值没有产生冲突,或者与社会价值无关时,就不会产生行政伦理问题,也就不需要运用价值判断来分析

---

① 参考2009年10月27日《长沙晚报》A7版的有关内容。
② 〔美〕乔治·弗雷德里克森:《公共行政的精神》,张成福等译,北京:中国人民大学出版社2003年版,第40—41页。

行政现象。只有当存在的行政现象与社会价值发生冲突时,也就是现存的行政"实然"与社会价值提出的"应然"不一致时,社会就需要实现"实然"向"应然"转化。由于公共行政活动不可能完全脱离社会价值观的影响,而且研究者也不可能保持绝对的价值中立,因此我们需要运用规范分析方法来分析行政现象,并对这种现象做出是非善恶的主观价值判断,力求回答一种好的公共行政"应该是什么"。而实证分析方法只对行政现象和行政活动进行客观描述,通常不做任何评价。规范分析方法主要关注公共行政的合法性、公共行政的运行效果,全方位考察行政组织、行政制度和行政个体在公共行政的过程中存在的道德问题,运用伦理学的基本理论、基本原则、基本规范来对行政现象进行判断和分析。因此,规范分析方法是在行政伦理学研究领域居于中心地位。如果我们忽略了规范分析方法的重要作用,我们就会忽视公共行政所指向目的之意义,我们就很难实现"廉政"并最终走向"善政"。例如,当我们分析政府官员的腐败行为时,我们会认为官员的品质和行为是不道德的、错误的或恶的,我们会反对这种行为,对这种行为进行道德判断和道德评价。行政伦理学应该告诉公共行政人员在道德上必须做某些事情,不能做某些事情,必须认识到某些行政规范或法则的权威性,承认它们具有约束力。同时,我们也可以运用行政伦理学的相关理论或知识来分析那些被称为正当或错误的行为具有什么性质。

第二章 行政伦理学的相关道德理论

伦理道德问题不仅与公共行政人员的日常生活密切相关,也与公共行政人员的行政实践息息相关。了解与行政伦理学密切相关的道德理论,可以让我们更好地理解行政伦理学的内涵和价值。然而,一切习惯、传统、道德体系、规则和伦理学理论,都应该事先经过仔细的分析和批判性的评价,我们才能予以接受或奉行。作为公共行政人员,学习和吸收西方的理性精神和相关价值因素,树立尊重个人权利的价值观,这就需要运用理性来对道德教训和规则之基础和实效性加以检验。当然,这种学习和吸收要同中国的伦理文化传统相协调,传统道德文化也需要进行现代转换,以适应新的时代需要。中西道德需要形成共存与对话的局面,以便实现中西伦理文化的融合。行政伦理学作为规范伦理学的一种重要类型,既需要对日常生活中的道德观念和道德判断进行系统的了解,也要对行政实践领域中道德原则的合理性进行探讨。《中华人民共和国公务员法》第14条规定:公务员应当履行"忠于宪法""忠于国家""忠于人民""忠于职守""清正廉洁,公道正派"等义务。[①] 这些"应当"问题就属于规范伦理学的研究对象。在规范伦理学中,最主要的是有关道德义务和道德价值的判断,尤其是道德义务的判断更是伦理学理论的核心。

---

① 参见《中华人民共和国公务员法》,北京:中国法制出版社2019年版。

第一节 功利论的道德理论

功利主义是一种典型的目的论伦理学,它作为一种重要的伦理学说不仅为现代主流经济学提供了伦理基础,而且对现代公共行政的发展也产生了不可估量的影响。功利主义认为,合乎道德的行为或制度应当能够促进"最大多数人的最大幸福"。凡是行为或制度给行为者及利益相关者带来好处,或是带来利大于弊的结果,则是道德的,否则就是不道德的。功利主义的观点简单且符合人之常识,因而易于为人们接受。例如,"最大多数人的最大幸福"还可以表述为"公共福利""公共利益""社会繁荣"等。① 正如美国著名学者罗尔斯所说:"在现代道德哲学的许多理论中,占优势的一直是某种形式的功利主义。出现这种现象的一个原因是:功利主义一直得到一系列创立过某些确实富有影响和魅力的思想流派的杰出作家们的支持。我们不要忘记:那些伟大的功利主义者像休谟、亚当·斯密、边沁和穆勒也是第一流的社会理论家和经济学家;他们所确立的道德理论旨在满足他们更宽广的兴趣和适应一种内容广泛的体系。而那些批评他们的人则常常站在一种狭窄得多的立场上。他们指出了功利原则的模糊性,注意到它的许多推断与我们的道德情感之间的明显的不一致。但我相信,他们并没有建立起一种能与之抗衡的实用的和系统的道德观。"② 罗尔斯客观而中肯地指出了功利主义的理论地位及其原因。事实上,功利主义为现代公共行政学和行政伦理学都提供了理论基础。我们将重点介绍边沁和穆勒的功利主义道德理论。

一、边沁的功利主义道德理论

边沁(Jeremy Bentham,1748—1832)是功利主义的代表人物之一。边沁在《道德与立法原理导论》一书中认为,人类的是非标准,因果联系均由快乐和痛苦决定,人们的所行、所言、所思,同样由其支配。快乐和痛苦被功利主义当作旨在依靠理性和法律来建造福乐大厦的制度的基础。边沁进一步认为,功利原理是指:它按照看来势必增大或减小利益有关者之幸福的倾向,亦即促进或妨碍此

---

① 参见〔英〕约翰·穆勒:《功利主义》,译者序,徐大建译,上海:世纪出版集团、上海人民出版社2008年版,第4—5页。
② 参见〔美〕约翰·罗尔斯:《正义论》,序言,何怀宏等译,北京:中国社会科学出版社1988年版,第1—2页。

种幸福的倾向,来赞成或非难任何一项行动。① 这种行动既包括私人的行动,也包括政府的一切措施。边沁认为:功利是指任何客体具有如下的性质,即"它倾向于给利益有关者带来实惠、好处、快乐、利益或幸福,或者倾向于防止利益有关者遭受损害、痛苦、祸患或不幸;如果利益有关者是一般的共同体,那就是共同体的幸福,如果是一个具体的个人,那就是个人的幸福。"②换言之,在边沁看来,功利就是趋乐避苦。什么是共同体的利益呢?它和个人利益是一种什么关系呢?边沁指出:共同体是由个体所组成的虚构体,共同体的利益是组成共同体的若干成员的利益总和。个人利益是理解共同体利益的基础,离开了个人利益,共同体的利益便毫无意义。"当一项行动增大共同体幸福的倾向大于它减小这一幸福的倾向时,它就可以说是符合功利原理,或简言之,符合功利。"③根据边沁的理论,当一项公共政策或措施增大共同体幸福的倾向大于它减小这一幸福的倾向时,它就符合功利原理。边沁将功利主义应用于政治和立法理论,否定了社会契约、自然权利、自然法等抽象的加大,认为它们都是违反经验事实的虚构和幻想,不能用来解释国家和政治的基础与产生的根源。国家与政府的目的也是为了提高人民的功利,所有的制度安排都要从多数人的幸福出发,致力于公共幸福必然也符合个人利益。④

二、穆勒对功利主义道德理论的发展

穆勒(John Stuart Mill,1806—1873)也是功利主义的主要代表之一,他在《功利主义》一书中对功利主义进行了全面的阐述,同时避免了边沁功利主义思想的一些缺陷。针对有人将功利主义比作"猪"的哲学,穆勒指出功利主义所强调的"幸福"或"快乐"不是指动物的幸福或快乐,而是指人的精神上的幸福或快乐,幸福不是指任何单个人的幸福,而是指最大多数人的最大幸福。他说:"理智的快乐、感情和想象的快乐以及道德情感的快乐所具有的价值要远高于单纯感官的快乐。不过我们必须承认,功利主义著作家一般都将心灵的快乐置于肉体的快乐之上,主要是因为心灵的快乐更加持久、更加有保障、成本更小等等。……承认某些种类的快乐比其他种类的快乐更值得欲求更有价值,这与功

---

① 〔英〕边沁:《道德与立法原理导论》,时殷弘译,北京:商务印书馆2000年版,第57—58页。
② 同上书,第58页。
③ 同上书,第58—59页。
④ 〔美〕弗兰克·梯利:《伦理学导论》,何意译,桂林:广西师范大学出版社2002年版,第109—110页。

利原则是完全相容的。"①

穆勒指出:"把'功利'或'最大幸福原理'当作道德基础的信条主张,行为的对错,与它增进幸福或造成不幸的倾向成正比。所谓幸福,是指快乐和免除痛苦;所谓不幸,是指痛苦和丧失快乐。……唯有快乐和免除痛苦是值得欲求的目的,所有值得欲求的东西之所以值得欲求,或者是因为内在于它们之中的快乐,或者是因为它们是增进快乐避免痛苦的手段。"②根据穆勒的观点,我们判断政府的任何一项措施或政府行为对错的唯一标准是看它们能否促进最大多数人的幸福或快乐。穆勒强调:构成功利主义的行为对错标准的幸福,不是行为者本人的幸福,而是所有相关者的幸福。"功利主义要求,行为者在他自己的幸福与他人的幸福之间,应当像一个公正无私的仁慈的旁观者那样,做到严格的不偏不倚。功利主义伦理学的全部精神,可见之于拿撒勒的耶稣所说的为人准则。'己所欲,施于人','爱邻如爱己',构成了功利主义道德的完美理想。"③

穆勒在讨论功利主义的基本观点之后,紧接着对功利主义在何种程度上能为人们所接受的问题进行了分析。因为任何道德规则如果不能为人们所接受,就会变成虚伪的说教。穆勒认为,功利主义的道德标准有外在和内在两个方面的约束力。其外在约束力在于"希望从自己的同胞和宇宙的主宰那里得到恩宠,不愿在自己的同胞和宇宙的主宰那里找不痛快,以及我们对同胞的同情挚爱和对宇宙主宰的敬畏等等",而其内在约束力则在于"良心"等道德感情,这种感情是在与同胞和谐一致的愿望这种天赋社会感情的基础上通过教育培养而来的。④

穆勒对功利主义道德标准的论证进行了深入的分析。功利主义需要说明"最大多数人的最大幸福"是人生的终极价值。穆勒的思路大致如下:证明要么是根据原理的推理,要么是诉诸事实。功利主义的原理只能诉诸事实,否则便无法证明。于是我们也只能用人类经验或者说是大多数人的看法,来证明人生应当追求的最终目的是"最大多数人的最大幸福"。穆勒说:"能够证明一个对象可以看到的唯一证据,是人们实际上看见了它。能够证明一种声音可以听见的唯一证据,是人们听到了它;关于其他经验来源的证明,也是如此。与此类似,我

---

① 〔英〕约翰·穆勒:《功利主义》,徐大建译,上海:世纪出版集团、上海人民出版社2008年版,第8—9页。
② 同上书,第7页。
③ 同上书,第17页。
④ 同上书,第27—29页、译者序第10页。

以为,要证明任何东西值得欲求,唯一可能的证据是人们实际上欲求它。"①穆勒进一步认为,既然"每个人都在相信幸福能够获得的范围内欲求自己的幸福"这一事实,那么"我们就不仅有了合适的证据,而且有了可能需要的一切证据来证明,幸福是一种善:即每个人的幸福对他本人来说都是一种善,因而公众幸福就是对所有的人的集体而言的善"。②

最后,穆勒讨论了功利主义与正义的关系。穆勒认为,有关正义的观念是妨碍人们接受"功利"或"幸福"作为检验行为对错的标准的最大障碍之一。穆勒认为,构成正义这个概念的"原始观念"就是遵从法律。正义包含有两种要素:一是行为规则,二是赞同行为规则的情感即正义感。正义的观念可以归结为对权利的侵犯与对这种侵犯的惩罚或者对权利的保护。因此,正义就是以权利或利益为基础的,是对正当权利或利益的维护。人们之所以需要正义,需要社会对权利的保护,是因为它涉及人们的安全,这是至关重要的利益。由于正义与利益的相关性,因而人们对正义就会有不同的理解,而要解决人们关于正义的争论,唯有根据功利主义原则。换言之,正义也是以社会功利为基础的。③

综上所述,我们可以了解到边沁和穆勒都把最大多数人的最大幸福作为行为的目标和道德的标准,注重人们思想、行为的绩效、效果或结果,以个人为基础推衍到他人与社会。只不过边沁强调自我利益是根本的动力,而穆勒则认为同情或社会的感情是道德的主要源泉。功利主义思想有其历史的合理性,对当代公共行政的发展有着直接的影响。

第二节 义务论的道德理论

义务论(Deontology)又可称为道义论,这种道德理论主张人及其行为道德与否,不是依据行为的结果,而是根据行为本身或行为依据的原则。它集中于道德动机,把义务或职责看作其中心概念。正如美国学者弗兰克纳所言:"道义论主张,除了行为或规则的效果的善恶之外,还有其他可以使一个行为或规则成为正当的或应该遵循的理由——这就是行为本身的某种特征,而不是它所实现的价

---

① 〔英〕约翰·穆勒:《功利主义》,徐大建译,上海:世纪出版集团、上海人民出版社2008年版,第35页。
② 同上书,第36页。
③ 同上书,第42—64页。

值。"①换言之,有些事情或行为内在地是对的或错的。显然,义务论与功利论是相对立的。在义务论看来,以功利主义为代表的效果论是错误的,因为一个行为的好的结果并不能确保该行为的正当性。但义务论在解释为什么某些事情或行为就它们本身而言就是错的也存在着困难。因此,义务论试图诉诸人的常识、道德直觉,或者是人类理性来回答这类问题。

一、义务论的主要观点及特征

义务论者把"正当"和"应当"作为基本概念。典型的义务论者认为,某些行为之所以内在地正当或原则上正当,是因为它们属于它们所是的那种行为。"义务论把针对人的行为而发的道德义务判断看作更基本的、更优先的。它认为对人及其品质的评价最终要依赖于对他的一系列行为的评价,善恶的价值判断最终要归结为行为的正当与否,而行为的正当与否,则要看该行为本身所固有的特性或者行为准则的性质是什么。"②

义务论的道德推理思路是这样的:人们行为或活动的道德性质和意义不在于其所要实现的目的或者它所体现的内在价值,而在于它所具有的正当性。某一行为的正当性在于它与某种形式的道德原则是否相符。符合道德原则即意味着道德行为的规范化,符合道德原则的行为之所以具有普遍的正当性,是因为道德原则或道德规范本身对人们道德行为的权利与义务作出了恰当明确的规定,并符合权利与义务对等分配的道德公正原则。著名学者万俊人概括了义务论具有五个特征:第一,以社会或群体的整体利益及其公正分配为道德考量目标。"它的规范内容和规范形式往往与社会的制度安排内在地相关,也就是与社会的基本制度结构,尤其是国家法律规范系统有着内在一致的关联,甚至相互支持,是制度(规范)互补关系。"第二,对社会道德事务的宏观关切、对道德行为的普遍化的底线要求。第三,对规范有效性的寻求总是普遍主义的、甚至是绝对道义性的。第四,对一种形式化的规范程序有着特别强烈的要求,常常表现出伦理学的形式主义或程序主义。第五,绝大多数义务论者都是道德动机论者。义务论者并不是简单地依据行为的效果来判断、评价该行为的价值,相反,他们更重视行为主体所表现出来的道义倾向、道德意愿等内在动机因素。③

---

① 〔美〕威廉·K.弗兰克纳:《善的求索——道德哲学导论》,黄伟合等译,辽宁人民出版社1987年版,第31页。
② 何怀宏:《伦理学是什么》,北京大学出版社2002年版,第67—68页。
③ 参见万俊人:《论道德目的论与伦理义务论》,《学术月刊》2003年第1期。

二、康德的道德理论

康德是典型的义务论者。康德的伦理思想体系继承了由莱布尼兹所奠定的理性主义传统,同时又深受牛顿、卢梭和休谟的影响。他最著名的哲学著作有《纯粹理性批判》《实践理性批判》和《判断力批判》,内容涉及认识论、形而上学、伦理学和美学,在西方哲学史上有着重要的地位。其中,康德的伦理思想对人们的道德生活产生了直接的影响。

理性是康德伦理学赖以建立的基础。康德的道德理论强调人的尊严,他认为人的尊严不是基于其社会地位、特殊地位和聪明才智,而是其天生的理性能力。康德认为:人是一个有理性的存在者,只有理性才能决定人之为人和人的道德价值。康德的道德理论是针对那种主张从人的自然本性和经验中引申出快乐论和幸福论的道德理论的。在康德看来,人虽然是有感性欲望的动物,但人和动物的区别并不在于感性欲望,而在于理性。人的意志之所以是自由的,就在于它的本质是理性的。人类之所以有道德,正是由于理性能够为自己、为人类立下行为准则。

康德认为,在一般意义上,在世界之中甚至世界之外,只有善良意志(good will)可以设想为无条件的善。他说:"善良意志,并不因它所促成的事物而善,并不因它期望的事物而善,也不因它善于达到预定的目标而善,而仅是由于意愿而善,它是自在的善。并且,就它自身来看,它自为地就是无比高贵。"[①]善良意志是指一种依照道德要求去选择值得称赞的行为的自我意识倾向。康德将其他有价值的东西分为两类:一类是自然禀赋,如机智、聪明、勇敢等;一类是运气所得,如财富、健康、权力和荣耀等。这两类都是有价值东西,但它们的价值或善都是有条件的。理由如下:第一,这些东西之所以有价值,只是因为通过它们我们可以得到其他我们所需要的东西。例如,财富本身并没有价值,财富的价值在于它可以换取食物、衣服、房屋,等等,这些是我们的生存所需要的东西。因此,财富的价值是有条件的,它只具有工具性价值。或者说,财富只是手段,而不是我们追求的目的。第二,这些有价值的东西有时候可以作为作恶的用途。例如,一个邪恶之徒可以利用其聪明才智进行抢劫或谋杀等行为;财富会使人的道德堕落,引发战争,甚至摧毁文明。因此,这些有价值的东西也可能用来助长邪恶,因此它们不是无条件的善。[②] 在康德看来,出于善良意志的行为是为了职责,或者

[①] 〔德〕康德:《道德形而上学原理》,苗力田译,上海人民出版社2002年版,第9页。
[②] 参见林火旺:《伦理学入门》,上海古籍出版社2005年版,第104页。

遵照绝对命令而选择的。只有善良意志才是无条件的善,它之为善不是由于它的效果或收获,而在于它本身就是善的。善良意志构成了我们值得幸福的不可缺少的条件。在康德看来,即使因为善良意志而造成极大的苦难或伤害,善良意志仍然是善的,因为它的目的是要行善。换言之,一个人的动机如果是善的,即使由于某些疏忽而无法达成目标,甚至造成了不好的结果,也不会减少其道德价值。①

为了阐释善良意志和责任之间的关系,康德进一步提出了三个道德命题。第一命题:只有出于责任的行为才具有道德价值。这个命题意味着行为的动机决定着行为的道德价值,只有出于责任的行为才能认为是道德上有价值的行为。第二个命题:一个出于责任的行为,其道德价值不取决于它所要实现的意图,而取决于它所被规定的准则。换言之,一个行为的道德价值在于指引这一行为的准则,而不在于这一行为所要实现的目的。第三个命题:责任就是出于尊重规律而产生的行为必要性。这个命题是从第一个命题和第二个命题的基础上推演出来的。尊重规律或法则是一种道德情感,这种情感等同于个人对责任的意识。②根据康德的理论,我们可以清楚地了解,善良意志就是出于责任而为的意志,而责任则是由道德法则所规定的必然行为。

康德指出:"善和恶的概念必定不是先于道德法则(从表面上看,前者似乎必定构成后者的基础)被决定的,而只是(一如这里所发生的那样)后于道德法则并且通过道德法则被决定的。"③换言之,康德认为道德法则或规范先于道德的善恶观念。康德这里所谓的"先于",是指一种普遍化、规范化了的道德法则相对于每一个体的善恶观念的领先性。每一个人在确立其道德价值观念之初,便已经面临着一种以社会风俗、行为习惯和精神气质等形式而存在的道德法则,每一个人都是在这些既定法则和规范的影响下形成其善恶观念的。康德的义务论强调人类共同目的的内在要求,它要求每一个人都应当从真正的人道目标出发,承诺道德义务或伦理道义的普遍要求,而不是仅仅根据个体自身的"主观欲求"或"幸福目的"来决定其行为方式。这就是康德所主张的"从义务出发"、甚至"为义务而义务"的义务论伦理。他认为只有这样一种普遍的义务论伦理,或者是基于这种伦理原理之上的道德实践理性,才是唯一有可能对人类道德行为产生普遍效应的实践法则。康德进而认为,"善良意志"及由此激发的道义动

---

① 〔德〕康德:《道德形而上学原理》,苗力田译,上海人民出版社2002年版,第9页。
② 同上书,第15—16页。
③ 〔德〕康德:《实践理性批判》,韩水法译,北京:商务印书馆1999年版,第68页。

机,才是人类道德行为的真正动力和源泉,才是人类赢得道德尊严、实现真正的普遍人类目的的真正根基。①

第三节 美德论的道德理论

古代的大多数政治伦理或行政道德理论都采取美德伦理学的形式,亚里士多德对美德伦理进行了系统而经典的表述,孔子和孟子也对美德伦理进行了充分的阐释。美德伦理是指以个人内在德性完成或完善为基本价值尺度或评价标准的道德观念体系。"当且仅当一种观点把 aretaic 术语作为基础(而把道义论的观点作为派生物或者作为可有可无的),并且它主要强调内在品质或动机,而不是强调规则或行为的后果,这种观点可算是一种德性伦理学的样式。"②换言之,美德伦理关注人的品格,把人生当作一个整体来看待。美德是行为者为了达到幸福,即全面的福利或好生活的品质特性,任何一种伦理理论如果没有涉及美德问题都是不彻底的。罗尔斯就认为有必要把对美德的论述整合到广义的规范论道德学说中来。作为行政伦理学的一种道德资源,美德伦理有着积极的现实意义,它对于我们寻求解决当代公共行政中出现的道德难题可以提供一种不同于功利论和义务论的视角。换言之,作为一种系统的有关行政领域的道德理论,行政伦理学应该关注行政美德。

一、亚里士多德的美德伦理

古代西方的美德伦理学都是以"幸福"为核心的伦理学理论。大多数美德伦理学家把人应当怎样做和应当怎样生活的实质性论述作为他们的主要任务之一。因此,美德伦理学的任务包括对人们行为的正当或错误、善或恶作出美德伦理上的特殊的解释。③ 在美德伦理学家们看来,美德(virtue,也有学者译成"德性")是基本的道德原则,它界定着好人、好生活、好政治和好社会。美德具有三个基本的属性,即:第一,美德是性格或者精神的一个相对固定的特性;第二,美德通常指在特定情况下按特定的方式去思维、感受和行动的意向;第三,美德是

---

① 参见万俊人:《论道德目的论与伦理义务论》,《学术月刊》2003 年第 1 期。
② 在亚里士多德的思想中,"aretaic"具有美德和卓越的双重含义。参见迈克尔·斯洛特:《德性伦理学》,载休·拉福莱特主编:《伦理学理论》,龚群译,北京:中国人民大学出版社 2008 年版,第 378 页。
③ 迈克尔·斯洛特:《德性伦理学》,载休·拉福莱特主编:《伦理学理论》,龚群译,北京:中国人民大学出版社 2008 年版,第 379 页。

判断人们的总体道德价值的首要基础。① 但是,美德并不是伦理学的第一原则,美德是促进和服务于幸福这一根本目的的手段,因此,美德是由幸福来界定的。②

亚里士多德指出:"幸福是完善的和自足的,是所有活动的目的。"他认为,政治学考察高尚与公正的行为。"政治学的目的是最高的善,它致力于使公民成为有德性的人、能做出高尚[高贵]行为的人。"③根据亚里士多德的美德论,公共行政的目的应该是公共善,公共行政人员必须具有良好的品性,其行政行为必须是公正无私的。亚里士多德认为柏拉图所提出的节制、勇敢、正义和智慧这四种美德属于灵魂的善,而灵魂的善是最恰当意义上的、最真实的善。④ 亚里士多德把美德区分为理智美德和伦理美德。他认为具备这些美德的人必须具有对实际问题的明确判断力,智慧作为理智美德在实践中表现为对事物的理解能力和思考能力,主要靠教导而发生和发展,因此需要时间和经验。例如,行政理性和行政智慧的获得就是需要时间和经验的积累,同时也需要不断地学习和思考。实际上,现代公共行政中的一项好的决策就是行政理性和行政智慧这些理智德性充分实现的体现。"节制"作为一种伦理美德,它主要是与身体欲望和快乐相关的。节制的人是以适当的时间和适当的方式欲求适当的事物。⑤ 而现代公共行政中政府官员贪腐之风层出不穷与个体缺乏"节制"美德有着一定的关系。当然,认识和理解美德并不必然使得公共行政人员能成为一名好的官员,关键在于对这些美德的实践,体现在公共行政过程和具体的行政行为之中。

二、基督教的美德伦理

基督教的美德伦理作为美德伦理学的一种重要样式,对西方国家的行政伦理有着重要的影响。不可否认,世界上毕竟有相当多的人信仰上帝并且从上帝的启示中寻求道德的指导。西方人的道德价值观念在很大程度上受宗教的影响,某件事是正确的或者错误的,某一行为是否合乎道德,只有上帝才能做出裁决。因此,我们对基督教美德伦理有一个初步的了解是必要的。基督教的美德伦理学家们认为,特定的美德对于人类公正和福利而言是不可或缺的。考虑到

---

① 〔美〕马国泉:《行政伦理:美国的理论与实践》,上海:复旦大学出版社2006年版,第39页。
② 《西方大观念》第2卷,北京:华夏出版社2008年版,第1613页。
③ 〔古希腊〕亚里士多德:《尼各马可伦理学》,廖申白译,北京:商务印书馆2003年版,第3—11页、19页、26页。
④ 同上书,第22页。
⑤ 同上书,第94页。

人类的限度和堕落的本性,基督教关于个人美德的要求是以对上帝的态度和赎罪为前提的。奥古斯丁和托马斯·阿奎那是基督教美德伦理学的重要代表人物。

"幸福"是奥古斯丁的基督教美德伦理讨论的重要问题之一。他从柏拉图的思想出发,提出了"幸福来自真理"的命题。奥古斯丁认为,人人都追求幸福,人们愿意享受幸福是确定无疑的,但每个人对幸福的体验和要求是不同的。他把幸福生活分为两种方式:一种是享受了幸福生活而幸福,另一种是拥有幸福的希望而幸福。他认为拥有幸福的希望不如实际上享受幸福。奥古斯丁认为,物质的享受,财富的聚集,荣誉的引诱,淫欲、声色和荣华富贵,许多人都把它们当作幸福,其实它们只是世俗的幸福、虚幻的幸福、转瞬即逝的幸福。真正的幸福来自对真理的追求和热爱。所谓"来自真理"就是来自上帝。这种以爱基督、爱上帝为快乐的幸福,是一种至高无上的幸福。奥古斯丁认为,道德是一个人的意志对于自身的全面控制。因此,要有道德就必须鄙视肉欲,鄙视对物质生活的追求。人有一种能力,即"道德心",它是理性和真理的源泉,它从总的方面告诉人们必须避免所有错事、恶行。在奥古斯丁看来,人的所有品德都是围绕着个人对上帝的关系而形成的。他认为,所谓智慧,就是以对上帝的爱对自己的行为进行选择;所谓勇敢,就是为所爱者上帝忍受一切;所谓节制,就是为了对上帝的爱而清洁自守;所谓正义,就是爱侍奉于上帝而守其节度。[①] 奥古斯丁的理论对于中世纪的欧洲国家的宗教权力大于世俗权力并控制国家生活产生了重要的影响。

托马斯·阿奎那的基督教美德伦理学是以亚里士多德的理论为基础的。他认为,是神使人具有七种美德,即信仰、希望、热爱、正义、谨慎、勇敢和节制。其中,前三种美德是人对神的关系中产生的,后四种则是在人与人的关系中产生的美德。阿奎那强调了理性和习惯在形成美德中的作用,他将美德分为理智的美德、实践的美德和神性的美德三大类。阿奎那认为美德的形式有四种,即审慎、公正、节制和刚毅。他认为,在真理的思考中产生的德性就是审慎;在正当与本分的行为中产生的德性就叫作公正;抑制情欲的德性就叫作节制;那产生灵魂的坚定性、反抗一切磨难苦厄的德性就叫作刚毅。这些美德都是服务于幸福这一"欲望的终极目的"。一个人因为有实践美德和理智美德,从而使得自己的行为按照一定的目的而趋于完善,他可以因此而获得幸福。但这种幸福只是有限的、暂时的幸福,人们只有获得了神性的美德,才能获得最大的、永恒的幸福。阿奎

---

① 参见罗国杰、宋希仁编著:《西方伦理学史》,上卷,北京:中国人民大学出版社1985年版,第331—345页。

那承认依据人的本性而获得的幸福的合理性和正当性。但只有出于对上帝的"爱",才能产生信心和希望,由于爱、信心和希望,才能获得超自然的神性,才能得到至善和幸福。阿奎那认为,正义和幸福有着密切的关系。正义的目的在于调整人们彼此的关系。"只要正义能够导使人们致力于公共幸福,一切德行都可以归入正义的范围。"①统治者要治理好国家,必须关心公共幸福。如果一个社会是为了公共幸福而进行治理的,这种政治就是正义的;相反,如果社会的一切设施服从于统治者的和私人的利益,而不是服从于公共利益的,那就是不正义的。因此,任何一个好的统治者应当以公共幸福为目的去进行治理。②

三、儒家的美德伦理

儒家伦理是一种典型的东方式的美德伦理,它既不同于西方传统的宗教伦理和社会伦理,也不同于康德的义务论伦理,它与亚里士多德的美德伦理也有着很大的区别。儒家伦理强调品格的塑造和个体美德的培养,具有中国文化的独特背景。儒家伦理在很大程度上决定着中国人的生活样式,甚至构成了人们持久的道德生活。儒家伦理既不是客观化的知识系统,也不是纯粹经验的集合,而是人的生命存在及其自觉。

儒家美德伦理的核心是仁德,其表现形态则是境界。完成美德,提高境界,这是儒家伦理的实质所在。儒家伦理的内涵不外乎"内圣外王",亦即"修、齐、治、平"四字。《礼记·大学》载:

> 古之欲明明德于天下者,先治其国;欲治其国者,先齐其家;欲齐其家者,先修其身;欲修其身者,先正其心;欲正其心者,先诚其意;欲诚其意者,先致其知;致知在格物。物格而后知至,知至而后意诚,意诚而后心正,心正而后身修,身修而后家齐,家齐而后国治,国治而后天下平。自天子以至于庶人,壹是皆以修身为本。其本乱而末治者否矣,其所厚者薄,而其所薄者厚,未之有也!

在上述这段话中的"德"就是指的"美德",修身、齐家、治国、平天下,是儒家美德伦理对于做人做官提出的一个理想标准。"内圣"也就是"修身",即道德上的自我完善,而"外王"即"齐家、治国、平天下"。儒家伦理有明显的情感特征,又有普遍的理性精神。它以独特的方式揭示了人的内在德性,同时又有超越性和现

---

① 托马斯·阿奎那:《阿奎那政治著作选》,马清槐译,北京:商务印书馆1963年版,第139页。
② 参见罗国杰、宋希仁编著:《西方伦理学史》上卷,北京:中国人民大学出版社1985年版,第361—376页。

实性。"德性就其根源而言是先验的,但就其存在而言则是经验的;就其形式而言是理性的,但就其内容而言则是情感的;就其内在性而言是潜在的,但就其外在性而言则是现实的。正因为如此,儒家的德性学说主张先验与经验的统一,本质与存在的统一,理性与情感的统一,潜在与现实的统一,而不是在二元对立中选择或强调任何一个方面。德性的条目很多,但其核心是仁德。"我们在理解儒家伦理时要注意其整体性,而不能简单地将儒家伦理说成是实用的政治伦理或行政伦理,也不能认为它是家族伦理的"扩大"。① 当然,也有学者持不同看法,认为儒家伦理"具有一种由内而外、由家庭人伦而社会(国家)伦理、由道德而政治的思维特点,因而在道德理论上也就表现出一种由美德伦理外推社会规范伦理的论理进路"②。因此,我国传统的政治伦理或行政伦理基本上是以美德伦理为中心的,也就是强调"为政以德",官德是居于核心地位的行政伦理。

---

① 蒙培元:《儒家的德性伦理与现代社会》,《齐鲁学刊》2001年第4期,第49—51页。
② 万俊人:《寻求普世伦理》,北京大学出版社2009年版,第78页。

第三章 中国传统行政伦理

中国的传统政治是一种家国同构的伦理政治,思想家与统治者在政治实践中建构了一套完备的伦理规范体系,对行政实践产生了重要影响。中国古代的统治者非常重视君臣、君民以及官民之间的关系,注重"官德",在政治统治的过程中形成了系统的行政伦理理论和道德规范体系。中国传统行政伦理是传统政治伦理原则与规范在行政领域的具体化,其中有关官民关系、官员行为的伦理原则在今天仍然具有借鉴意义。在现代社会,官德之所以出现问题,与传统道德标准的"衰退"有着很大的关系。正如美国行政学大师德怀特·沃尔多所言:"20世纪的特征既不表现在遵守一致的道德标准,也不表现在关注伦理研究。相反,它的特征在于传统道德标准的'衰退',以及倾向于把伦理研究看成无关紧要和毫不相干的东西。"①如何批判地继承传统行政伦理思想是我们必须面对的问题。

第一节 中国传统行政伦理的理据

对传统行政伦理的批判与继承最关键的问题是如何看待"传统",即如何对"传统"进行理论定位与现实定位。美国著名社会学家希尔斯认为:传统必须具有三个特性。第一个特性是"代代相传的事物",包括物质实体、人们对各种事

---

① 转引自〔美〕理查德·J.斯蒂尔曼二世编著:《公共行政学:概念与案例》,竺乾威等译,北京:中国人民大学出版社2004年版,第748页。

物的信仰、关于人和事件的形象,也包括惯例和制度。① 第二个特性是"相传事物的同一性",传统使代与代之间、一个历史阶段与另一个历史阶段之间保持了某种联系性和同一性,构成了一个社会创造与再创造自己的文化密码,并且给人类生存带来了秩序和意义。第三个特性是"传统的持续性",一种传统之所以成为传统至少要持续三代。② 希尔斯认为几乎任何实质性的内容都可以成为传统,而在诸多传统中,最值得重视并发挥巨大作用的就是那些所谓"实质性的传统",许多实质性传统都是人类原始心理倾向的表露,不仅能长期受到人们的敬重和依恋,而且对人们的行为具有很强的道德规范作用。我们在这里所谈的传统行政伦理思想指的就是实质性传统,这些世代相传的传统对于官员的行政行为和社会行为具有规范意义。

中国传统行政伦理的萌芽可以追溯到西周甚至更远。但是,人们通常认为西周是中国政治伦理文化的形成时期,其中"德"与"孝"构成了我们考察传统行政伦理的逻辑起点。在西周的宗法等级制统治中,"德"与"孝"乃是维系这种统治所倡导的核心价值观,同时也是同宗盟与宗族相对应的重要组织原则。其中,"德"是调整同姓和异姓贵族之间宗法秩序伦理的核心价值观念,而"孝"则是西周把同姓贵族组织到宗法制政治、经济结构之中的重要价值观念。③

一、"德"与"孝":传统行政伦理的逻辑起点

西周国家机器作为政治统治的工具带有典型的"道德之器械"特征。④ 周人把"德孝并称,德以对天,孝以对祖","德孝并称"的思想体现出"贯通周代文明社会的道德纲领","德"与"孝"成了最高统治者从以上御下的政治行为基点出发而提出的规范自我的道德尺度。⑤ 西周统治者的天命观和德治观决定了西周行政伦理具有典型的宗法伦理色彩。"天子建国,诸侯立家,卿置侧室,大夫有贰宗,士有隶子弟,庶人、工、商各有分亲,皆有等衰。"⑥这段话表明西周的统治者为了保持对广大平民和奴隶的统治地位,进一步发展了商朝业已存在的宗法

---

① 〔美〕希尔斯:《论传统》,傅铿、吕乐译,上海人民出版社1991年版,第1页。
② 同上书,第18—20页。
③ 参见巴新生:《西周伦理形态研究》,天津古籍出版社1997年版,第2页。
④ 王国维:《殷周制度论》,《观堂集林》卷十,北京:中华书局1961年版。
⑤ 侯外庐、赵纪彬、杜国庠:《中国思想通史》,第1卷,北京:人民出版社1957年版,第92—93页。同时参见王子今:《"忠"观念研究——一种政治道德的文化源流与历史演变》,长春:吉林教育出版社1999年版,第20页。
⑥ 《左传·桓公二年》。

制并使之系统化。宗法制的核心是维护奴隶主贵族的嫡子地位。周天子嫡长子相传,是为天下大宗。西周王朝把子弟、同姓和亲戚分封到广大被征服地区的战略要地,以便加强控制。"武王克商,光有天下。其兄弟之国者十有五人,姬姓之国者四十人。"①所谓"封建亲戚,以藩屏周"②,就是把周王族子弟分封全国各地,分封诸侯实际上就是在宗族内部对权力进行重新分配。而周王的子弟、同姓以及异姓诸侯就封以后,也以宗法等级制为基础,在各自的家族内部对权力进行再分配。③

西周的宗法伦理在行政领域的系统化是与作为天人中介的"德"密切相关的。关于"德"的原初意义,古代文献有较多的记载。《左传》襄公二十四年:"大上有立德,其次有立功,其次有立言。"《左传》僖公二十四年载:"大上以德抚民,其次亲亲以相及也。""德"字从值从心,是从殷人而来的"顺天","顺天"意味着"保民",保民意味着需要天赋的美德,包括理智美德和伦理美德两个方面。④

在西周文献中,"德"主要指周王的政治品行。如《尚书·周书》中强调天子要敬德、明德,才能获得"配天"的资格。《尚书·召诰》曰:"王敬作所,不可不敬德。我不可不监于有夏,亦不可不有监于有殷。我不敢知曰有夏服天命,惟有历年,我不敢知曰不其延,惟不敬厥德,乃早坠厥命。我不敢知曰有殷受天命,惟有历年,我不敢知曰不其延,惟不敬厥德,乃早坠厥命。……肆惟王其疾敬德,王其德之用,祈天永命。"这段文字告诫周王要牢记夏、殷亡国教训。从武王克商的历史经验中,他们发现了"天命"与"敬德""保民"之间的关系,周王如要永葆天命的话,就一定要"疾敬德"。所谓"皇天无亲,惟德是辅"⑤、"天视自我民视,天听自我民听"⑥意味着"敬德"与"保民"成了天子能否"配天"的重要衡量标准。周公讲"德"是为了"配天",即为了获得天命的护佑,获得天命的过程就是实现"德"的过程。正如刘泽华所指出的:

> 把德看作君主个人品行,既含有对王的意志行为的某种规范意义,同时又认可了王对德的垄断特权。唯王可以"以德配天",神权和王权在周天子身上得到了统一。周王对德的垄断削弱了德的普遍社会规范性功能。周王

---

① 《左传·昭公二十八年》。
② 《左传·僖公二十四年》。
③ 参见白钢主编:《中国政治制度史》上卷,天津人民出版社2002年版,第109—114页。
④ 唐文明:《与命与仁:原始儒家伦理精神与现代性问题》,保定:河北大学出版社2002年版,第43页。
⑤ 《尚书·蔡仲之命》。
⑥ 《尚书·泰誓》。

可以根据德用人和行政,如文王"以克俊有德";"先王既勤用明德";"弘于天,若德裕以身,不废在王命"。但这不过是周王配天之德的某种外化或政治实践,约束的对象并非普通人性和一般社会成员。①

但是,随着礼崩乐坏,王权坠落,周天子失去了天下共主的权威,"德"便出现了下移的趋势。由于周天子难以独擅其德,大国霸主则承担起拥有德的职责。如《左传》僖公七年载,管仲对齐桓公讲"臣闻之,招携以礼,怀远以德,德礼不易,无人不怀";"且夫合诸侯以崇德也",就把尚德看作霸主的责任。《左传》文公七年载:"无德何以主盟?子为正卿,以主诸侯,而不务德,将若之何?"这里把德作为处理霸主与其他诸侯之间的关系准则。当然,传统意义上的德即政德,即所谓"为政以德"②随着政治领域的一系列变化,除君子可以有德之外,小人亦有德。"君子之德风,小人之德草"③,说明了"德"已经从作为统治者的政德逐渐演变为民众具有普遍约束力的价值准则和行为规范。

"孝,礼之始也。"④最初提出"孝"概念的是殷人。如果子女都对父母行孝道,那么,人们对于"祖先"就不会遗忘或模糊,也会由"孝"而起的情感的浓厚而使之深刻化。"人们对于祖先的概念深刻化,也就是对于血统的概念深刻化,血统的概念深刻化,血统关系就可以维系于久远。"对于统治者而言,"孝"可以紧密地维系宗族关系。这样,宣扬以"孝"为核心的伦理观念有利于政治统治。⑤到了西周时期,在"敬天明德"思想的指导下,"孝"成了西周占主导地位的伦理价值观念和意识形态,"孝"被赋予了明确内涵,同时也成了宗法伦理的基础和立国之本。孝道起源于生殖崇拜与祖先崇拜的宗教观念。周人之所以把孝道放在一个至高无上的地位,是因为周人为了使自己的新政权取得合法地位,在理论上不得不割断殷人与至上神上帝的血缘关系,这样,"孝"的观念便从"德"的内涵中游离出来。更深层次的原因是殷人神权政治的覆灭,使周人的眼光由神转向人,宗法政治得以确立。宗法政治为"孝"的确立提供了现实条件,"孝"也成为宗法政治的伦理基础。⑥

西周"孝"的内涵,有学者将其概括为两项,即:孝养父母与祭祀先祖。⑦ 也

---

① 刘泽华:《中国传统政治思维·从神到人:春秋政治意识的转型》,吉林文史出版社1991年版。
② 《论语·为政》。
③ 《论语·颜渊》。
④ 《左传·文公二年》。
⑤ 杨荣国:《中国古代思想史》,北京:人民出版社1973年版,第12页。
⑥ 参见巴新生:《西周伦理形态研究》,天津古籍出版社1997年版,第44页。
⑦ 朱贻庭:《中国传统伦理思想史》,上海:华东师范大学出版社1989年版,第9页。

有学者将其划分为奉养父母、祭享先人、继承意志、敬奉夫君和勤于政事等五项内容。① 西周的"孝"有三个特征：其一，"孝"的对象广泛。既包括已故的先祖先妣，也包括健在的父母。孝的对象不仅指涉直系亲属，也涉及宗室、宗庙、兄弟、朋友、婚姻等。《礼记·祭统》云："孝者，畜也。""畜"即奉养的意思。《荀子·王制》曰："能以事亲谓之孝。"《礼记·中庸》云："夫孝者，善继人之志，善述人之事者也。"其二，"孝"的等级特征。《孝经》把周代的孝区分为天子之孝、诸侯之孝、卿大夫之孝、士之孝、庶人之孝五种情况。这与西周的等级制度密切相关。《左传·桓公二年》载："天子建国，诸侯立家，卿置侧室，大夫有贰宗，士有隶子弟，庶人工商各有分亲，皆有等衰。"这很好地说明了西周的宗法等级制度。其三，周人所倡导的"追孝""享孝"观念只不过是借助人们对祖先崇拜以标榜现实人间秩序的血缘命定性与宗法政治的合理性。② "追孝"正是维系宗法制的一条道德纽带。《礼记·大传》："亲亲故尊祖，尊祖故敬宗，敬宗故收族，收族故宗庙严，宗庙严故重社稷，重社稷故爱百姓，爱百姓故刑罚中，刑罚中故庶民安，庶民安故财用足，财用足故百志成，百志成故礼俗刑，礼俗刑然后乐。"又《礼记·坊记》曰："修宗庙，敬祀事，教民追孝也。"《礼记·礼器》曰："天地之祭，宗庙之事，父子之道，君臣之义伦也。"由此可见，"追孝"这一宗教伦理观向政治伦理观的转化是非常明显的。总之，西周的"孝"是集宗教、政治、伦理于一体的重要范畴，反映了西周早期国家的意识形态。儒家关于"天下之本在国，国之本在家，家之本在身"③的论述，正是这种思想的进一步发展。

综上所述，我们可以发现"德"与"孝"同源。"德的实质仍然是孝，它包含着孝的内容，周人将奉养父母，祭享先人称为孝；而将崇敬上帝唯天命是从谓之德，其实质是对上天恪尽孝道，此乃周人唯恐称名混淆，变换称谓而已。在周人的意识形态中，孝敬父母、先祖谓之孝；孝敬昊天上帝谓之德，亦称敬天或敬德，可见德是对上天行孝的代名词。"④孝为各级宗子的特权，而德则是周天子的特权。"宗孝"是宗子取得宗族统治权的依据，而"明德"则是周王取得天下统治权的依据。这样，孝就表现为宗族伦理，而德则带有社会伦理的特征。

二、"礼"与"仁"：传统行政伦理的理据

"礼"与"仁"是儒家全部政治伦理的核心概念，也是传统行政伦理的深层理

---

① 王慎行：《试论西周孝道观的形成及其特点》，《社会科学战线》1989年第1期。
② 参见巴新生：《西周伦理形态研究》，天津古籍出版社1997年版，第46—47页。
③ 《孟子·离娄上》。
④ 王慎行：《论西周孝道观的本质》，《人文杂志》1991年第2期。

据。"礼"的概念在西周就出现了,而且已经成为政治统治的一种重要的国家意识形态。随着社会的发展,礼的外延迅速扩大,延伸到治平、齐家领域的一切活动,礼成为一切社会关系与行为规范的总称。①《左传》隐公十一年载:"礼,经国家、定社稷、序人民、利后嗣者也。"《左传》昭公十五年载:"礼,王之大经也。"礼的观念在春秋前期到后期发生了深刻的变化,这是与春秋中期以来的社会变化密切相连的。在西周春秋时代,统治结构和更迭制度都属于"礼"或"礼制"的范畴,与这些结构制度相适应的道德规范也属于"礼"的范畴。② 春秋时期是礼崩乐坏的时期,西周的"礼"发生了突破性的变化,出现了政治秩序的混乱与严重危机。天子、诸侯、大夫、陪臣关系发生变动,打破了以往权力转移和利益分配的制度安排,出现了"礼乐征伐自诸侯出"的局面,这就是孔子所谓的"天下无道"。

孔子认为,"礼"对于国家的政治事务尤其重要,"为政先礼,礼,其政之本欤?"③如果统治者根据礼的规范治理国家,就能够获得民众的尊敬和服从,"上好礼,则民莫敢不敬","上好礼,则民易使也"。一方面,"礼"是约束人与人之间的社会关系的基本准则。在君臣之间,"君使臣以礼,臣事君以忠"④;在家庭内部,"生事之以礼,死葬之以礼"。⑤ 另一方面,礼也是个人行动的规则,"不学礼,无以立"。⑥ 人的一举一动都不能超出礼的界限,同时遵守礼的规范也应该是每一个人的道德自觉,即所谓"非礼勿视,非礼勿听,非礼勿言,非礼勿动"。⑦ 孔子所说的礼实际上在当时是属于周代制度层面的规范,因此孔子主张恢复周礼,原因是周代的礼制承继了夏商两代制度的优点。"殷因于夏礼,所损益可知也。周因于殷礼,所损益可知也。其或继周者,虽百世可知也。"⑧问题是当时在人伦关系上的"君不君,臣不臣,父不父,子不子",从而导致了社会的动荡不安,所以孔子认为,只有在周礼的规范下,才能恢复"君君、臣臣、父父、子子"⑨的优良社会秩序。

---

① 左高山:《论〈论语〉中的"禘"及其政治伦理意蕴》,《孔子研究》2005年第1期。
② 陈来:《古代思想文化的世界——春秋时代的宗教、伦理与社会思想》,北京:生活·读书·新知三联书店2002年版,第190—191页。
③ 《礼记·哀公问》。
④ 《论语·八佾》。
⑤ 同上。
⑥ 《论语·季氏》。
⑦ 《论语·颜渊》。
⑧ 《论语·为政》。
⑨ 《论语·颜渊》。

荀子对礼的起源与本质的论述,在先秦诸子中独树一帜。他从人与自然,欲与物,人与人之间的矛盾中论述问题。"礼"尽管是由圣人制造出来的,但是圣人正是针对这些矛盾来解决问题。荀子认为礼是治国安民之本。"礼之于正国家也,如权衡之于轻重也,如绳墨之于曲直也。故人无礼不生,事无礼不成,国家无礼不宁。"①礼之所以有如此功效,就在于"群"与"分",在荀子看来,没有"群",个人无法生存;没有"分","群"又难以维系。"百技所成,所以养一人也。而能不能兼技,人不能兼官。离居不相待则穷,群而无分则争。"②礼义和法的基本精神在于"分","人何以能群?曰分。分何以能行?曰义。""先王恶其乱也,故制礼义以分之。"③礼义之分表现在两个方面:首先表现在分物以养体。礼之分可以调节欲和物的矛盾,求得二者的平衡。"养人之欲,给人之求。使欲必不穷乎物,物必不屈于欲,两者相持而长,是礼之所起也。故礼者,养也……所以养体也。"④"礼"要满足人的起码的生存需要,如果不能充分保证人的生存权利和起码的生活保障,那么谈"礼"就没有什么实际的意义了。当然,礼之分还表现在等级规定上。"君子既得其养,又好其别。曷为别?曰:贵贱有等,长幼有差。"⑤"君君、臣臣、父父、子子、兄兄、弟弟,一也。"⑥"贵贵、尊尊、贤贤、老老、长长,义之伦也。行之得其节,礼之序也。"⑦礼之分还表现在职业分工以及人的行为规范化等方面。荀子的礼治思想是融儒家的礼与法家的法为一炉,形成了一个庞大的礼治体系,为两千多年来封建统治者采纳,也成为传统行政伦理的深层理据之一。

"仁"作为最重要的德性与德能,早在孔子之前就提出来了。在殷墟出土的甲骨文中就使用"仁"字了。《左传》成公二十九年载:"不背本,仁也。"庄公二十二年又载,"以君成礼,弗纳于淫,仁也。"《尚书》以及《诗经》中也可以发现"仁"的概念,例如《金縢》中有"予仁若考",《郑风》中有"洵美且仁",《齐风》中有"其人美且仁"之说,不过此处所说的"仁"仅仅指称一种具体的特定的德行。《礼记·儒行》对"仁"的内涵进行了充分的说明:"温良者,仁之本也。敬慎者,仁之地也。宽裕者,仁之作也。孙(xùn,同'逊')接者,仁之能也。礼节者,仁之

---

① 《荀子·大略》。
② 《荀子·富国》。
③ 《荀子·王制》。
④ 《荀子·礼论》。
⑤ 同上。
⑥ 《荀子·王制》。
⑦ 《荀子·大略》。

貌也。言谈者,仁之文也。歌乐者,仁之和也。分散者,仁之施也。"此处谈到了"仁德"与温良、敬慎、宽裕、孙接、礼节、言谈、歌乐、分散等八种美德之间的关系,"仁"为内在之德,其他八德则为外在之德。还谈到了"礼"与"仁"的关系,即仁是礼乐的根本,礼乐是仁的表现。

而在孔子的学说中,"仁"则由具体的德行演变成了普遍的伦理范畴,变成"全德之名"。仁是道德情感和道德理性的统一。"仁可以说是一个具有普遍标准的伦理,但它的意义与忠孝等伦理不同,它实在是一种超越精神性的伦理,旨在彰显终极价值的超越性,所以它不是普通的行为规范,在实际行为中并发生不了什么作用,'仁者爱人'只是一伦理原则,在一对一的关系中究竟如何表现爱,还是要落实到孝、忠、敬、信等具体的规范上来,这些规范才能对具体的行为有约束力。"① 那么,孔子的"仁"之确切所指到底是什么呢?

子贡曰:如有博施于民而能济众,何如? 可谓仁乎?

子曰:何事于仁,必也圣乎! 尧舜其犹病诸! 夫仁者,己欲立而立人,己欲达而达人。能近取譬,可谓仁之方也已。②

孔子在这里表达的意思是"仁"极其崇高和神圣的,以至于孔子还提出"君子而不仁者有矣夫,未有小人而仁者也"③,"志士仁人,无求生以害仁,有杀身以成仁者也"④,孔子甚至认为像颜回这样的旷世贤达也只能做到"其三月不违仁";另一方面,"仁"又是一种"能近取譬"的日常伦理,它不过是"己欲立而立人,己欲达而达人",以我度人、将心比心的方式而已。作为中国传统行政伦理的另一深层理据,我们可以从以下几个方面深入分析"仁"的内涵。

第一,仁者爱人。"樊迟问仁,子曰爱人。"⑤孔子认为,爱人是仁的基本内容,社会的各个等级都应该相互仁爱,特别是对于统治者而言,更应有"爱人"之心,"君子学道则爱人"。⑥ 孔子试图以仁爱为根本,建立起各等级之间充满人情味的伦理关系,从而实现社会的优良秩序。爱人着眼于人的共性,而不是着眼于人的差别。爱人的具体办法是忠恕之道。忠是从积极的方面讲的,即"己欲立而立人,己欲达而达人";恕是从消极的方面而言的,即"己所不欲,勿施于人"。⑦

---

① 韦政通:《伦理思想的突破》,台北:台湾水牛图书出版事业有限公司1987年版,第8页。
② 《论语·雍也》。
③ 《论语·宪问》。
④ 《论语·卫灵公》。
⑤ 《论语·颜渊》。
⑥ 《论语·阳货》。
⑦ 《论语·颜渊》。

不管怎样，爱人的过程都是由己及人，推己及人。①

第二，仁的目的是复礼。复礼的关键在于"克己"，"克己复礼为仁，一日克己复礼，天下归仁焉"。②那么如何"克己"呢？在孔子看来，"修己"是"克己"的重要方式。"修己以敬""修己以安人""修己以安百姓"③中的"修"具有整治的意思。为了"克己"还需要"约"，"以约失之者鲜矣。"④"君子博学于文、约之以礼，亦可以弗畔矣夫。"⑤孔子所讲的"约"就是指用礼作为准则来克制和约束自己。自戒是克己的第三种方式。孔子曰："君子有三戒：少之时，血气为定，戒之在色；及其壮也，血气方刚，戒之在斗；及其老也，血气既衰，戒之在得。"⑥自戒对于统治者而言当然是非常重要的，问题在于以什么自戒。孔子主张以周礼为戒，用制度来规范自己的行为。这对于我们今天的行政伦理建设仍然有所启迪。孔子还提倡"自讼""自省"和"自责"，其意仍在于克己。孔子也主张"无争"，"君子无所争"。⑦可以说无争是克己最彻底的方式，当然也是最消极的方式。现代社会官德不修恰恰在于政府官员对待名利得失缺少一种"无争"的心态，"争"过了头。克己既是一种美德，又是达到美德的必由之路。

孟子对仁学的继承首先体现在其对孔子的"恕"这一观念的积极而明确的重申，这就是孟子著名的"恻隐之心"或"不忍人之心"理论的提出。"人皆有所不忍，达于其所忍，仁也"⑧，"恻隐之心，仁也"⑨。孟子不仅像孔子那样忠实地坚持仁爱的社会思想，例如提出"仁者爱人"⑩、"老吾老，以及人之老；幼吾幼，以及人之幼"⑪以及"与民同乐"⑫等命题和思想，而且青出于蓝而胜于蓝，使孔子学说中的人际的交互性原则得以进一步光大和阐扬。

> 君子以仁存心，以礼存心。仁者爱人，有礼者敬人。爱人者人恒爱之，敬人者人恒敬之。有人于此，其待我以横逆，则君子必自反也：我必不仁也，

---

① 参见刘泽华：《先秦政治思想史》，天津：南开大学出版社1984年版，第337—339页。
② 《论语·颜渊》。
③ 《论语·宪问》。
④ 《论语·里仁》。
⑤ 《论语·颜渊》。
⑥ 《论语·季氏》。
⑦ 《论语·八佾》。
⑧ 《孟子·尽心下》。
⑨ 《孟子·告子上》。
⑩ 《孟子·离娄下》。
⑪ 《孟子·梁惠王上》。
⑫ 同上。

必无礼也,此物奚宜至哉? 其自反而仁矣,自反而有礼矣,其横逆由是也,君子必自反也,我必不忠。自反而忠矣,其横逆由是也,君子曰:此亦妄人也已矣。如此,则与禽兽奚择哉? 于禽兽又何难焉?①

孟子在这里,表述了一种我之爱人与人之爱我之间存在的辩证的互为因果的反馈关系,即使是最高统治者也不能逃出这一法则的规定和支配。故孟子对齐宣王说:"君之视臣如手足,则臣视君如腹心;君之视臣为犬马,则臣视君如国人;君之视臣如土芥,则臣视君如寇仇"②,孟子甚至提出对于那些毫无仁义而残害生灵的独裁暴君,为下者完全可以以其人之道还治其人之身,"贼仁者谓之'贼',贼义者谓之'残'。残贼之人谓之'一夫'。闻诛一夫纣矣,未闻弑君也。"③

孟子强调一切伦理和政治原则都必须以仁为归依,实际上就是要求它们都必须以弘扬人性为目的。政治必须依据人性,以人性内容为最高原则,并以人性的弘扬为终极归宿。这一人本理性的思路不仅为政治确立超越了政治本身的人伦目的,还为现实政治确立了基本的价值坐标。

关于礼与仁的关系,学界长期以来有争论,目前也并无定论。我们认为,礼是外在的制度化的政治实体,而仁是内在的精神化的理念;礼为主,仁为辅;礼是仁的实际规范,反过来又以仁充实礼,贯彻礼。不可否认,原始儒家思想构成了中国传统行政伦理的主流。此后董仲舒"正其义不谋其利,明其道不计其功"的主张;柳宗元的"吏为民役"的思想;朱熹"存天理灭人欲"的思想;黄宗羲关于做官是"为天下,非为君"的主张,以及他的"天下为主,君为客""官者,分身之君也"的思想;王夫之"一姓之兴亡,私也;而生民之生死,公也"的"公天下"思想;顾炎武提倡"清议",即利用舆论力量来强化道德的主张……这些思想和命题,都是对传统行政伦理思想的发展和补充,在我们的政治实践与社会生活中产生着重要的影响。

第二节　中国传统行政伦理的主要规范

对传统行政伦理主要规范的考察涉及道德规范的"类型学"分析。亚里士多德将人类的德性分为两大部分:一部分为"理智德性",另一部分为"道德德

---

① 《孟子·离娄下》。
② 同上。
③ 《孟子·梁惠王上》。

性"。例如,他认为智慧、理解和明智是理智德性,慷慨和节制是道德德性。① 事实上,中国古代也有类似于亚里士多德对德性的分类方法。中国古代的德性大致可以分为四种类型:性情德性、道德德性、伦理德性和理智德性。例如:齐、圣、宽、明、廉属于性情德性;仁、义、勇、让、信属于道德德性;孝、慈、悌、敬、忠属于伦理德性;智、咨、度、诹、谋属于理智德性。其中,性情德性在中国文化中有着重要的地位,它与传统礼乐文化以及人的一般心理形态有关。伦理德性则是与直接的人际伦理关系的规范相联系的德行,而道德德性则是指比较个人化的道德品行。我国传统伦理中的理智德性与亚里士多德所强调的思辨理智不同,更多地指处理实际事务的明智和智能。② 根据上面对德性的类型学分析,传统行政伦理也可从这四个方面来分析。我们选择"忠"(伦理德性)、"信"(道德德性)、"廉"(性情德性)、"智"(理智德性)等四种主要的德性来进行分析。

一、忠:臣事君以忠

"忠"是传统行政伦理中一个非常重要的范畴,在政治道德发展史上有着特殊地位和广泛影响。"忠,社稷之固也。"③"忠"被看作国家政权的基石。在春秋战国时期,"'忠'已经成为各派政治集团共同关注的政治命题,成为各种政治宣传共同使用的政治语汇,成为各个政治等级共同高举的政治旗帜"。④ 在《左传》中,涉及"忠"的内容有 70 余处。我们列举最有代表性的内容可以帮助我们更好地了解"忠"的内涵。

(1) 公家之利,知无不为,忠也。(《僖公九年》)
(2) 忠,德之正也。(《文公元年》)
(3) 敌惠敌怨,不在后嗣,忠之道也。(《文公六年》)
(4) 其为吾先君谋也,则忠。忠,社稷之固也。(《成公二年》)
(5) 无私,忠也。(《成公九年》)
(6) 忠为令德。(《成公十年》)
(7) 妾不衣帛,马不食粟,可不谓忠乎?(《成公十六年》)
(8) 相三君矣,而无私积,可不谓忠乎?(《襄公五年》)

---

① 〔古希腊〕亚里士多德:《尼各马可伦理学》,廖申白译,北京:商务印书馆 2003 年版,第 34 页。
② 参见陈来:《古代思想文化的世界——春秋时代的宗教、伦理与社会思想》,北京:三联书店 2002 年版,第 289—290 页。
③ 《左传·成公二年》。
④ 王子今:《"忠"观念研究——一种政治道德的文化源流与历史演变》,长春:吉林教育出版社 1999 年版,第 30 页。

第三章 中国传统行政伦理

(9) 君薨,不忘增其名;将死,不忘卫社稷,可不谓忠乎? 忠,民之望也。《诗》曰:"行归于周,万民所望。"忠也。(《襄公十四年》)

(10) 远图者,忠也。(《襄公二十八年》)

(11) 临患不忘国,忠也。(《昭公元年》)

综上所述,"忠"作为古代社会调节官员、国家(君)与人民三者之间关系的行政伦理规范,最初含有利民、利公、利国的意思。春秋初期随国大夫季梁认为,要对内整顿好国家政治,必须把"道"作为行为准则。《左传》桓公六年载:"所谓道,忠于民而信于神也。上思利民,忠也;祝史正辞,信也。"《左传》僖公九年载:"公家之利,知无不为,忠也。"这是春秋时晋国君臣的对话。此处的"公家"是指晋献公的王室。后来人们引用这句话时,泛指国家利益。意思是任何对国家、社会有利的事,只要知道了就应该立刻去做好,这才是对国对民最大的忠心。《左传》襄公十四年载:"君薨不忘增其名,将死不忘卫社稷,可不谓忠乎? 忠,民之望也。《诗》曰:'行归于周,万民所望。'忠也。"我们要认识到,上述有关"忠"的论述,均指利公、利国,并不具备后来臣事君以忠的行政伦理的意涵。儒家思想继承和发展了忠的含义,增加了利他的内涵,将忠扩大到社会伦理和处理人际关系的范围。忠作为一种行政伦理规范,有广义和狭义之分。广义的"忠"是指"发自内心""尽心"这一抽象的道德原则,而狭义的"忠"则是这一抽象的道德原则在君臣关系上的具体化与对象化。具体而言,"忠"的内涵与忠敬、忠恕、忠直相连。在《说文解字》中,"忠"解释为:"忠,敬也。"[①]敬的本义是指恭敬谨慎,一种是敬于王命、勤勉王命;另一种是对自我行为的敬慎。忠者对人讲信,对事讲敬,忠的品德体现在事上就是敬,"居处恭,执事敬,与人忠"[②]。孔子学说中"一以贯之"的乃"忠恕而已矣"[③],"尽己之谓忠,推己之谓恕"[④]。忠恕之道就是推己及人、将心比心的原则,它是建立人与人之间相互信任、和谐关系的关键,也是儒家伦理精神的精髓。《孝经》疏引《字诂》曰:"忠,直也",唯其出自真诚,问心无愧,故能正直、正派。

忠作为传统行政伦理规范涉及君、官吏和人民三者之间的关系。例如,韩愈在《原道》中指出:"君者,出令者也;臣者,行君之令而致诸民者也。"具体而言,官吏的"忠"主要表现在事君与治民两个方面。

---

① [汉]许慎:《说文解字》,北京:中华书局,1963年版,第217页。
② 《论语·子路》。
③ 《论语·里仁》。
④ 朱熹:《四书章句集注》。

事君涉及君臣关系，君臣关系是一种特殊的行政伦理关系。由于国君是国家的代表，因此君臣关系实际上体现的是国家与个体的关系。在中国古代社会，对君王的忠诚实际上就是对国家的忠诚。当然，在这种忠诚关系中主体（臣）和客体（君）是一种非对称的关系。如果臣事君充分体现为官员对国家的忠诚的话，那么这种对国家的忠诚就是无条件的。如果这种忠诚关系仅仅体现为官员对君王的忠诚的话，这种忠诚就是有条件的。孔子有关事君的伦理规范"忠"的论述体现了君臣之间的辩证关系。《论语·八佾》载："定公问：'君使臣，臣事君，如之何？'孔子对曰：'君使臣以礼，臣事君以忠'。"从这段对话可以看出，在如何处理君臣关系上，孔子对国君的要求更高。在孔子看来，"君使臣以礼"是"臣事君以忠"的前提。因为国君的德行是国家政治的好坏的关键。于是，臣事君以忠就由臣子忠君的单向性变为了君臣双方义务的交互性。国君只有根据礼制来任用臣子，臣子才能忠心地服务君主。倘若国君不依礼制来使用臣子，臣子也就没有必要再忠于君主。"以道事君，不可则止"①。关于君臣关系，孟子进一步认为："君之视臣如手足，则臣视君如腹心；君之视臣如犬马，则臣视君如国人；君之视臣如土芥，则臣视君如寇仇。"②显然，孟子的君臣观与孔子的君臣观点有着较大差别。在《论语》中，孔子多次提到要"事君尽礼"③，"弑父与君，亦不从也"④，以礼事君，君主做坏事，绝不能顺从；对国君的不良行为，要"勿欺也，而犯之"，不阳奉阴违地欺骗他，而要当面劝谏他，触犯他。但是对国君的劝谏要掌握一个度，不能烦琐，"事君数，斯辱矣"⑤。

治民则涉及官民关系。"忠"作为协调官民关系的行政伦理规范包括官吏如何使百姓"忠"以及官吏自己如何遵从"忠"的规范。例如，《论语·为政》载：季康子问曰："使民敬、忠以劝，如之何？"子曰："临之以庄，则敬；孝慈，则忠；举善而教不能，则劝。"此处谈的就是官吏如何使百姓忠诚。而《论语·颜渊》载：子张问政。子曰："居之无倦，行之以忠。"这里说的就是官吏的忠诚。统治老百姓的官吏如果希望民众忠诚就必须以身作则、忠心耿耿。

二、信：无信则不立

"信"在传统行政伦理中是统治者最重要的官德之一。"信"作为行政伦理

---

① 《论语·先进》。
② 《孟子·离娄下》。
③ 《论语·八佾》。
④ 《论语·先进》。
⑤ 《论语·里仁》。

规范就是要求统治者在政治行政中言不虚妄、行必求果。因为"上好信,则民莫敢不用情"①,"宽则得众,信则民任焉"②。倘若统治者失去了"信"就无从谈"德",更谈不上"仁""政"。

"信"包括以下几个方面的内涵:第一,"信"往往指涉一个人如何对待他人的一种态度,《论语》中记载曾子所谓的"吾日三省吾身"之一即是:"与朋友交而不信乎?"③子夏也曾强调:"与朋友交,言而有信。""言而有信"中的"信"并不是指称一种抽象的美德,而是一种具体的个体道德。"信"总是与"言"有关,即强调的是"言而有信"。这是因为"言"或"说"不是一种独白,而是一种交互行为。子曰:"弟子入则孝,出则弟,谨而信,泛爱众而亲仁。"④可见,"孝""弟""信"都是"仁"的表征。"信"与"仁"的关系是表与里、形与质的关系,"信"乃"仁"之外显。当子张问仁于孔子时,孔子对曰:"能行五者于天下为仁矣。""请问之。"曰:"恭、宽、信、敏、惠。恭则不侮,宽则得众,信则人任焉,敏则有功,惠则足以使人。"⑤以上论述足以说明"信"是重要的官德,"信"乃是人们特别是官吏"立仁"和"显仁"的必备美德。

第二,官吏的"信"德不仅表现在"立仁"和"显仁"上,而且还体现在"用仁"或"行义"中。不自欺,亦不欺人,如"敬事而信,节用而爱人""谨而信,泛爱众"⑥。"民无信不立"⑦,只有诚实无欺,才能让人信任。孔子曰:"人而无信,不知其可也。大车无輗,小车无軏,其何以行之哉?"⑧意思是说人若离开了信,就不可为人,正像大车和小车离开了輗和軏就套不住牲口从而无法行进一样。孔子看到宰予白天睡觉,发现他言过其实,于是得出一条重要的察人经验:"始吾于人也,听其言而信其行;今吾于人也,听其言而观其行。"⑨一个人只有言行一致、恪守信用,才是真正有德行的人,正所谓"君子耻于言而过其行。"⑩当子张问崇德辨惑时,孔子答曰:"主忠信,徒义,崇德也。爱之欲其生,恶之欲其死。既

---

① 《论语·子路》。
② 《论语·尧曰》。
③ 《论语·学而》。
④ 同上。
⑤ 《论语·阳货》。
⑥ 《论语·学而》。
⑦ 《论语·颜渊》。
⑧ 《论语·为政》。
⑨ 《论语·公冶长》。
⑩ 《论语·宪问》。

欲其生,又欲其死,是惑也。"①显然,"解惑"是从人的思想行为来考察其仁德的手段,这反映了"信"与"仁义"的紧密关系,即无"仁义"就不能妄谈君子之"信",君子讲"信"就必须遵循"仁义"。

第三,治国需取信于民,"信"是"为政"的重要手段。"信"是统治者治理民众、维护稳定、维系国家政权的重要官德。所谓"老者安之,朋友信之,少者怀之"②虽然说为政要获得朋友的信任和支持,但实际上取得百姓的信任更为重要。"道千乘之国:敬事而信,节用而爱人,使民以时"③表明,即使治理一个小国,也要对老百姓信实不欺。荀子所说的"国者义立而王,信立而霸,权谋立而亡"④凸显的就是"信"对于国家建设的意义。"足食、足兵,民信之矣";"自古皆有死,民无信不立。"⑤显而易见,取信于民乃为政之道,也是决定国运的关键所在,如果达不到足以使民"信"的程度,则不宜为政。

三、廉:知耻而不贪

"廉"的本义,意即厅堂的侧边。《礼记·乐记》载:廉,廉隅也。《说文》载:堂之侧边曰廉,故从广。"廉"的第二种意思,即棱角。"廉"的道德意义即由此引申而来。在儒家思想中,"廉"这一规范主要是针对官吏提出的。"廉"是指官吏的性情之德,这种德性直接关系到统治效果的好坏。简单地说,"廉"指的是不贪财货。《楚辞·招魂》曰:"朕幼清以廉洁兮。"王逸注:"不受曰廉,不污曰洁。""不受"就是不接受不属于自己的东西。廉洁意味着官吏保持自身正直清白的性情,拒斥外界的各种诱惑。"所谓廉者,必生死之命也,轻恬资财也"⑥;"廉者能约己而爱人"⑦。廉的反面为贪,廉、贪与否的关键在于官吏自身能否养成并持守奉公、守正、自律的品格。可以说,廉是为政之本、为吏之本,"廉者,政之本也"。⑧ 中国古代关于廉的内涵与标准并没有统一的观点,但是君王们为了维护自己的统治,的确非常重视官吏的清廉。自西周始,我国各个朝代都有一套考核官吏清廉的标准。例如,《周礼·天官冢宰·小宰》中说:"以听官府之六

---

① 《论语·颜渊》。
② 《论语·公冶长》。
③ 《论语·学而》。
④ 《群书治要·孙卿子》。
⑤ 《论语·颜渊》。
⑥ 《韩非子·解老》。
⑦ 《明史·循吏列传》。
⑧ 《晏子春秋·内篇杂下》,上海古籍出版社1989年版。

计,弊群吏之治。一曰廉善,二曰廉能,三曰廉敬,四曰廉正,五曰廉法,六曰廉辨。"这段话表明判断官吏政绩在于六个方面:第一,官吏是否廉洁并且善于办事;第二,官吏是否廉洁并且推行政令;第三,官吏是否廉洁并且谨慎勤劳;第四,官吏是否廉洁并且公正;第五,官吏是否廉洁并且守法;第六,官吏是否廉洁并且明辨是非。由此可见,廉洁是判断官吏是否优秀的重要标准。元朝的徐光瑞在《史学指南·吏员之尚》说:"尚廉,谓甘心淡薄,绝意纷华,不纳苞苴,不受贿赂,门无清竭,身远嫌疑,饮食宴会,稍以非之,皆谢却之。"《明儒学案》卷三十四云:"官之廉,即其不取于民者是也;而不取于民,方见自廉。"

从历史来看,官吏要做到廉而不贪并非易事。要做到廉而不贪,最重要的一点就是官吏要知耻。廉耻往往是相联系的,不廉则无所不取,无耻则胡作非为。在这种意义上,廉耻是关系到国家存亡的重大问题。国有四维。一维绝则倾,"二维绝则危,三维绝则覆,四维绝则灭"①。欧阳修说:"礼义廉耻,国之四维;四维不张,国乃灭亡。"②从管仲与欧阳修他们把廉耻与礼义一起并列为国之四维,足见廉耻对于治国的重要性。

在"廉"和"耻"的关系中,"耻"是决定性的因素。例如,儒家就非常强调"有耻",认为士当"行己有耻"③。"人不可以无耻。无耻之耻,无耻矣。"④孟子这句话的意思大致是说:人不可以没有羞耻心,从不知道羞耻到知道羞耻,就可以免于羞耻了。在大多数情况下,官员的不廉或贪婪与其"无耻"有着很大的关系。孟子曰:"耻之于人大矣。为机变之巧者,无所用耻焉。不耻不若人,何若人有?"⑤他意思是说:羞耻对人而言太重要了,玩弄权术、投机取巧之人,就是因为没有羞耻之心。不把羞耻放在心上,还有什么事情不敢做呢?由此可见,倘若官吏无羞耻之心就不可能做到清廉。因此,要真正做到廉洁,官吏首先就得明白不廉乃是一种耻辱。

官吏知耻主要体现在以下几个方面:第一,官吏知耻意味着具有羞恶之心。"耻便是羞恶之心"⑥。"羞恶之心,义之端也。"⑦在孟子看来,是否知耻,有无羞

---

① 《管子·牧民》。
② 《新五代史·冯道传》。
③ 《论语·子路》。
④ 《孟子·尽心上》。
⑤ 同上。
⑥ 《朱子语类》卷十三。
⑦ 《孟子·公孙丑上》。

恶之心是"人禽之别"的一个重要标志,"无羞恶之心,非人矣"①。第二,官吏知耻意味着行己有耻。"行己有耻"②,即一个人出言行事应有知耻之心。"君子耻其言而过其行"③,"巧言、令色、足恭,左丘明耻之,丘亦耻之。匿怨而友其人,左丘明耻之,丘亦耻之。"④"为礼而不终,耻也。中不胜貌,耻也。华而不实,耻也。不度而施,耻也。施而不济,耻也"⑤。第三,官吏知耻意味着有所不为。"人有耻,则能有所不为。"⑥康有为在《孟子微》卷六中说过:"人之有所不为,皆赖有耻心。如无耻,则无事不可为矣。……若淫者,人欲所固有,有耻心,则可终身守节矣;利者,人欲所同然,有耻心,则可使路不拾遗矣;贪生者,人情之自然,有耻心,则可忠烈死节矣。"官吏有知耻心,就能坚决不做不该做的事情,就能不贪。第四,官吏知耻意味着能勇于改过。"知耻近乎勇"⑦意味着官吏知道羞耻就能严以自律,有错必改。"知耻是由内心以生。人须知耻,方能过而改。"⑧无耻是知耻的反面。陆九渊在《人不可以无耻》的文章中说:"甘为不善而不之改者,是无耻也。人之患莫大乎无耻。"

在现实生活中,有多少贪官污吏任意挥霍人民财产,而不思为人民谋利,这难道不是一种无耻吗?顾炎武在《廉耻》一文中指出:"礼、义,治人之大法;廉、耻,立人之大节。盖不廉则无所不取,不耻则无所不为。人而如此,则祸败乱亡,亦无所不至;况为大臣而无所不取,无所不为,则天下其有不乱,国家其有不亡者乎?"他进一步指出:"士而不先言耻,则为无本之人。"以无本之人治国,怎能做到廉政?国家又谈何繁荣昌盛?而那些"人民公仆"最终也就异化而沦落为"人民公敌",无异于禽兽,其可耻下场就可想而知了。

四、智:是非明辨之

所谓"智"即知识和理性,在儒家道德思想中主要指道德认识和道德理性。孟子认为:"是非之心,智之端也。"⑨"智",即人们判断是非善恶的能力。智的核心功能即明辨是非,树立正确的道德价值观。

---

① 《孟子·公孙丑上》。
② 《论语·子路》。
③ 《论语·宪问》。
④ 《论语·公冶长》。
⑤ 《国语·晋语四》。
⑥ 《朱子语类》卷十三。
⑦ 《礼记·中庸》。
⑧ 《朱子语类》卷九十七。
⑨ 《孟子·告子上》。

在儒家思想中,首先,"智"即"知"。《中庸》把"智"作为"三达德"(知、仁、勇)之首,就是要求人们获得道德认识,树立正确的是非善恶观念。"智"意味着官吏们在从事行政实践时要明确认识什么是善的、什么是恶的,什么是应当做的、什么是不应当做的,然后才谈所谓的"政德"或"官德"。官吏在行政实践中要深刻理解蕴涵于必然之理中的应然之则,"推其所以然,辨其不尽然之实,均于善而醇疵分,均于恶而轻重别"①。儒家思想强调智就是道德认识,是认识其他德性的工具,"是故夫智,仁资以知爱之真,礼资以知敬之节,义资以知制之宜,信资以知诚之实。故行乎四德之中,而彻乎六位之始终"。② 由此可见,仁的实质、礼的节文、义的宜度、信的诚伪都只有通过智才能使它们转化为内在的道德信念。

其次,智即理性。人是一种有理性的动物,其行为是受自我意识支配而具有自觉性、主动性和创造性等特征。因此,理性是人区别于其他动物并且超越其他动物而使自身成为万物主宰的重要标志。道德行为不能没有理性的制约,智也离不开四德。"是故夫智,不丽乎仁则察而刻,不丽乎礼则惠而轻,不丽乎义则巧而术,不丽乎信则变而谲,俱无所丽,则浮荡而炫其孤明。幻忽行则君子荒唐,机巧行则小人捭阖。"③由此可见人的知识、理性脱离了德就会走向另一个极端。因此,儒家讲智并非追求纯粹理性,而是追求道德理性,智即是对仁、义、礼、信的认同与理解。

再次,智是处理人际关系的理性原则。儒家从知行统一与穷理尽性两个方面来说明这一原则。儒家特别强调知对行的指导作用。早在《左传》和《尚书》中就有"知易行难"的观点,孔子也强调"行有余力则以学文"④,荀子则强调"不闻不若闻之,闻之不若见之,见之不若知之,知之不若行之"。⑤ 这些言论都表明,"智"(知识或认识)本身不是目的,它只有落实到行动中才具有真正的意义。

中国传统行政伦理思想作为一种文化积淀,其价值是毋庸置疑的。传统行政伦理在向现代转型的过程中面临着扬弃和价值重构,如何正确地对待传统行

---

① 王夫之:《读通鉴论》卷末·叙论二。
② 王夫之:《周易外传》卷一。
③ 同上。
④ 《论语·学而》。
⑤ 《荀子·儒效》。

政伦理并实现创造性转换,这是我们必须面对的重要论题。传统是被代代相传的人类行为、思想和想象的产物。对于接受传统的人而言,传统与现代并不存在所谓的断裂问题,传统就是"现存的过去,但它又与任何新事物一样,是现在的一部分"。① 因此,一个社会不可能完全破除其传统,一切从头开始或完全代之以新的传统是不可想象的,但是在传统的基础上对其进行创造性的改造则是完全可能的。

---

① 〔美〕希尔斯:《论传统》,傅铿、吕乐译,上海人民出版社1991年版,第15—16页。

第四章 行政理性

　　一种有用的人类行为理论都必须假定各决策单位具有某种理性,而不管这种理论在内容和目的上是实证的还是规范的。① 政府作为决策单位也像人一样具有某种理性。无论是马克斯·韦伯提出的"官僚理性"还是经济学家们提出的"经济理性"都认为,人和组织即使面临着不确定的客观环境,也能够掌握完全信息和了解所有的选择,而且能够按照"效率最大化"和"选择最优化"原则做出选择。换言之,行政组织是按照理性模式设计,而人则是按照理性原则做出选择的。探讨政府组织或官员的经济人理性问题在我国的最大意义在于打破了延续多年的"行政圣人"的观念,让人们认识到行政人员并不一定必然地为公共利益服务。经济理性与市场有着密切的联系,而行政理性则与权力有着必然的关系。然而,在不确定条件下,决策者们往往根据经验来进行决策,并不完全按照理性模式进行决策。当政府在维护社会公平时放弃经济利益的"非理性"的行为,恰恰是一种理性选择。但是,政府除了考虑社会利益,还必须考虑权力的运用。无论是阶级、政党、政府,还是政治家、官僚、政客,他们的一切政治活动都是围绕着权力的获得和权力的实施而进行的。将政府假定为具有完全理性的行为体,这显然是存在问题的。因为人的认识能力、预测能力、信息处理能力和判断能力等都是有限的,因此行政理性在实际情况中往往也表现为一种有限理性。

---

① 〔美〕詹姆斯·M.布坎南、戈登·塔洛克:《同意的计算——立宪民主的逻辑基础》,陈光金译,北京:中国社会科学出版社2000年版,第34页。

第一节 行政理性的基本概念

德国著名哲学家康德认为:"必须永远有公开运用自己理性的自由,并且唯有它才能带来人类的启蒙。"①人类从事政治或行政活动的目的必须和人类自身的价值相符合,人类从事行政活动的手段又必须与行政实践的目的相统一,要使行政活动的目的和活动手段符合客观规律,就必须通过运用理性来认识客观规律。我们所讨论的"行政理性"主要与行政选择过程密切相关,既包括程序理性,也包括实质理性,而不仅仅与特定的结果相关。因此,行政理性是理解行政伦理学的基本问题的重要基础。

一、理性为道德立法

理性(Reason)是人类文明、社会进步的标志,是构成人类智能的首要因素。它源自古法文"reisun"或"raison"、拉丁文"rationem",是指人类进行逻辑推理或分析判断的能力。② 这种能力是人类特有的,它是基于利害关系而对自然现象、社会现象和人自身现象作出的有条理的逻辑推理和判断。自近代以来,人们都充分相信理性的力量,认为理性能揭示真理,理性能确定价值,理性能批判权威,理性能树立正义,等等。在古代汉语中,"理性"是指人应该拥有的一种修养和品行,如《后汉书·党锢传序》指出:"夫刻意则行不肆,牵物则志其流,是以圣人导人理性,裁抑宕佚,慎其所与,节其所偏。"《现代汉语词典》将"理性"定义为:"从理智上控制自己行为的能力。"③由于理性的复杂性和重要性,我们有必要对理性的发展历程有一个初步的了解。

早在古希腊时期就出现了理性的观念。苏格拉底非常强调理性思维和理性行为的修养,认为理性是灵魂的本质。一个人有责任对他所信仰的东西和所做的事情说出理由,有一个理性的判断。苏格拉底认为,灵魂的功能是去认识和理解事物的本来面目,"特别是去认识善和恶,并且指导和驾驭一个人的活动,以致它们会引向一种避免邪恶、成就善行的生活"。④ 灵魂的这种功能就是理性。柏拉图认为感性认识只能把握变动不居的现象世界,产生没有必然性的意见,而

---

① 〔德〕康德:《历史理性批判文集》,何兆武译,北京:商务印书馆1990年版,第24页。
② 〔英〕雷蒙·威廉姆斯:《关键词:文化与社会的词汇》,刘建基译,北京:生活·读书·新知三联书店2005年版,第382页。
③ 《现代汉语词典》,北京:商务印书馆1996年版,第774页。
④ 〔英〕A.E.泰勒:《苏格拉底传》,赵继铨、李真译,北京:商务印书馆1999年版,第83、87—88页。

理性认识则能把握本质性的理念世界,获得普遍性的知识与真理。将理性确立为一种普遍性原则的是法国著名哲学家笛卡儿。笛卡儿把理性看作人类的一种天赋的思想能力,理性能够使我们认识普遍必然的真理。到了 18 世纪,理性成了启蒙运动的核心概念,正如卡西勒所指出的:"'理性'成了 18 世纪的汇聚点和中心,它表达了该世纪所追求并为之奋斗的一切,表达了该世纪所取得的一切成就。"①理性同样也是德国古典哲学的核心。在康德看来,理性既与神性相对立,又超出人的自然的能力,他认为:"一个被造物的身上的理性,乃是一种要把它的全部力量的使用规律和目标都远远突出到自然的本能之外的能力。"②虽然康德认为理性是人的本质,但他也认为人类仅仅是"有限的理性存在"。康德系统地对理性的能力与作用进行了分析。在对纯粹理性的批判中,他认为理性为自然立法,解决了知识如何可能的问题;在对实践理性进行批判中,他认为理性为道德立法,理性在道德上是自律的,而且它服从的是自己所颁布的道德法则。人因理性而自由,道德就是有理性的存在物存在的条件。黑格尔在康德的基础上进一步推进了理性概念,他认为理性是所有人类精神意识的最高表现与成就。他有一句名言:"凡是合乎理性的东西都是现实的;凡是现实的东西都是合乎理性的。"③显然,黑格尔以是否合乎理性作为事物的现实性的标准。马克斯·韦伯将"理性"区分为"价值理性"与"工具理性"。在此基础上,他用"理性化"来描述与判断现代资本主义的经济、政治和法律等行为规范。韦伯认为,资本主义现代化的过程是一个全面理性化过程:理性化在经济行为方面表现为精确计算投资与收益之比的"簿记方法";在政治行为方面则表现为行政管理上的科层化、制度化;在法律行为方面表现为司法过程的程序化;而在文化行为方面则表现为世界的"祛魅"过程。理性成了衡量社会进步的标准。与此同时,理性也极度膨胀,正如齐格蒙特·鲍曼所言:"理性自命不凡,自认为全知全能,有权对人类行为和情感的各个方面指手画脚,有权宣布与其不一致或服从于另一权威的所有裁决无效。"④工具理性占领了社会生活的各个领域,价值理性被完全遮蔽了,一切都变得技术化、程序化、世俗化了,崇高、神圣与超越都退居幕后,甚至完全被遗忘了。"善良、同情和怜悯被弃若敝屣,而暴行、冷淡以及对人类的苦难和屈辱的麻木不仁却随处可见。"⑤正如美国著名伦理学家麦金太尔所指出的:

---

① 〔德〕E·卡西勒:《启蒙哲学》,顾伟铭等译,济南:山东人民出版社 1988 年版,第 3—4 页。
② 〔德〕康德:《历史理性批判文集》,何兆武译,北京:商务印书馆 1990 年版,第 4 页。
③ 〔德〕黑格尔:《法哲学原理》,范扬、张企泰译,北京:商务印书馆 1996 年版,第 11 页。
④ 〔英〕齐格蒙特·鲍曼:《后现代伦理学》,张成岗译,南京:江苏人民出版社 2003 年版,第 2 页。
⑤ 同上书,第 1 页。

现代性的狂飙、理性的泛滥,并没有给人们带来预想的成功与喜悦,相反却出现了"道德谋划"的失败。① 曾经为道德立法的理性在现代社会结果却导致了道德的堕落,这不能不令人深思。

综上所述,我们可以从多个层面来理解"理性":在存在论意义上,理性与动物性相对应,指的是人脑特有的一种机能,是人为了生存的一种工具或手段。在认识论意义上,理性是指人认识和适应环境的能力。经验主义者常常把理性当作是人的感觉能力的复合,而理性主义者则认为理性是指人类在认识世界和获得知识时所拥有的一种逻辑推理能力和判断能力。在价值论意义上,理性是为生活设立目标并进行价值评价的尺度。在这种意义上,理性表现为人们顾及整体利益和未来目标的自我约束能力。② 因此,理性既可以指人的一种能力,也可以指人应有的一种修养或品行。在大多数情况下,"理性的"常常意味着一种能够带来好的结果的行为。但是,有时"理性的"也指某人采取某种行动时的"冷酷、功利主义的"心理或价值观。③ 可见"理性"的含义并不是单一的、确定的,而是有着丰富的内涵。

二、行政理性的界定

行政理性作为理性的重要类型之一,是行政主体实现公共利益必不可少的因素。行政理性也是我们理解行政伦理本质的重要基础,行政正义、行政自由裁量、行政忠诚、行政检举、行政责任等行政道德问题都与行政理性有着密切的关系。行政理性既可以为行政主体合法地、合理地从事公共行政活动,为公众服务提供动力,也可以为我们反思行政腐败等非理性的行政行为提供理论支持。

简单地说,行政理性是指人类在从事政治活动或公共事务的过程中,行政主体对国家和社会进行整合的理智能力和道德能力。正如罗尔斯所指出的:"政治社会和每一个理性的合理的行为主体——无论该行为主体是一个体,还是一家庭或联合体,甚或是多政治社会的联邦——都具有一种将其计划公式化的方式,和将其目的置于优先地位并作出相应决定的方式。政治社会的这种行为方式即是它的理性,而尽管是在一种不同的意义上,它实施这种行为的能力也就是它的理性,它是一种植根于其成员能力的理智能力和道德能力。"④ 根据罗尔斯

---

① 参见〔美〕麦金太尔:《追寻美德》,宋继杰译,南京:译林出版社2003年版。
② 参见施雪华、黄建洪:《公共理性:不是什么和是什么》,《学习与探索》2008年第2期。
③ 〔美〕詹姆斯·G.马奇:《决策是如何产生的》,王元歌等译,北京:机械工业出版社2007年版,第1—2页。
④ 〔美〕罗尔斯:《政治自由主义》,万俊人译,南京:译林出版社2000年版,第225页。

的理论,我们可以合理地推演出:行政理性就是一种根植于政府或政府官员等行政主体的理智能力和道德能力。由此,我们可以了解到行政理性包括两个方面的内涵:一方面,行政理性是行政主体从事行政活动时的一种行政思考、行政推理和行政判断的理性能力;另一方面,行政理性也是对行政主体的一种约束力量,尤其对公共行政人员的欲望、激情等非理性因素起着引导和节制作用。第一个方面是行政理性的功能性内涵,而后一个方面则是行政理性的规范性内涵。行政理性的功能性内涵是指行政主体在行政活动中,根据一定的行政原则,运用行政管理知识,进行行政选择,做出行政判断,确立行政行为准则的理智能力。行政理性的规范性内涵则是指行政主体根据自己的行政伦理知识和道德推理所确立的、用以约束自己的行为准则和道德规范的道德能力。行政理性的规范性内涵是其功能性含义的前提和根据,即进行行政判断、行政决策的前提,又是行政理性的功能的积淀,最终表现为集体理性或组织理性。作为前提,它体现为普遍的行政伦理原则和行政伦理规范;作为结果,它是得到行政主体认同的具体的行为准则。换言之,行政理性的应用体现为它的功能性,行政理性的应用结果则体现为它的规范性,体现为行政主体的行为准则。

行政理性与国家理性或政府理性既密切相关,但又不同于国家理性或政府理性。通常而言,国家理性是指一种极端的公共道德,它有助于创造、维系或加强国家权力。换言之,国家理性就是将国家的生存和安全提升为绝对规范的价值选择和能力。国家理性只有建立在宪政的基础之上,以全民族的、整体的、长远的利益为目的时,才具有正当性。国家理性主要是在政治的意义上而言的,更多体现在国家的重大政治决策上,而行政理性则主要是在公共行政的意义上而言的,更多体现在行政主体对国家的重大决策的执行之中。行政理性包括行政理念理性、行政制度理性和行政行为理性。行政理念理性作用于政府的价值系统,它倡导的基本理念诸如自由、民主、法治、公正、效率、和谐等,它是国家公共行政的价值系统。在公共行政实践中,行政理性需要在诸种价值理念之间达成基本的平衡,因而行政理念理性的基本特征是兼容调和性。这种理性有助于调和利益冲突,使公共利益得以被广泛接受。行政制度理性作用于政府的制度体系,它强调规范和协调,其特征是制约平衡性。一个平等、自由、高效、公正、和谐的社会必须建立一系列完善的制度体系,主要的制度包括政治结构、经济和社会安排的设计必须符合理性原则。行政行为理性作用于政府的实际运行,它注重效率和责任,其特征是程序效能性。在行政实践中,政府官员在涉及官员选举、投票和代表政府机构言行时,必须体现公共理性,需要体现公共精神和承担公共责任。例如,2009年河南省郑州市一块经济适用房用地被开发商建起连体别墅和楼中楼。6月17日,郑州市规划局一副局长面对记者采访发出"你是替党说话,还是替老百姓说话"的质问,这种言论显然不符合行政理性和公共理性。只有当政府官员作为"私人"个体而不是公职身份时,其所言所行才可以遵循个体理性,但不能违背道德理性。

正如哈耶克所指出的:"人之理性既不能预见未来,亦不可能经由审慎思考而型构出理性自身的未来。人之理性的发展在于不断发现既有的错误。"①同样,行政理性也是在不断的"纠错"中发展的。总体而言,行政理性是与现代性密切相关的一种人类理性。当然,这并不意味着在传统社会的政府就完全不存在行政理性,只不过专制政府的行政理性几乎完全取决于或等同于君主的能力和个人偏好,因此,专制政府的行政理性是一种私人理性或个体理性。近代资产阶级国家在以"经济人"理性为核心的新古典经济学理论的主导下,行政理性从属于市场理性,甚至直接体现为经济理性。这种经济理性是一种最低限度的理性,它对于善、恶完全是中立的。20世纪30年代,世界性的经济危机从根本上打破了市场理性至上的神话,行政理性的地位逐渐得以恢复。此后,由执政党主导的行政理性在大多数国家的政治行政活动中发挥着绝对的支配性作用,行政理性甚至被奉为神话,由于政府在实际的行政活动中过度强调行政理性的工具性和实践性,而忽略了其价值理性,最终由于政府的高度集权而导致了政府失效。人类的政治实践表明,行政理性不是万能的而是有限的。在现代社会,行政理性只有置于公共领域的监督和批判之下,其行政决策和行政管理才能在更大程度上体现公共性,即公共决策和管理具有公共性和合法性。换言之,行政理性也是民主国家的政府所具有的基本特征,它所指向的目标必定是公共善或公共利益。行政理性具有公共性基于三个方面的理由:第一,行政理性本身是公共的理性,它体现的是行政主体和公民之间的平等理性;第二,行政理性的根本目标是公共利益或公共善以及维护社会正义;第三,行政理性的内容也是公共的。行政主体如何做出有利于社会和公民的行政决策?行政主体到底应当采取何种行政程序来执行行政决策?等等,这些问题的内容都应该是公开的,要充分保障公民的知情权。

三、行政理性的实质

行政理性的实质最终表现为行政主体的理性行政。其中,理性行政又主要

---

① 〔美〕哈耶克:《自由秩序原理》上册,邓正来译,北京:生活·读书·新知三联书店1997年版,第44页。

表现为行政程序的理性。行政程序理性不仅仅指通过行政程序所产生的结果是合理的、正义的,而且指行政程序产生该结果的过程是一个通过事实、证据以及程序参与者之间平等对话与理性说服的过程。行政程序理性的中心问题是通过一系列包括程序原则和程序制度等程序机制来限制行政自由裁量权,尽可能地保证行政自由裁量的理性化。只要存在和行使自由裁量权,行政权力就有被滥用的可能性。因此,自由裁量权的问题总是伴随着权力应当理性行使的要求。自由裁量权的中心是行政选择,而行政选择的基础总是与行政判断相联系,行政选择与行政判断又总是以一定的行政程序进行的。因此,通过行政程序使自由裁量权的行使理性化,对于行政程序公正而言就显得非常重要。

当政府通过行政程序做出行政决定时,它应当说明作出该行政决定的理由。其意义在于对行政程序操作过程中的自由裁量权进行理性的控制,促使人们建立起对行政程序公正性的信心。如果某个行政决定没有说明理由,行政机关将很难使这样的决定正当化。因此,行政主体必须阐明行政决定所依据的事实和理由,是否说明了理由是程序合法性问题;而理由是否合理则是实体合理性问题。这也是政府在作出涉及重大公共利益的行政决策时,邀请社会各界人士参与公开听证并进行辩论的原因之所在。

政府职能的行使离不开行政理性。因此,掌握行政理性的内在机理与表现形式,进而根据公共行政的需要设计并实施相应的行政制度、行政程序、行政方法,以此为公民提供发展机会,便成为政府理性行政的关键。由于种种原因,我国的公共行政很难说是严格意义上的理性行政。理性行政不仅意味着行政主体要依法行政,而且意味着行政主体要以德行政。理性行政围绕着基本的行政理念而展开,行政理念发挥作用的基本形式有二:一是行政理念本身,即通过行政主体所奉行的基本行政理念的传播,影响行政相对人,使其接受相应的行政理念,从而发挥行政理念对社会行为主体的指导与规范作用。二是通过行政理念制度化、程序化,用制度、程序指导、规范社会实践的运行,以此来发挥行政理念的作用。相对于行政理念本身而言,刚性的制度与程序更有助于行政理念的贯彻。在法治社会,将制度与程序的执行纳入法治化轨道,有助于公平地体现行政理念的精神。借助工具理性的力量,构建能充分体现行政理念的制度与程序体系便成为实施理性行政的基础与前提。将以人为本的公共行政理念制度化、程序化是公共行政理性化的基础与前提。

长期以来,我们的公共行政模式表现为:先确立行政理念,进而向行政人员灌输行政理念,在此基础上,通过相应制度、政策的实施来推动行政理念的贯彻。在贯彻行政理念过程中,通过相应典型的树立和典型经验的传播,来激发公共行政人员自觉执行行政理念。这种行政模式表面上与理性化要求相吻合,实际上则存在较大的反差。问题在于,公共行政实践所运用的制度、政策、程序等是否经过了行政理性的洗礼,是否将行政理性完整、充分地体现出来。客观地讲,我国政府所倡导的"以人为本"的理念并未在现行行政制度、政策与程序中得到充分的体现。例如,农民工工资的拖欠问题。从技术上讲,政府完全可以制定出有效的制度与程序来确保农民工按期、足额领到应得的工资。事实上,已有个别地方政府实施了相应的保障制度,并取得了一定的效果。此外,城市基础设施建设中普遍存在的"马路拉链现象",从行政和技术上讲,完全可以通过相关制度的实施避免这种现象。这样既可以减少公路的反复施工次数,节约基础建设投资,又可以减少给市民生活带来的种种不便。

不可否认,行政理念制度化、程序化需要相应的行政技术作中介。借助工具理性,对过程、手段、条件、工作原则等一般行政要件的价值功能进行评定,在此基础上,按照一定结构,将制度要件组合成具体的行政制度、程序,以体现相应的行政理念,是理性行政对制度与程序构建提出的基本要求。同时,也是构建有效行政制度与程序的基本过程。现代公共行政主要是在制度与程序的规范与监控下展开的。行政制度与程序的理性化仅仅提供了行政理性化的基础。行政理性化的真正实现还需要理性地执行已有的制度与程序。制度与程序执行的理性化主要表现为执行的非人格化,即在制度与程序面前人人平等,公共行政人员必须客观公正地为公众服务。

四、行政理性的标准

行政主体是否遵从行政理性从事公共行政活动,或者说行政主体的行政行为是否符合行政理性,并不存在严格的判断标准,事实上也很难建立一套客观的、普遍性的评价指标体系。它与政府绩效的评价完全不同,后者可以根据各种指标作出相对客观的判断。大致而言,政府或公共行政人员的行政行为是否合乎行政理性的判断标准包括判断力、行政平等、行政比例等几个方面。

判断力是衡量公共行政人员是否具有行政理性的一个重要标志。换言之,公共行政人员具备了基本的行政常识还只是停留在认识阶段,这是远远不够的,如何根据公共行政实践和政治领域的需要作出符合公共利益的判断体现着公共行政人员的智慧和决断。在某种意义上,判断力是公共行政人员在公共行政活动审议和讨论公共事务议题,形成"公共意见"的枢纽。罗尔斯意义上的"反思平衡"实际上就是一种深思熟虑之后的判断,它可以帮助公共行政人员检验行政判断的合理程度。

行政主体是否具有行政平等理念决定着行政理性的实现。因为行政平等涉及行政主体对行政相对人的同等对待与差别对待的正当性问题。行政平等一方面意味着公民权利不受政府权力的侵犯,另一方面政府必须保护公民权利不受其他公民侵犯。从立法层面而言,行政平等表明行政主体和公民是一种平等的法律关系。换言之,立法机构制定法律后,执法和司法机构必须公正、平等地把法律运用于每个公民,而不能基于身份、性别、地域等标准而实行歧视。从执法层面来看,行政平等在行政自由裁量中意味着法律规范仅仅对行政主体行为目的和范围作出原则性的规定,而行政行为的具体条件、标准、幅度、方式都由行政主体自行选择和决定。因此,行政平等要求行政主体在进行自由裁量时不得对行政相对人进行歧视。与此同时,行政主体应及时将信息公开,体现政府与公民之间的平等,因为行政相对人享有知情权,公民还应享有平等的信息权,政府应平等地对待所有公民。

行政比例主要是指为了规范、制约行政自由裁量权,政府应该给公民及社会带来最小损失或者最大受益的方式来追求、实现其行政目标。简单地说,行政比例就是要求行政主体的行政行为要适度。行政比例侧重的是对公民权利的保障。其核心思想是行政主体在实施行政行为时,不但要努力实现行政目标,还应该尽量避免给行政相对人及社会带来不必要的损失。具体而言,行政主体在实施行政行为时所采取的手段应该能够实现或者至少有助于实现行政目标。在目标既定的情况下,行政主体应该选择一种有助于此目标实现的手段。当行政主体面临多种选择时,在保证行政目的得到实现的前提下,应尽可能选择对公民权利损害最小的方式。因为行政行为的实施是为了行政目标的实现,而不是损害行政相对人的利益,在保证目标得以实现或者最大限度地实现的前提下,对行政相对人的利益进行保护是行政主体的法定义务。当然,行政主体在实施行政行为时应该有一种成本意识,应该着眼于社会整体利益来算计行政得失,经济上不合理、外部性成本过高、存在浪费的行政行为都是不理性的、不成比例的,也是不合法的。总之,行政比例意味着在"公民权利"与"公共利益"之间进行某种权衡。

第二节 行政理性的限度

行政理性是一种有限理性,这与政府的有限性以及人的理性的有限性有着密切的关系。美国著名管理学家西蒙认为,行政组织的存在与运行完全是以理性为基础的。人类行为的理性是在给定环境限度内的理性,这种有限理性是由人的心理机制决定的。根据西蒙的观点,行政组织的理性是由决策的合理性来保证的。因为行政组织不仅仅是一个结构,而是一个行政决策系统,一种形成行政决策的过程、引导和通报消息的过程、发现和设计可能的行动的过程、评估并选择备选方案的过程。因此,行政理性就意味着行政组织利益决策的理性。但是,每个决策都是由人做出的,因而这种理性也是有限度的。首先,个人在超出感知限度的技能、习性和反应能力方面,是受限制的。其次,个人在影响其决策的价值观和目标观念上,是受限制的。再次,个人在与其工作有关的知识面上也是受限制的。

一、政府的有限性

有限政府作为一种治理理念,是相对于全能政府或无限政府而言的,其核心是限制政府的权力。早在20世纪初,古德诺在《政治与行政》一书中指出了政府行政的有限性,他说:"如果希望国家所表达的意志能得到执行,并从而成为一种实际行为规范的话,则这一功能必须置于政治的控制之下。"①古德诺主要是从政治与行政二分的角度来分析政府行政的限度的。国内学术界关于我国政府行政的限度问题有两种对立的观点:一种观点是强调政府干预的重要性。这种观点认为,虽然市场经济是迄今为止比较有效的资源配置方式,但是市场并非万能的。因此,政府应允许市场发挥作用,政府则集中精力做市场所不及的工作。政府应做三方面的工作:体制转轨时期的主导作用;市场所做不到的事情;中国特殊国情所决定的问题。② 另一种观点则主张政府缩小行政干预。这种观点认为,政府虽然以公共利益为导向,但政府也有自己的利益取向。政府在市场经济中具有提供公共物品和解决外部性问题的重要作用,但政府也会失效,而且其危害比市场失灵更为严重。因此,政府应尽量缩小行政干预的范围。③ 显然,以上这两种观点都不排除政府干预的必要性,因此问题的关键不在于要不要政府干预,而在于政府干预的限度,在于如何限制政府干预。政府干预应被严格限制在公共领域,既要有效地保护个人权利,又要尽可能地纠正市场失灵,从而达到个人权利与国家权力之间的均衡。如果政府行为的无限增长超越了与其能力相宜的范围,会导致公共政策执行的低效率,其结果必然是官僚主义、效率低下、

---

① 〔美〕古德诺:《政治与行政》,王元译,北京:华夏出版社1987年版,第41页。
② 参见王绍光:《国家在市场经济转型中的作用》,《战略与管理》1994年第2期。王绍光、胡鞍钢:《中国国家能力报告》,沈阳:辽宁人民出版社1993年版。
③ 刘军宁:《两种政治观与国家能力》,《读书》1994年第5期。樊纲:《作为公共机构的政府职能》,载《公共论丛:市场逻辑与国家观念》,北京:生活·读书·新知三联书店1995年版。

贪污浪费、政治腐化、权力寻租。在这种情况下，政府能力越强，其有效性就越低，政府的合法性也将面临严重的危机。

当代中国的确存在着行政中的"全能"和"无为"现象，具体表现为：第一，行政权能泛化。中央和地方行政常常有权能不足之感，这与行政权力线伸得过长，行政边界模糊，以及由此形成的权力短缺有关。第二，行政效率淡化。它主要表现在产权不明、权限不清的情况下，很少有人明确地计算由此而付出的行政成本。第三，行政行为腐化。在政府行政尤其是地方行政中，非法行政严重存在，权力寻租和行政自由裁量权的滥用严重地影响着政治的合法性。当然，政府作为一种人类组织，政府官员和普通人一样也会犯错误，因为政府并不是无所不知和永远正确的。当政府官员面临各种利益诱惑时，他们同样可能追求个人利益，未必会一心一意追求公共利益。正如尼斯坎南所指出的："几个可能会进入官僚功用函数的变量如下：工资、办公室津贴、公众声誉、权力、奖金、官僚机构的输出、变革的难易度、管理官僚机构的难易度。……对于任何一位官僚来说，因为他的信息的有限性和其他人的利益的冲突，无论他的个人动机如何，都不可能按照公共利益来行动。"① 从政府行为介入社会或市场的层面而言，有限政府应当介于全能政府与无为政府之间，也就是说，现代政府应当从包治百病的全能政府向探索具体病症的有限政府转型，政府在多元化的社会主要职责是制定规则而不是全面干预，而且由于经济的全球化，政府能力受到越来越多的外在制约，政府已经不是无所不能了。那么究竟什么是有限政府呢？我们有必要对有限政府的理论渊源进行简要的分析。

传统的有限政府理论建立在"人性本恶"的道德判断之上。霍布斯指出，人性本恶，人的激情常常凌驾于理性之上，"人对人像狼一样"的自然状态必然导致"每个人对每个人的战争"。在这种状态下，"人们不断处于暴力死亡的恐惧和危险之中，人的生活孤独、贫困、卑污、残忍和短寿"。② 为了避免这种状态，人们需要政府，霍布斯的思想为有限政府理论提供了基础。自霍布斯伊始，政治学家们开始进一步思考如何控制政府的权力。与霍布斯不同，虽然洛克也认为人类在进入文明社会以前存在自然状态，但他认为自然状态并非一切人反对一切人的战争状态，而是一种和平与自由的状态。当然，这种状态也存在缺陷，人们的生命、自由、健康和财产权利在这种状态中实际上得不到保障，因而必须有明

---

① 〔美〕威廉姆·A.尼斯坎南：《官僚制与公共经济学》，王浦劬译，北京：中国青年出版社2004年版，第37—38页。

② 〔英〕霍布斯：《利维坦》，黎思复、黎廷弼译，北京：商务印书馆1985年版，第94—95页。

确的公共权力与法律才能保证人的自由。① 洛克认为政府是"必要的恶",提出了"有限政府"的概念,强调以生命权、财产权和自由权来为政府行为设置"底线",以法治和人民的"革命"权来抗击政府强权。洛克认为,政府起源于契约,而不是武力征服。由于缔约者保留了不可剥夺的生命权、自由权和财产权,因此,政府的权力是有限的,需要通过宪法对其加以限制。因此,"有限政府"为人民主权、权力制衡、依法行政、司法独立等宪政理念提供了基础。而宪政为善政和善治提供制度保障。波普尔认为,"国家是一种必要的罪恶:如无必要,它的权力不应该增加。"他进而指出:"国家尽管是必要的,但却必定是一种始终存在的危险或者一种罪恶。因为,如果国家要履行它的职能,那它不管怎样必定拥有比任何个别国民或公众团体更大的力量;虽然我们可以设计各种制度,以使这些权力被滥用的危险减少到最低限度,但我们绝不可根绝这种危险。相反,似乎大多数人都将不得不为得到国家的保护而付出代价。"② 正是因为政府垄断了合法暴力、强制权及实施这种强制权的政治工具,政府具有作恶的可能性,因此要防止政府作恶就要对政府的权力及其运行施行有效的控制,建构有限政府就是最佳途径。相对于传统的有限政府理念,现代意义上的有限政府理论有着丰富的理论内涵,我们可以分别从政治学、法学、经济学和社会学等领域来进行分析。

在政治学语境中,有限政府理论涉及权利和权力的关系,其理论基础是权利的优先性,权利对权力的制约。由于权力具有的扩张性,权力被滥用的可能性始终存在,不受限制的政府权力常常逾越了正义与道德的界限。因此,民主政治是有限政府的政治基础。

在法学语境中,有限政府意味着政府要受宪法和法律的制约,政府必须依法行政。这就意味着政府的权力必须由法律明确规定并由法律明确授权,否则政府的权力就是违法和无效的。在宪政主义者看来,为了预防政府权力侵犯个人自由权利,必须分解政府权力并使之相互制衡,这样有限政府才能从根本上捍卫公民自由和权利。分权就是为了限制政府的权力,而立法权是最高权力。如果同一批人同时拥有制定和执行法律的权力,他们可能制定适合于私人利益的法律,从而违反社会和政府的目的。宪政"意味着一种有限政府,即政府只享有人民同意授予它的权力并只为了人民同意的目的,而这一切又受制于法治。它还意味着权力的分立以避免权力的集中和专制。宪政还意指广泛私人领域的保留和每个人权利的保留……另外,宪政也许还要求一个诸如司法机构的独立机关

---

① 〔英〕洛克:《政府论(下篇)》,叶启芳、瞿菊农译,北京:商务印书馆1964年版,第76—78页。
② 〔英〕卡尔·波普尔:《猜想与反驳》,傅纪重等译,上海译文出版社1986年版,第499—500页。

第四章 行政理性

行使司法权,以保证政府不偏离宪法规定的,尤其是保证权力不会集中以及个人权利不受侵犯"。① 就我国国情而言,人大与司法机关应充分发挥对政府权力的监督与制约作用。各级人大应切实地拥有调查、质询、听证、弹劾和监督权。相对于宪法和法律而言,政府的有限性主要体现在以下三个方面:第一,政府权力的设置是有限的。政府权力的设置应当以不减损、不侵犯公民的个人权利为最低限度。第二,政府权力的构成是有限的。政府权力只能通过宪法和法律授权,政府应是"法无授权则无权力",和公民的"法不禁止则自由"相对应。第三,政府权力的运行是有限的。政府权力的运行应当遵循权力分立与权力制衡原则,由不同的政府机构分别在各自的职责范围内行使不同性质的政府权力,进而形成互相监督、彼此制约的权力运行格局。

在经济学语境中,有限政府主要涉及政府与市场的关系,意味着政府的职能是有限的,市场是实现资源配置的最佳方式。政府应该为市场机制的正常运行创造条件,充分利用市场对资源配置发挥基础性作用,这样政府就是有限且有效的政府。政府如果超出其职能范围,不但导致资源配置状况不佳,而且会成为腐败滋生的温床。由于各级地方政府实际上也有追逐利益的倾向,而且行使公共权力的政府官员也是有理性的"经济人",当政府职能过多、权力过大时,权力寻租和以权谋私现象就必然会出现。寻租活动的普遍存在,根源在于政府是支配社会经济活动的主体,政府掌控社会资源而又缺乏有效的制衡和监督,从而导致了"设租"或"抽租"现象的出现,甚至会导致由于制度缺陷所造成的结构性腐败。我国应不断完善市场经济,因为市场经济作为有限政府的经济基础,是迄今为止能产生高效率的运行机制,其所带来的高效率和生产力的巨大解放和发展,为政府运作提供了强大的后盾。

在社会学的语境中,有限政府涉及政府与社会的关系,意味着市民社会制约着权力,政府与社会是一种平等关系。通常,政府与社会的关系可以分为三种:一是强政府,弱社会;二是强社会,弱政府;三是政府与社会相互共存。第三种情况是指在国家统治力量之外存在一个相对独立的市民社会。政府为市民社会服务。政府由于自身治理能力的限制,不可能成为唯一的治理主体,政府必须与公民、社会其他组织共同治理。政府、社会、公民的共同治理已成为当代重要的治理模式。

综上所述,有限政府作为一种重要的政治理念,并无固定的标准,它有着重

---

① 〔美〕路易斯·亨金:《宪政、民主、对外事务》,邓正来译,北京:生活·读书·新知三联书店1996年版,第11页。

要的公共目标和公共职能,但它们是有限的而不是无限扩张的。简单地说,有限政府就是指政府的权力、职能和规模受到宪法和法律严格限制的政府。有限政府的限度包括能力限度、效率限度和合法性限度。有限政府的能力限度主要是指"政府能够做什么",即政府行政必须具备必要的社会和市场管理能力,能力不及就不要过多干预。个人能做好的由个人做,市场能做好的由市场做,社会能做好的由社会做,只有个人、市场与社会都不适合去做或做不好的,才可以由政府去做。效率限度主要指"政府做得如何",即政府行政以有利于市场经济和民主政治的发展为标准。政府的有效性是指它作为公共权力的代表者能否有效履行一般政府都应履行的基本职能。"颇具悖论的是,只有限政府才可能是有效政府,全能政府必然是无能政府。"①而合法性限度则主要指"政府应当做什么",即政府行政必须依法行政,政府行为必须在宪法范围之内,这样才有助于社会的公平正义、和谐稳定。正如美国《独立宣言》所宣称:"政府之正当权力,是经被统治者的同意而产生的。当任何形式的政府对这些目标有破坏时,人民便有权力改变或废除它,以建立一个新的政府。"因此,政府不是全能的,政府必须在宪法和法律规定和许可的范围内行事,否则就可能因政治合法性的缺失而出现危机。

二、行政理性的限度

人类的认知能力和智性范围到底是有限的还是无限的?对这一问题的不同回答可以区分出两种完全不同的政府观。如果认为人类的认知能力和智性范围是无限的,建立在这种认识之上的政府就是无限政府。这样,无限政府在职能、权力、规模和运行方式等方面就具有无限扩张、不受法律和社会有效制约的倾向。这种无限政府或者全能型政府导致了政府的极端自负,在我国,政府的这种自负表现为:(1)政府没有任何特殊利益,它的一切努力都是为了追求公共利益。(2)政府的组织人员都是德才兼备的内圣之人或特殊材料制成的人。(3)政府具有判断上的无限理性。② 可是,现实却证伪了这种自负。不可否认,人类在自然科学和社会科学等领域取得了巨大的成就,但是由于影响人文社会科学的各种变量比自然科学更为复杂,人类对公共权力的行使以及行使公共权力所带来的各种后果并未被完全控制。这也表明了人类认知能力的某种局限性。这就是新制度经济学所说的人的有限理性(bounded rationality)。有限理性意味着由

---

① 李强:《自由主义》,北京:中国社会科学出版社1998年版,第230页。
② 徐邦友:《中国政府传统行政的逻辑》,北京:中国经济出版社2005年版,第110—113页。

于行政环境的复杂性和不确定性,行政主体所掌握的信息也就不完全,同时加之行政人员对环境的认知能力的局限,因此,行政决策也不可能是绝对充分的,而只可能做到尽可能地令人满意。

　　行政理性的限度是以人的智性的有限性和理性的局限性为基础的。人的智性的有限性注定了人的理性的有限性,这又决定了行政理性的有限性。正如哈耶克所指出的:"任何为个人心智有意识把握的知识,都只是特定时间有助于其行动成功的知识的一小部分。"①换言之,任何单个的个体都不可能像上帝一样是全知全能的,能够掌握一切知识。"承认我们的无知,乃是开启智慧之母。苏格拉底的此一名言对于我们理解和认识社会有着深刻的意义,甚至可以说是我们理解社会的首要条件;我们渐渐认识到,人对于诸多有助于实现其目标的力量往往处于必然的无知状态之中。"②极端理性主义者认为人类理性无往而不胜,对人类理性的盲目推崇,导致了人类"致命的自负"。哈耶克认为"我们自身能力有着无法克服的局限性,无法去了解、预测和控制心智。这种局限性使得我们不可能对世界作出一种完全理性的理解。"③任何个人所能掌握的知识,永远只是他所面对的未知世界的极小的一部分。波普尔断言:"我们的知识只能是有限的,而我们的无知必定是无限的。"④随着科学技术的进步,社会文明程度提高,个人的无知的范围就越大。即使掌握公共权力者道德高尚、动机良好,由于人们无法集中许多个人根据变动不居的信息分别做出的抉择,因此很难为政府决策制定出一个统一的、普遍有效的尺度。如果我们以哈耶克和波普尔的"无知观"为基础,政府的权力必须加以限制就是理所当然的了。因为政府也不可能是无所不知,其事务处理的范围也应当是有所为、有所不为,而不应当是无所不包。专制或极权政府的根本逻辑正是以专制统治者的全知全能、永远正确为基础,而被统治者则知之甚少,甚至是无知的。

　　根据上述分析,我们认为行政理性实际上是一种有限理性。有限理性的基本观点是:由于人的信息加工和计算能力是有限的,因此由人组成的任何组织无法完全按照理性模式去行动,即人和组织没有能力同时考虑所面临的所有选择,无法按照"效率最大化"和"最优化原则"理性地指导自己的行动。西蒙认为从心理学的角度来看,人的心理对信息加工的能力是有限的。因此,经济学的理性

---

①　〔英〕哈耶克:《自由秩序原理》上册,邓正来译,北京:生活·读书·新知三联书店1997年版,第22页。

②　同上书,第19页。

③　〔英〕哈耶克:《个人主义与经济秩序》,贾湛等译,北京经济学院出版社1989年版,第77页。

④　〔英〕卡尔·波普尔:《猜想与反驳》,傅季重等译,上海译文出版社1986年版,第41页。

在现实生活中是不存在的。只有从有限理性出发,我们才可以对公共行政管理人员在行政管理活动中的非理性行为做出合理的解释。按照经济理性的要求,人们总是根据效率最大化或最优化的原则,在各种选择的比较中确定最佳选择。然而,西蒙发现,人们的决策过程与理性选择大相径庭。首先,人们在进行决策时一般不可能制定出所有的解决问题的选择方案,而只是面对其中部分选择方案进行选择;其次,人们对可供选择的方案的比较并不是像理性模式所主张的那样,对所有的方案同时进行比较判断,而是按照顺序成对地进行比较选择,即按顺序进行前两者选优与下一个进行比较,直到满意为止;最后,人们选择决策方案的原则不是"效率最大化"或"最优化原则",而是"满意"原则,即按照顺序成对地比较,从中选择满意的方案。①

根据西蒙的理论,我们可以认为行政理性作为一种有限理性是介于完全理性和非理性之间的。这样,我们就能认识到行政理性并不是全知全能的,我们可以在理性与非理性的统一中来把握行政理性。行政价值取向和行政目标的多元性与行政主体所拥有的知识、信息、经验和能力的有限性,决定了行政理性是一种"有限理性"。行政理性内含着政府追求正义、通向至善的价值理性。这意味着行政主体应该根据道德理由来行动。因此,行政理性为行政主体的政治合法性和行政行为的道德正当性提供指引。因为行政理性既是一种公共理性,也是一种有限理性,同时也是一种道德理性。

---

① 参见齐明山:《有限理性与政府决策》,《新视野》2005 年第 3 期。

第五章 行政正义

正义是社会制度的首要美德。公共行政作为社会治理的重要方式,必须符合正义的内在诉求。只有符合正义价值,行政行为才具有善的意义。行政正义意味着行政规则和行政程序对于任何社会成员都具有相同的效力,公共行政的结果必须保障社会成员的基本权利。行政正义的实现必须设计出符合正义精神的行政制度和行政程序,以确保行政程序的正义。同时,我们必须培养行政人员的行政理性,内化正义精神,遵循行政程序正义,积极促进行政正义。

第一节 行政正义的基本概念与内涵

公共行政是现代社会管理的最主要方式,是对于公共权力的运作,其过程与效果都将对于社会所有成员的经济地位、政治权力、社会利益产生重要影响。而正义则是社会机制运行的基础。因此,行政也必然要以正义作为最基本的原则予以遵守,并且力图在社会层面实现正义价值。从古希腊城邦,到功利主义,再到现代自由主义、社群主义,对于正义的解读纷繁而复杂。古希腊的学者们把正义理解为具有最高自然规范性的秩序;功利主义则从个体幸福推演符合最大多数人利益的正义准则;激进自由主义学者认为正义就是对于个人自由的绝对优先;新自由主义者则把作为公平的正义视为社会的首要善原则。面对着殊为不同的正义价值体系,我们不禁感到困惑:行政正义内含怎样的意义?行政正义的实现需要遵循何种基本原则?

一、行政对于正义的诉求

行政是管理社会的主要方式,是公共权力运用的主要途径,是社会的基本制度系统。"行政"指的是一定的社会组织,在其活动过程中所进行的各种组织、控制、协调、监督等活动的总称。从广义而言,行政属于公共管理活动。而正义则是一个古老的哲学概念,也是人类社会的基本价值之一。从历史上看,早在古希腊,正义就走入了行政的视野,成为行政追求的主要价值目标。行政在古代与政治是合为一体的。行政不仅意味着公共事务的管理,而且意味着对于国家的统治。对于国家的统治,正义一直被看作最为重要的伦理价值之一。柏拉图在《理想国》中展示了一个他认为完美的社会图景,在对社会图景的描述中,正义成为城邦最为重要的价值诉求,也是社会秩序理想状态的表达。柏拉图认为处于城邦中的人由不同的质料所铸成。有的为金所制,有的为银所成,有的则是铜铁所造。这些由不同质料所铸成的成员在城邦中分担着不同的职责,他们分属于不同的社会阶层。那些由金子所铸的人富有理性,他们的职责在于治理国家,他们是城邦的统治者。而那些为银所制的人具有勇敢的品德,他们担当保护国家的责任。其他的人则是为铜铁所造,他们应该遵循的美德是节俭和自我约束,这一部分人组成了农民和手工业者。城邦中所有的成员都对应于自己的本质而承担城邦职责,各司其职便是正义。正如柏拉图借苏格拉底之口所说的,国家的正义在于三种人在国家里各做各的事。显然,在柏拉图的视域中,社会层面的正义意味着完美的秩序,意味着城邦的良好治理状态。任何对于自己职责的僭越,任何对于社会自然秩序的违反都是不正义。"铜铁当道,国家必亡"。[①] 柏拉图之后的亚里士多德也在城邦、社会的层面对正义进行了详细的论述。

在亚里士多德看来,正义是一切德性的总括。亚里士多德从个人和社会两个层面论述了正义概念。在社会层面,正义是对于整体规则、秩序的遵循。亚里士多德说:"我们把守法的、公平的人称为公正的。所以,公正的也就是守法的和平等的,不公正的就是违法的和不平等的"[②]。在他的理论体系中,公正为何能成为社会最为基本的价值诉求呢?在何种意义上,正义能够被看作一切德性的总汇?公正是实现城邦整体利益的基础。对于亚里士多德而言,城邦的利益是至高无上的,城邦的善是最终的目的,是最高的善。一切法律和社会规则都是

[①] 〔古希腊〕柏拉图:《理想国》,郭斌和、张竹明译,北京:商务印书馆2002年版,第129页。
[②] 〔古希腊〕亚里士多德:《尼各马可伦理学》,廖申白译,北京:商务印书馆2008年版,第128—129页。

第五章　行政正义

为保护城邦的共同利益所服务的。而且，法律还指向所有的善的行为。法律促使人们远离所有的不道德，让人们恪守真诚、勇敢、节制等美德。因此，遵守法律的本身就是对于城邦利益的关切与顺从。只有遵守法律，城邦的利益才能得到充分的保障。另一方面，正义不但要求城邦的成员遵纪守法，而且要求他们能够合理地处理与他人的关系，从而能够构建和谐的城邦秩序。

无论是柏拉图还是亚里士多德，他们都把正义与城邦利益紧密联系在一起，认为正义是国家、城邦必须追寻和努力实现的基本伦理价值。政治与伦理的关联、对正义价值的内在需求也就把正义与行政密切地结合在一起。由于那个时代行政与政治的统一，正义理所当然地成为行政的本质诉求。

但是，这种本质的诉求在一段时间内受到质疑。一是由于列奥·施特劳斯所言的政治哲学的三次浪潮的冲击。以马基雅弗利代表的政治哲学家们把政治从道降低到术的层面，认为政治只是一种处理统治与被统治者关系的工具，伦理道德不过是权术和政治计谋的遮掩，从而把伦理从政治中排除开来。这种观点后来被认为是存在极大问题的。行政是否需要伦理价值的疑问，更多地源于政治与行政的分离。

自从1887年威尔逊发表了其著名论文《行政学研究》之后，现代行政便开始与政治分离，对国家和社会的管理便成为一个独立的领域。此后的古德诺、马克斯·韦伯等学者则从各自的角度对于单独的行政管理做了系统的阐述。古德诺的《行政研究》把行政学作为一门独立的学科进行研究，并将其归结为一种事务性的领域，与政治领域划分界限。从这种分离开始，行政学逐渐被视为一门社会管理科学。行政学理论则开始日益朝着科学化、工具化的方向发展。行政成为类似于管理学的研究领域，对于效率的关切，对于管理技术的关注，远远超过了对于其伦理意义和价值的重视程度。

然而，在现代行政的践行中，人们发现，对于伦理价值的追求仍然是必不可少的。正义依旧是行政最为基本的价值诉求。这是因为，首先，行政制度的安排本身由价值所指引。行政的主体是政府机构。政府机构与企业或其他非政府组织的最大区别在于，它所拥有和运用的资源都是公共资源，并且以公共权力的使用为基础。而且，行政机构的设置、管理与当时的政治主张、权力观念是息息相关的。行政的对象不是商品或物品，而是国家公民和社会成员。因此，对于行政的效果绝不能仅仅用经济效用进行衡量。在行政制度的建立和运行过程中，如果缺乏对于正义价值的追求，就会造成制度设计的不合理，最终给社会带来不公正的结果。

其次，任何的行政制度、规则、律令最终都需要由行政人员操作，任何行政价值的实现都有赖于行政人员的具体实践。由于任何行政制度和规则都不可能是天衣无缝的,而且社会的变化、具体情景的转换,都为行政制度的灵活运用和解读留下了空间。从某种意义上说,自由裁量权是永远存在的。如果缺少对于正义价值的追寻,在行政过程中行不正义之事,那么对于社会和人们的利益都将造成伤害。而且,即便行政程序是正义的,完全遵守正义程序的行为也可能产生不正义的后果。关键在于行政者对于程序的把握和对于具体行政环境的理解。

再次,社会正义在很大程度上需要借助政府行政方能实现。如果说马基雅弗利使政治开始偏离道德,那么康德、黑格尔则重新把政治纳入道德的轨道之中,而正义已经被政治哲学家们普遍看作社会的基本价值维度。无论是道义论政治哲学家,还是功利主义学者,都从各自的角度对社会正义进行了论述。特别是当代最有影响力的政治哲学家罗尔斯,他把正义视为社会最基本的伦理要求,认为正义作为伦理价值,是社会首要的善。"正义是社会制度的首要价值,正像真理是思想体系的首要价值一样"。[①] 无论是自由主义学者还是社群主义学者,虽然在对于正义的理解上具有分歧,但是对于正义价值在社会中的地位,都基本认同罗尔斯的观念。而正义在社会中的实现需要依赖社会制度的建立与运作。其中,行政是社会制度至关重要的组成部分。一个组织良好的社会应该是由正义的制度所管理的,那么行政正义就成为社会正义的前提条件之一。

所以,行政对于正义的诉求完全是由行政的本质决定的。这种诉求完全是内生的,不可剥离。

二、行政正义的概念及其现代含义

既然正义对于行政而言是最基本的伦理价值之一,那么行政正义的具体含义是什么呢?首先,我们必须要明白,什么是正义?作为古老的哲学概念,正义也随着社会形态的变化、社会意识的改变而处于不断的变化之中。古希腊时期的正义更多地表现为一种自然正义。在古希腊,正义概念与宇宙规则、自然秩序是密切联系的。无论是赫拉克利特、柏拉图还是亚里士多德,他们都把自然的秩序安排看作正义的状态。而且,只有当城邦、社会按照自然秩序存在和发展时,才能说城邦是正义的城邦,社会是正义的社会。相反,一切对于自然秩序的违反都被看做不正义。在柏拉图的理想国中,每个人的本质都是自然所预定的。谁为金银所制,谁是铜铁之人,都源于自然的安排。所以,各司其职、各尽其能的背后,是对于自然秩序的遵从。与之相似,亚里士多德也认为人们各有神性,而且

---

① 〔美〕罗尔斯:《正义论》,何怀宏等译,北京:中国社会科学出版社1988年版,第1页。

每个人都有着自己自然的目的,更为重要的是,城邦本身就是自然产生的。在亚里士多德的眼中,整体高于部分,总体的目的高于具体的目标。城邦作为最高最终的目的,它是先于个人而产生的。"城邦在本性上先于个人和家庭。就本性来说,整体必然先于部分"。① 城邦的原则就是正义,一切法律、规则都是从正义衍生而来的。"城邦以正义为原则,由正义衍生的礼法,可凭此判断[人间的]是非曲直,正义恰恰是树立社会秩序的基础"。② 所以,亚里士多德才把一切对于法律的遵守视为正义,而对于法律的违背则是不正义。自然的正义观一直延续到古罗马时代,直到社会契约论的出现,正义才渐渐地以个人为基础。对于正义的内涵,不同学派的学者站在自己的视角,都有着各自的观点。其中,古典自由主义、新自由主义和社群主义的正义观念成为当代社会正义观的主流。

　　古典自由主义学者在社会的层面沿袭功利主义的正义原则,以"最大多数人的最大幸福"作为基本的正义标准。传统功利主义认为部分是组成整体的基础,从社会的维度看,个人是组成社会最基本的单元。而整体的利益并不是一种独立于个人利益之外的、具有至上性的利益,而是个人利益的总和。因此,要获得最大化的社会利益,就必须使最大多数人获得最大的幸福。在个人的层面,古典自由主义把个人"应得"作为正义的依据。古典自由主义者努力使人们从外在的人性束缚中摆脱出来,把个体自由作为最具优先性的价值。他们认为,超越个人理性之上的人为安排不但不能建设一个正义的社会,反而将把个人置于被奴役的地位。所以在经济上,亚当·斯密主张基于个人理性的自然经济模式,即在看不见的手调控下的市场经济模式。当代的自由主义学者如哈耶克、弗里德曼也承袭了这种思想,认为任何驾驭个人之上的模式都会把人们引向奴役之路。在政治上,他们主张价值中立,认为政府的职责仅仅在于社会事务管理,而不应该用任何统合性的价值干涉社会生活。诺齐克是这种主张的代表人物,认为政府在社会中只能扮演守夜人的角色,从而提出了最小政府的概念。

　　新自由主义则看到了古典自由主义对于社会成员平等身份的威胁。当传统功利主义把社会整体利益置于个人利益之上的时候,个人权利再一次消解在整体利益之中。而且,完全自由的模式虽然能够在形式上给予每位社会成员以平等的机会,但这种模式的结果将是人们之间产生实质的不平等。以市场经济为例,市场经济是以个人能力为基础的。且不说在现实世界达不到完全竞争的状态,自由竞争的结果本身将产生累积效用,那些天生能力更强、出生于富裕家庭、

---

① [古希腊]亚里士多德:《政治学》,吴寿彭译,北京:商务印书馆1997年版,第5页。
② 同上书,第5—6页。

有着更好运气的人将脱颖而出,成为财富的聚集者,而经济方面的优势将为他们的社会生活提供较他人更大的便利。在现实生活中,他们拥有比他人更多的权利。仅仅把"应得"作为正义的准则,在很大程度上忽视了公民之间的协作和共同努力等要素,忽视了一些社会群体,特别是困难群体所具有的基本权利要求。正如罗尔斯经常引用的例子——张伯伦通过自己高超的球技获得一百万美元,他是否需要纳税而与其他公民共享他的收入?罗尔斯的回答是肯定的,因为张伯伦所赚取的一百万美元并不完全是个人能力和运气的产物,一百万美元获得的过程是在公民合作体系之中完成的。如果离开市民社会体系,这一百万显然是不能够产生的。所以,在公民合作体系中的每一位成员都可以从中获益。但是,获益的结果必须以个人的自由为前提。在社会整体层面,罗尔斯力图使所有个体的利益都得到充分的保障,避免个人利益被整体利益吞没的危险。按照传统功利主义正义原则,所有的公共政策都将偏向于人数最多的群体。在一般的社会结构中,中等层次的群体人数往往是最多的。根据他们的利益所制定的政策通常忽视了其他群体的利益,特别是少数弱势群体的利益得不到保障。基于上述考虑,罗尔斯提出了其著名的正义两原则:第一个原则:每个人对与所有人所拥有的最广泛平等的基本自由体系相容的类似自由体系都有一种平等的权利。第二个原则:社会和经济的不平等应该这样安排,使它们:在与正义的储存原则一致的情况下,适合于最少受惠者的最大利益;并且,依系于在机会公平平等的条件下职务和地位向所有人开放。[①] 社群主义者把自由主义看作一元的正义理论体系,认为他们对于正义普遍性的追寻是不合理的。因为正义既然依系于社会,而对于不同的社会,其文化、环境、历史和观念都不是完全相同,甚至是截然相反的。社群主义学者更强调正义与社群文化之间的联系和相互影响。无论是戴维·米勒,还是沃尔泽,他们都把采取不同的结构和形式所结合的社群作为正义的背景,提出适用于各种情景的多元正义原则。

面对正义概念的众多含义和理解,面对当代纷繁复杂的各种正义理论,我们不禁要问——现代的行政正义究竟意味着什么?我们应该在什么维度谈论行政正义?其正义原则包含哪些内容?其合理性又在何处?

要回答上述问题,我们必须了解:行政的实质是什么?行政主体在社会中应该扮演怎样的角色?行政意味着对于国家和社会的管理机制、结构和过程。行政与政治既有区别,又不可完全分割。行政管理的任务尽管由政治确定,但又与政治保持相对独立性。威尔逊曾指出,政治处理的是国家宏大而重要的事务,而

---

① 〔美〕罗尔斯:《正义论》,何怀宏等译,北京:中国社会科学出版社1988年版,第60—61页。

行政管理则主要涉及国家内部具体的活动和细微的事项。政治为国家搭建基本的体制框架,行政则负责在框架内对于社会的管理和规制。所以,行政不能被仅仅看作一种社会治理的工具。行政本身担负着实现政治目标、实现当代社会伦理价值追求的期待。行政既是对于社会的管理,更是一种实现社会正义的过程。这也就决定,行政正义必须以社会正义作为最高的原则。现代社会的正义又是什么呢?

无论是自由主义、新自由主义,还是社群主义,通过对于它们所主张的社会正义观的解读,我们不难发现,个人权利是现代社会正义的主旨。个人权利的基础在于个人的自由与社会地位的平等。激进的自由主义者之所以反对大政府、反对政府行为对于个人自由的干涉,是因为他们担心这种干涉将直接损害个人权利。罗尔斯对于平等的关切,其根本原因在于实质的不平等将使某些社会公民享有更多的社会权利,而其他群体的权利则难以得到保障。社群主义反对任何先定的正义原则和普世的正义框架,因为它是从历史的角度来看待人类社会。它认为,类似于古典自由主义以及罗尔斯式的从原初状态出发对于社会正义的推导,实际上并未脱离柏拉图社会正义的论述模式。沃尔泽把这种方式看作逻辑演绎的正义。他认为,在推导之前,这些学者实际上已经有了对于正义原则的确信。所以,推导只是表面的形式,对于正义原则本身没有任何作用。社群主义认为,自由主义学者们都把历史割裂开来,而现实的历史是具有连续性的。每个群体都有着自身的历史,继承历史的传统、文化,有着自己对于善生活的理解。任何普世性的正义观念都有可能造成观念强迫,从而侵犯群体在价值选择上的自由,最终侵犯一些群体的权利。目前,我国政府提出构建和谐社会的宏伟蓝图,指出正义是社会的首要价值。和谐的核心并不在于人们对于财富的占有数量的多少,而是在于,作为社会成员,人们在社会生活中拥有平等的权利。

三、行政正义的优先价值

在各种正义理论中,最大的争论在于:自由和平等,何种价值具有优先性?自由主义学者都把自由看作最为基本的价值,但是对于自由的限度,古典自由主义和新自由主义之间也有着非常不同的看法。古典自由主义学者把"应得"作为唯一的持有正义原则,自由具有至高无上的价值优先性,任何对于自由的约束都被认为是不可接受的。新自由主义者如罗尔斯,则从市民社会合作体系的角度看待公民权利问题。既然都是社会的成员都处于社会合作体系之中,并且都在相互的合作中获得利益,那么公民之间的地位就应该是平等的。权利的平等成为他们最为关切的问题。这一点在罗尔斯对于正义两原则的表述中就清晰地体现出来。虽然自由原则是第一原则,但是差异原则也是正义的社会所必需的。"应得"持有已经不再是正义的唯一原则,因为任何持有实际上都包含社会合作体系运作的结果。而德沃金则把平等置于自由之上,把它当作社会的最高价值,称之为"至上的美德"。虽然德沃金对于罗尔斯进行了批评,但是在实质层面,他所做的工作与罗尔斯相似,也致力于如何在现实生活中保障人们相互间的平等地位,使人们获得平等的权利。以米勒为代表的社群主义者也是如此。米勒认为在市民社会这种人际结合体系中,平等应该是正义最基本的原则。在自由与平等之间,行政正义应该把何种价值置于优先考虑呢?

首先,从权力来源看。行政最大的特点在于,它所操作和行使的权力并不属于其主体,而是属于所有的社会成员。企业或者其他的管理组织,它们所支配的财产、权力基本上是属于组织内部的。现代经济学的一个前提就是产权的明晰以及私有权界限的划分。但是,行政的主体是政府和相关的行政部门,它存在的基础便是公共权力。根据社会契约论的观点,所有的公共权力都是来自人民。社会公民为了过上比丛林法则支配下的社会更有序、更幸福的生活,相互之间达成契约,让渡部分自己的权力。这些被让渡出来的权力就像被存入到银行中的钱,形成了公共权力。与银行存款不同,作为公共权力,个人是不能收回的,而只能通过参与社会治理的过程决定并且监督这部分权力的使用。行政机构就是直接操作公共权力的主体,行政是公共权力实际运用的途径和过程。所以,公共性成为行政正义中最重要的维度之一。公共性所带来的问题在于:社会包含有很多的群体,如何满足各个群体的基本需求,维护群体间的平等权利?每个群体都有着自身的利益,而且群体间的利益时常出现矛盾,甚至在一定条件下转化为冲突。价值中立观念的产生很大一部分就是出于这样的考虑。有的学者认为政府只不过是社会的管理者,要保证政府成为全民的管家,就必须褪去其自身的价值色彩。特别在现代社会中,政党政治成为政治的主要方式。但政党本身总是有偏向性的,它总是代表某一部分人的利益。在现代政府组织中,特别是在西方,政府基本上都是由在政党选举中获胜的一方所主导构成的。政党是部分人的利益代表,但政府却是所有社会成员的政府。政府的权威、权力都是源自公民的公共权力。消解政府中政党因素所带来的价值和利益偏向就成为行政正义必须面对的问题。价值中立、小政府的行政模式存在着很多问题,这些问题在现代暴露得更加充分。比如,如果政府不参与经济生活、不对社会自由运行结果进行调整,公民之间在财富、权力方面存在的差距就会造成社会的分化,最终就会对社会合作体系的存在构成威胁。当政府以管理者的姿态对社会生活进行积极的管理,保证所有公民的应得、合理权利,维护公民相互间的平等地位就成为其行政的主要目标。因此,从权力来源的角度而言,行政正义的首要原则便是维护人民的基本权利,保证公民作为社会成员的平等地位。

其次,从行政背景看。行政作为现代社会的管理,是以市民社会为背景的。现代社会中,所有社会居民都具有公民身份。公民身份是现代文明社会与非现代社会的重要区别。在奴隶社会或者封建社会,由于公民身份的缺失,人与人之间在人格上是不平等的,社会权利只集中在少部分人手中。现代文明社会的重要标志就是人们在公民身份层面的平等地位。从历史的角度来看,市民社会是在平等的基础上建立起来的。著名社会学家雅洛斯基认为公民就是在民族国家中,在平等的基础上,具备普遍性权利和义务的成员资格。公民身份就是平等的表述。著名学者米勒把群体构成形式分为三类,即团结的社群、公举性联合体和公民身份。对于每一种构成形式的群体,都有不同的占据优先地位的正义价值。他明确地指出,公民身份的首要正义价值就是平等。在市民社会,行政作为维持、维护和促进社会价值实现的最主要渠道之一,应该以社会正义价值作为自身的价值目标追求。行政的主要职能之一便是在行政过程之中凸显、实现社会正义。对于社会平等的价值诉求,也就成为行政正义的主旨。

综上所述,平等应该是行政正义最基本的原则和最具有优先性的价值。行政正义的平等蕴含两个层面的意义:在行政执行过程层面,平等要求行政对于所有社会成员都普遍有效。首先,在行政制度、规则的约束与考量之下,任何人都不能够僭越行政法规之上,成为社会的特权阶层。其次,行政的结果必须维护每位公民的社会权利,并且帮助他们获得相互之间平等的社会地位。

作为一种管理途径和方式,行政与经济管理一样,也存在着对于行政效率的追求。一个没有行政效率的社会,其发展和运转将受到极大的限制。由于行政与社会正义之间的密切联系,一个低效的行政体系也往往导致社会不正义。行政的不到位或者行政的缺失将使整个社会体系出现紊乱。这样的社会最终将无法保障公民的合理权利。显然,行政高效也是行政正义的重要方面。但是行政效率绝不等同于经济效率。作为社会服务性的管理,行政效率比经济效率有着更为广阔的意义和内涵。效率是投入与产出的比率,经济效率则是经济产出与成本之间的比例关系。在效率的标准和依据上,行政效率显然意味着与经济效率不同的因素。所以,把经济管理的模式和方法照搬到行政管理之中是失之偏颇,不够全面的。对于行政效率而言,除了类似于经济效率的工具性效率之外,社会效率也是其重要的组成部分。社会效率意味着行政不是基于个人理性、独立于社会价值之外的社会运行机制,它必须与社会成员的发展、公共利益和其他社会价值协调一致。新公共管理学派认为,行政担负着广泛的社会责任。如何利用最小的社会成本,担负更多、更大的社会责任,成为行政效率中的重要问题。

平等是行政正义的最重要价值,效率是行政正义的基本要求。在平等价值与行政效率之间,前者毫无疑问是处于优先地位的。行政效率必须在平等价值的框架之内才具有合理性。只有当行政行为维护公民权利和利益、维护公民间平等地位,保障社会稳定、和谐发展的时候,行政才是有效率的。否则,行政就毫无效率可言。行政正义的含义可以表述为:在现代市民社会,有效地维护公民权利、促进社会平等价值的实现。

第二节 行政程序正义

行政程序正义是行政正义最重要的两个维度之一。正义包含形式正义和实质正义两个基本方面。形式正义是针对行为过程而言的,实质正义是针对行为结果而言的。程序正义概念最早可追溯到古希腊。古希腊的哲人们几乎都在追寻具有普遍价值和意义的正义准则,并且把对于城邦规则的遵守作为正义的基础。任何对于城邦法律和规则的违反都被认为是对于正义的违背。当苏格拉底有机会从雅典逃走以避杀身之祸时,他却选择留下。因为他认为,对于他的审判虽然是错误和冤屈的,但由于这一审判来自城邦的法律,所以本身意味着正义。亚里士多德也把城邦法律置于最高的地位。在公共行政领域,随着现代社会的发展,形式的正义占有越来越重要的地位。现代社会的标志之一便是公共领域的扩展。在传统社会,特别是中国的传统社会中,社会构成是以家庭为基本单位的。地区人际的连接多半是建立在血缘基础之上。社会呈现熟人社会的模式。这种社会的构成模式在社会治理中就导致人治和潜性规则的出现。现代社会则是陌生人社会,人治所带来的随意性显然不再适合现代社会价值的要求。人治所带来的最大问题在于,随意性的结果往往偏向于与自己关系较为亲密的人,使社会利益聚集在少数人手中。这与现代社会正义价值的含义是背道而驰的。因此,程序正义是现代社会实现行政正义的根本保障和重要前提。同时,程序正义保障社会公民受到平等尊重的权利。程序为公民提供参与社会管理的平台,增加政策公开性和透明度,对于公民共享公共权力、参与公共决策发挥着重要的促进作用。

一、行政程序正义的价值

行政程序正义的首要价值在于,行政程序将应然的权利与义务转化为实然的权利与义务,将静态的宪法与行政法律制度转化为动态的政策过程,实现对公共权力的合理性限制,保证公共权力不偏离公共利益方向。

一定的社会组织结构或功能经过进化,逐渐演变成两个或两个以上的组织或角色功能的过程,就是分化与独立的过程。经过分化与独立的组织和角色各自具有自己特殊的意义,因而要求明确各自的活动范围与权限,以实现其独立的价值。分化与独立就产生出这一现象:一定的社会组织为了达到一定的目的,经过不断反复而自我目的化。组织与角色的自我目的化现象就称之为功能自治。行政程序本身的自治就是在行政程序设计中要分配程序参与者的角色并明确其职责与义务,因而排除外在因素的影响和外部环境杂多的干扰,最终形成一个平等对话、自主判断的程序理想世界,以解决行政问题。

现代化的市民社会的根本特征就是经济民主与政治民主互动,并构成其社会秩序的内在驱动力。公共利益是市民社会各种力量的平衡点所在,也是市民社会秩序不断发展的内在动力。但是,在这样一个多元的民主政治体系中,如何实现公共利益确实有很多困难。一种完全开放的政治决策过程,过于理想化而且成本极其高昂,甚至于事实上往往达不成任何协议。因而,通过由宪法或法律规定一种程序,克服信息杂多的干扰,才可能更好地实现公共利益。程序是建立在分化的基础之上,通过分配程序参与者的角色的权利与义务,可以对政治权力的恣意进行有效的限制,以创造出一个相对独立于外部环境的决策空间。理想的程序世界为平等的各方提供了一个有效的公共论坛的组织方式,最终为公共利益的识别与创造提供了条件。如果没有程序的这种分化与独立的功能,现实的政治权力就可能会左右决策的选择,因而导致决策偏离公共利益的轨道。比如,政治利益集团就可以凭借其强大的经济势力,通过金钱的收购而操纵舆论制造出虚假的公共意志,以控制政治决策而实现其特殊的利益,使公共决策的选择偏离公共利益的轨道。相反,弱势群体的利益要求尽管十分急迫,也完全符合公共利益的需要,但是由于他们发出的呼吁声音太小而不为公共决策者所注意。一旦进入到程序之中,在民主的公共论坛上,参与程序的各方都是平等的,这里没有金钱多寡、职务高低与社会角色的区别,杂多的信息被屏障于程序之外。在程序的展开过程中,程序的参与各方都拥有平等的权利以表达自己的意愿与见解,而且各方的意见都可以得到平等的重视。只要各方意见都得到了充分的表达与平等的尊重,最终选择偏离公共利益的可能性就会更小。

行政程序正义的重要意义在于能够维护行政程序的理性选择功能,即公正合理的程序具有提高从多个备选方案中筛选出更适合公共利益的具体决策方案的能力的功能。公共政策的目的就是公共利益,但是公共利益是一个抽象的、变动不居的概念,具体决策中的公共利益要求并没有一个统一的模式,我们只有在各种备选方案中作出选择。程序本身就是一种民主的方式,它开放性的结构要求公民广泛参与其中,有助于克服理性不足的弊端,因而使选择的结果更具有合理性。

行政程序之所以具有保证选择的合理性的功能,首先是因为其创造了一个自由平等对话的条件与氛围,使得各方的意见都得到充分的考虑,以优化选择的合理性。哈耶克认为,人的理性不是全能的,理性不足以规划出整个人类社会发展的秩序,因而最合乎社会发展的秩序不是理性建构的产物,而是自发的扩展秩序。人类确实是不完全的理性存在者,我们理性所设计出的程序都有理性所不及的危险性。所以,为了避免理性不及而设计出自以为是理性表达的秩序对我们所造成的致命的自负,我们必须对自发的秩序怀有深切的敬意。自发的秩序之所以是合理的,是因为它是我们经验的产物,经过我们长期的试错过程的检验。在公共政策过程中,当有一种公正的程序存在并实际发挥对政策的控制作用时,所有的利益相关者甚至于全体公民都拥有平等地表达他们意见与建议的机会。这样,不同的过去的经验在公共论坛中都得到了合理的呈现,政府与公民也就可以根据所有过去的经验作出理性的甄别,并检验其合理性。经过这一过程所作的决策事实上也就经过了一个经验的试错检验,因而自下而上的民主决策与自上而下的个人决策相比,就获取了一种进化理性相对建构理性的优点,其选择的合理性无疑会更大一些。

其次,行政程序结构具有公开性,这也为选择的合理性提供了保障。从系统的观点看,我们可以把政策过程看作循环的连续的过程。国家(政府)是一架政策输出的机器,当我们将公民或公民代表的意见与建议输入其中时,它通过加工整理的过程将政策作为结果输出。但是,最初选择的方案可能会有理性不及,所以,我们要根据系统所反馈的信息不断修正我们的决定以贴近于现实情况。只要程序是公开的,公民参与到政策过程之中,并且信息反馈的途径畅通,政策中的不合理的选择和政策执行过程中的偏差与走样就可以得到及时的纠正。

最后,行政程序具有调动公民参政的积极性的作用。只要公民积极参与公共政策过程之中,不合理选择的可能性也就更小。民主的选择是我们避免错误的最好的方法之一。但是,民主的最终实现有赖于公民与国家之间有着适度的距离而不至于政治冷漠。当公民发现他们的意见与建议被国家(政府)所接受,他们与国家(政府)就有着共同的价值背景,因而增强了他们对国家(政府)的信心,参与政治的愿意就更强烈。相反,公民则会丧失对国家(政府)的信心,产生出政治冷漠感。公共政策程序化有助于公民参政的积极性的提高。因为程序是一个开放的结构,而没有预设任何结果。在程序开始之时,一切都是可能的,没有什么东西被事先设定,经过程序决定之后,程序的结果就具有普遍的约束性。所以,公民参与其中,他们就可以公开发表自己的意见与建议,并且受到决策者平等的重视,决策的结果可能有助于他们的计划实现,相反,如果不参与政策过程,他们的计划可能要受到更大的挫伤。公民对他们的计划实现的关心将会促动他们积极参与政策过程。这样,政治的民主程序将会有极大的提高,公共政策失误的可能性就更小。

除了维护行政决策的合理性,正义的行政程序能够保障公民受到平等尊重。公民尊严的维护离不开行政程序。行政政策程序是对公民尊严维护的一个重要方面,一种正义的程序设计充分体现出国家对公民权利的保护与公民尊严的维护。如果说社会是一个利益合作体系,其合理性就在于这一体系所决定的合作不是为了合作体系中的一人或某些人的利益服务,而是为实现合作体系中的所有成员的利益而存在,那么,在一个正义的社会中,每一个公民都拥有基于正义的不可侵犯性,即使以社会整体之名也不可以逾越其上。正义的要求否认了以整体的名义侵害任何一个公民的自由权利,也不承认整体利益可以绰绰有余地去补偿强加于个人利益之上的自我牺牲,这是公民尊严得以维护的最基本条件。任何一项公共政策的制定与变动对公民利益的实现都会产生某种影响。一旦程序确立,就如同在每位参加百米赛跑的参赛者面前划定了统一的起点。不论个人的家庭出身、天赋、能力和信仰、习俗,一旦进入程序,都能享受同等的权利,并且会受到同等制约。在这种意义上来说,每个人都受到了程序的平等对待,并且平等地受到了尊重。当代社会,由于其结构的非亲缘性和社会资源的公共性,社会的行为都是在社会法律和规则的支配下进行的。作为调节社会最重要的途径,程序正义无疑将确保最为基本的社会正义。对于行政而言,尤为如此。现代行政主要依托于行政程序和规则。如果缺乏普遍统一的行政程序,现代行政就无从谈起。依法行政成为现代行政的基本要求。

行政程序正义也是实现实质正义的重要前提。程序正义是通过程序的设置实现并维护正义价值。它所面对的是所有的程序参与者和适用对象。近来对于程序正义的非议主要在于,程序正义虽然考虑了一般性,但对于具体的情况没有顾及,往往产生不正义的结果。但是,即便程序正义不足以保证正义的结果,但其仍然是获得正义结果的重要前提。毕竟在社会中,人们经常遇到的是一般性的问题。从社会有效性的角度予以考察,所有人都遵守法则所导致的社会结果肯定优于没有规则制约的社会。正如罗尔斯所言,现代社会正义首先意味着社会制度的正义。他说,社会正义原则的主要问题是社会的基本结构,是一种合作体系中的主要的社会制度安排。① 制度安排就是社会最基本的程序。显然，现代社会正义的问题首先是程序正义的问题。唯有正义的程序才能为行政提供正确的轨道。

二、行政程序正义的原则

程序虽然具有以上价值，但并不是所有的程序都能够促进社会正义的实现。唯有正义的程序才能够为程序的执行提供合理性的基础。否则，非正义、甚至不正义的程序将构筑阻碍正义价值实现的壁垒。制定正义的程序，必须遵循下述原则：

首先，行政程序的设置与安排必须符合社会正义价值。程序本身是否符合社会伦理的规范、是否具有社会一般道德价值，将直接决定程序运行的结果是否具有合理性。每一种程序都包含两个层次的目标：一个为抽象目标，另一个为具体目标。按照罗尔斯的理解，抽象的程序目标是指，在某一时间、地点所具有的规范体系内的可能性行为。而具体目标则是程序在特殊条件下所导致的结果。程序自身是否正义主要针对其抽象目标而言。既然程序是在一定的社会条件和环境中制定并且发生作用的，那么程序的设置首先要符合社会普遍的道德价值观念。现代政治的本质是认同政治，任何政治观念是否能够成为社会的主导观念，很大程度上取决于其是否能够为社会成员所接受和认同。与政治息息相关的行政，其合理性也主要决定于社会成员的接纳和认同程度。行政所担负的社会价值责任在于，其必须在行政过程中体现社会的正义价值、并且促进社会的健康发展。作为公共权力的管理和维护行为，行政程序的设置一方面要体现政府的执政理念，另一方面必须代表民意、符合民意。在行政程序的建立过程中，民意显然比政治理念具有更为基础的地位。一旦由于历史或其他原因，执政理念与民意开始偏离，甚至存在矛盾的时候，行政程序就应该作出相应的调整。

其次，行政程序必须具有现实可操作性。作为主要的社会治理工具，行政程序必须能够在现实生活中促进社会的和谐与发展。一方面，行政程序的设计要以社会现实环境为依托，在现实层面具备可操作性。行政的本质就是公共权力的应用和公共社会管理。行政过程既是政治理念的表达，更是对于现实社会生活的调控。行政程序作为公共治理的工具，它的设定和建立属于管理技术的范畴，现实效用成为其追求的主要目标之一。只有根据现实社会状况和条件设置行政程序，它才具有现实性基础。一旦离开社会生活本身，行政程序就只能成为

---

① 参见〔美〕罗尔斯：《正义论》，何怀宏等译，北京：中国社会科学出版社1988年版，第5页。

一纸空文,甚至阻碍社会的进步与发展。另一方面,行政程序必须追求效率。行政行为都是要付出成本的,其中包含社会成本和经济成本。如果成本超出一定的范围,行政行为就会失效。更为重要的是,行政程序的成本还会影响社会公民的平等地位和基本权利。比如,当一套行政程序运行成本过高时,公民很可能回避行政干预。此外,在社会生活中处于不利地位的社会成员会因为行政费用过高而无力寻求行政援助。如果不能合适地处理行政程序的成本及其分配问题,社会公民在面对行政程序时就会处于不同的地位,那些拥有更多社会资源,能够担负更多成本的成员将处于更为有利的位置。任何行政程序的设置都应该把运行成本纳入考量的范围,争取获得预期行政效果。成本分配也是一个重要问题。成本包括行政主体成本和对象成本。如上所述,两者之间的分配不但决定行政程序的效率,而且关系到公民的切身利益。对于公民,行政程序应该最大限度地减少费用,降低门槛,使公民除了被动接受行政管理之外,都有能力主动寻求行政帮助和干预。在一些学者眼中,效率和正义似乎存在着矛盾甚至冲突。但是在某种意义上来说,效率也是正义的必要条件之一。如果行政程序丧失效率,那么很难想象它还能够促进社会正义的实现。作为一种管理方式,只要它的原初设置符合社会正义的要求,那么越有效率,就越能推动社会的发展。当然,与社会正义价值相比,效率只能处于次优的地位。一旦效率和正义价值之间发生冲突,首先要确保正义价值的实现。行政部门是公共权力的运作者,而不是企业、公司,绝对不能把效率,特别是经济效率作为最高的追求。行政效率不是用来追寻利润的,而是用来维护公民基本权利、保证公民基本利益的。行政程序的效率必须服从正义价值,只有在实现正义价值的条件下,效率才是有意义的。

再次,行政程序必须公开透明。行政既然是公共权力的管理,其运作方式与公民利益息息相关。行政程序的运行将直接决定行政结果。每一位公民都有权了解行政程序的设置过程和运转状况。行政程序的公开,意味着公民的知情权。行政部门应该及时公布并解释其规则规范和行政步骤。由于行政程序的设置几乎完全掌握在行政部门手中,而且其运行也由行政部门操控,行政部门与社会成员之间对于行政程序的信息把握是不对等的。信息的不对称所导致的后果在于,行政部门和民众在程序面前处于完全不平等的地位。如果缺乏有效信息,社会成员在行政过程中便将处于被动地位,甚至面对行政程序无所适从。

三、行政程序正义的实现

行政是主要的社会管理活动,行政程序必须应用到现实社会生活中才能最终发挥作用。那么,如何运用具体的方式和途径才能在操作层面上建立起正义的行政程序呢?

首先,鼓励社会成员参与程序制定。在认同政治中,所有的行政程序都需要获得公民的认同才能获得最初的合理性。按照社会契约论的观点,政治权力源于社会成员之间的相互契约,源自人们私有权力的让渡。政治的实质就是人民的共同治理,使人们自己管理自己。行政作为政治的管理,显然,也必须最终由人们所掌握和控制。行政程序是现代行政最主要和最重要的方式,其形成也依赖于公意。行政程序的目的是服务于社会成员,社会成员必须掌握制定行政程序的权力,换言之,公民有参与制定行政程序的权力,并且应该享有决定权。这就要求政府和公共权力职能部门在行政程序的制定过程中,建立鼓励公民广泛参与的准入机制。从某种意义上说,公民的参与度越高,其程序的合理性越大。如果程序的制定离开公民意志,其正当性就会遭受质疑、难以得到保障。从公民的角度而言,每一位社会成员都是社会的管理者,他们不但具有参与行政的权力,而且有参与社会管理的义务。因此,政府和公共权力部门应该设置合适的制度为公民参与行政程序的设计和制定提供畅通的渠道。

对于行政程序的制定而言,首先要建立行政程序动议机制。这意味着,每位社会成员都有权建议建立某种行政程序,并且这些建议应该能够被及时地纳入行政机构考量的范围。目前,我国大多数的程序制定动议都由政府和各公共权力部门所垄断。由于行政行为涉及广泛的社会生活,行政部门不可能及时掌握所有的信息,因此,由行政部门垄断性地设立、制定行政程序,很难保证程序的时效性。由于行政程序的直接对象是社会成员,故行政程序其产生的结果直接关系社会成员的切身利益。如果社会成员能够根据自身的生活经验和要求提出相应的程序动议,无疑将使行政程序进一步贴近社会现实,更符合人民的合理需求。

在现实操作层面,第一,要确定程序建议的主体。所有在法律层面具有公民资格的社会成员应该都具备提出建议的资格。第二,要设立专门听取、接受动议的机构和部门,建立完备的动议提出程序。对于这些部门的运作,必须向社会公开,为社会成员提供完备的信息,客观、公正地对待所有动议。对于合理的动议,应该及时采纳,对于不接受的建议,应该给予充分的说明和解释。第三,建立动议评审机制。评审过程也应该对公众开放,由公意决定评审结果。

其次,在行政程序制定过程中,要广泛听取民众的意见和建议。公共权力部门需要及时掌握相关信息,根据实际情况和民众现实利益制定行政规则和程序。当政府设置某一行政程序时,可以定期组织程序所涉及的民众或其代表进行讨论。在具体实施的过程中,公共权力部门必须做到:(1)公开程序设置信息,让民众实时了解行政规则制定的阶段和内容,从而改变行政部门闭门造车的模式。

(2) 开通信息交流平台,让民众能够方便快捷地就行政条款、步骤提出自己的想法和建议。在现代社会中,信息化已经成为相互交流的主要特征。多媒体、多途径的信息交换模式为民众的参与提供了更多的渠道。行政部门应该充分应用新的交流手段,在降低交流成本的同时,扩展交流范围。行政部门可以开通专题网站,注册专门收集民众意见的电子邮件地址以保证信息采集的通畅。

再次,对于行政程序的结果,政府要构建信息反馈体系。任何行政程序都不可能做到十全十美,使现实效果和预想效力完全契合一致。由于现实情景总是处于变化之中,行政程序的效果与预期之间总是存在偏离。而且,程序的设置与社会的变化和发展相比,总会出现滞后的现象。对于行政程序的显示作用,行政部门应该予以跟踪调查:其一,行政部门应该定期对行政程序所处理的事件进行核查,检验行政结果是否符合其程序建立的初衷;其二,建立当事人沟通机制,了解当事人对于程序结果的感受和看法;其三,利用信息反馈渠道及时了解大众对于程序运行的观点和评价。

通过以上措施,行政部门就能够支持并鼓励社会成员参与行政程序的设置过程,使行政程序在实质层面实现公开、透明,并且获得合理性基础。

实现行政程序正义的另一重要方面在于做到依法行政。建立正义的行政程序是程序正义的重要内容,但并不是全部。程序建立是程序之前的阶段,程序之中的阶段便是行政程序的践行。正义的原始意义紧密地与法律、规则联系在一起。在古希腊,正义的达成一方面有赖于对于自然秩序的遵从,另一方面则依赖对于人类社会普遍规则的遵守。亚里士多德把遵守城邦法律作为一项重要的正义评价标准,认为正义的人必然是遵守法律的人。他在《尼各马可伦理学》一书中论述道:"我们把守法的、平等的人称为公正的","公正的也就是守法的和平等的;不公正的就是违法的和不平等的"。[①] 这是因为,在亚里士多德看来,法律、社会规则都是为促进社会成员的共同利益而设定的。对于法律的遵从便是对于公共利益的尊重和维护,而违反法律将必定损害公共利益。城邦由于是所有成员所共同组成的,因此其利益具有绝对的优先性。城邦利益高于一切。而法律又是城邦利益的保障,所以遵守法律成为正义价值中最重要的组成部分之一。这一观点在正义概念的嬗变过程中被积淀下来,守法、合法成为正义价值的基本要素。那么,在行政正义中,守法也是最为基本的要求。这种要求在行政程序中的表达就是依法行政。

---

① 〔古希腊〕亚里士多德:《尼各马可伦理学》,廖申白译,北京:商务印书馆2008年版,第128—129页。

就行政程序维护人民权利的职能而言,建立程序的主要目标在于,能够使所有社会成员在行政中处于平等的地位。因为行政者、社会成员利益的变更、流动,他们思维意识的跳跃和个人偏好的变化,如果不设置具有稳定性的行政规则和相关条款,行政就具有难以消除的随意性。这种随意,将使社会成员在行政过程中处于不平等的地位。保证程序普遍有效成为实现程序正义的重要环节。如果在行政过程中,行政程序不能够对于任何社会成员都发挥同等的效力,行政公平就无从谈起,程序正义也就只能成为空中楼阁。

而且,行政作为社会管理的主要方式,包含着对于管理效率的要求。管理效果也是行政正义的主要目标。从功利主义的角度而言,一旦确立相应的、合理的法律和规范,严格遵守它们将产生最好的社会效果。正义作为一种基本的社会制度,既是无条件的,又是有条件的。其有条件性在于,正义作为基本的社会制度,具有脆弱的一面。当规则普遍地在社会发生作用,当人们预期大家都会遵守规则时,那些违反、破坏规则的人往往能够得到额外利益,有时,这些利益是巨大的。一旦这种现象发生,其他人也很可能会效仿以获得更多的利益。如果这种行为在社会中蔓延,社会规则将面临崩溃的危险,正义秩序就有可能遭受破坏。因此,正义的维护需要人们对于法律、规则的遵从。就行政正义而言,就必须做到依法行政,否则将无法确保正义价值的实现。

依法行政的含义在于:第一,所有的行政行为都必须受到相关法律和社会基本规则的制约。任何行政规则、行为都不能僭越法律的约束。第二,所有的行政行为都必须依据已经确立的行政程序,所有人在程序面前享有平等的地位。换言之,行政程序将对所有人开放,并具有同等效力。维护行政程序同等有效性的具体措施包括:

1. 保持行政者的利益独立性。虽然人不仅仅具有经济理性,但是经济理性在一定条件下还是会成为个人行为的驱动力。在行政过程中,如果行政者与行政对象有利益瓜葛,或者能够从行政过程中收获个人利益,就很难确保行政程序能够得到公正执行。因此,在行政程序执行过程中,为了保持行政的中立性,应该选用与行政对象没有利益联系的执行者。对于利益相关者要采取回避原则。

2. 建立行政监督机制。行政监督包括内部监督和外部监督。内部监督指具体行政部门内部设立监督机制,保证所有的行政行为都恪守行政程序,任何不符合行政程序、逃避行政程序的行为都应该受到相应的处罚。内部监督的优势在于,行政内部人员对于行政程序、法规有着更深的认知和把握,在监督的手段和途径选择方面有更强的专业性。但是,内部监督也有其不足。最大的问题在于,内部人员通常会存在利益联系。而且,如果是同一部门,利益往往是相辅相成的。一旦达成内部共谋,监督就会失效。所以,在内部监督中,所设置的监督部门应该与执行部门的利益分割开来,最好成一定的负比例关系,让监督部门从监督中获得利益。行政监督的另一重要方面就是外部监督。外部监督有两种形式,一种是专门的政府监督机构对于行政部门的监管,一种是社会成员对于行政部门的监督。前者是自上而下的,其优势在于以权力制约权力,具有很强的行政约束力。比如法院和检察院,它们能够使用自身所具有的权威和权力对于违法的行政行为进行整治、处罚。但是,这种约束严格意义来说,仍然是在行政体系的内部。以权力制约权力并不能保证完全的公正。在西方政治中,权力的合谋已经成为一种不容忽视的现象。从信息收集的范围层面来说,政府监督部门信息收集的渠道也是会受到限制的。因此,社会监督成为必须和必要的监督方式。

社会监督首先意味着行政程序执行过程的公开。如果行政过程是封闭的,那么社会成员将无法掌握监督所需要的信息,监督便无从谈起。就此而言,行政部门应该建立开放的行政信息机制,完善"阳光行政"体系。行政部门应该建立面向社会成员开放的行政程序听证机制。在行政过程中,如果社会成员认为行政部门没有按照行政程序的要求行政,或者认为行政部门的行为与行政程序发生偏差,就可以将信息反馈到相应的职能部门,并要求举行公开的听证会。在实际操作中,一些在社会上造成重大影响或者具有典型性的行政事件,其处理过程都可以向民众开放,让社会成员以监督者的姿态参与其中。在听证过程中,民众可以提出自己的意见和建议,并且把信息及时反馈到行政部门。实际上,设立行政听证制度不但可以使民众参与到行政程序之中,而且可以培养他们的公民意识,帮助他们了解行政程序。

社会监督的另一重要方面就是媒体的介入。新闻媒体作为社会良心的代表,在行政监督中也扮演着十分重要的角色。信息时代的到来,特别是网络的普及和发展,极大地拓展了新闻媒体的空间。现代的新闻来源更加多元,已经不仅仅是专业记者的"专利"。在数字化的今天,所有社会成员都在一定程度上拥有新闻话语权,这无疑拓宽了对于行政监督的范围。在实际操作中,很多行政违法的事件都是通过新闻媒体被暴露在公众面前,并且得到了及时的纠正和制止。当然,媒体的多元也导致了媒体质量的参差不齐。同时,媒体的价值取向也出现分化,有的媒体则在新闻报道过程中将信息庸俗化。在利用媒体的信息优势行政过程进行监督时,应该注意抑制其负面的社会作用。

3.完善民主行政体制。行政的主体是政府和各级行政机关。这些部门都是公共权力的委托人。社会成员作为公共权力的初始所有者,他们应该可以在行政过程中发表自己的观点,并且参与到行政中来。一些行政程序在设置过程中可以为民主决策留出空间。特别在行政决策过程中,可以设立如法律陪审团类似的组织,鼓励社会成员参与公共行政过程之中。他们的参与将可以有效避免公共权力合谋对于程序公正的破坏和阻碍,使行政过程更具有道德合理性。

第三节 行政实质正义

程序正义是行政正义的重要方面,但是它并不完全保证正义的行政结果。因为行政行为发生的情景具有特殊性特点,行为主体本身蕴含着难以消弭的不确定性,而且完善程序正义是非常难以实现的。因此,在行政过程之中,我们不仅仅追求一种形式层面的正义程序,更期待我们的行政能够保障人民的根本利益,维护社会成员之间的平等地位和权利,进而彰显社会正义价值。对于实质行政正义的诉求,要求行政部门必须依据社会正义原则制定正义的基本行政制度,并且在行政过程中彰显社会的善价值。同时,我们必须确保行政者的道德资格,增强他们的道德能力,从而在行政操作层面捍卫正义价值。

一、行政的实质正义界定

在现代行政中,合理的程序是实现正义的必要因素,但并不充分。换言之,正义的行政程序并不必然获得正义的结果。在程序正义和实质正义之间,仍然存在距离。对于行政正义而言,尤是如此。

这是因为,首先,正义的程序是面对所有社会成员的,所考虑的是具有普遍性的问题。而行政行为发生的具体境遇却是千差万别、非常复杂。行政程序不可能穷尽所有的现实条件和行政行为环境,社会的现实状况也总是处于变化之中。而且,行政程序的设置往往是以现实行政问题和现象为依据的。在时间上,行政程序存在一定的滞后性。当面临新的行政事件时,已有的行政程序并不能为人们提供完整的答案。

其次,罗尔斯在论述程序正义时,区分了完善的程序正义和不完善的程序正义。完善的程序正义是指那些能够充分保证正义结果的程序。罗尔斯列举了分蛋糕程序予以说明。如何能够确保在分蛋糕的过程中,每一份蛋糕都是一样大呢?要做到这一点,就必须安排分蛋糕的人最后拿蛋糕。因为如果他分的大小不均,那么在他之前拿蛋糕的人就会把大份的拿走。只有均分蛋糕,分蛋糕的人才能保证自己利益的最大化。这种程序安排不但在形式上是正义的,而且其结果也符合正义的要求。但是,并不是所有在形式上正义的程序都必然会带来正义的结果。在罗尔斯的眼中,完善程序正义有两个特征。第一个特征是,对于期待的结果有一个正义的标准,"一个脱离随后要进行的程序来确定并先于它的标准"。第二个特征是,"设计一种保证达到预期结果的程序是有可能的"。但是,"完善的程序正义如果不是不可能的,也是很罕见的"。① 一般的程序,即便其形式是符合正义标准的,也只能归属为不完善的正义程序。绝大多数行政程序都属于这一类。就像法律程序一样,即便其被仔细地遵循,过程得到公正的引导,仍然可能得到不正义的结果。因为行政的环境充满了偶然性,这种偶然性将使结果的正义性变得不确定。

再次,所有的行政程序都是依靠人来执行和完成的。行政程序的普遍性也为自由裁量留下了广阔的空间。面对具体的行政事件,采用何种程序,如何使用程序,很大程度上取决于行政者的个人业务水平和道德素养。

程序正义只是行政正义的重要方面,行政正义的最终目的是要在实质的层面实现正义价值。那么,何谓行政实质正义呢?在行政层面的实质正义蕴含以下主要意义:

首先,行政作为一种公共管理方式,实质正义意味着行政结果必须符合行政正义价值目的,即在伦理价值层面效果和目的的统一性。行政活动都是在某种或者几种正义价值的指引下完成的,任何行政过程都是为了其价值目的而设置、运行的。纯粹程序正义之所以不能够确保行政的正义性,根本原因在于,对于程序的持守有可能使行政后果偏离于行政目标。比如在著名的美国辛普森案件中,法律程序的结果不但没有实现其正义目标,反而使杀妻的辛普森逃脱罪责,引发了非正义的结果。超越纯粹的程序正义,需要在程序之上对其结果进行修正,就是要使行政结果符合行政过程的原初设置价值目标。在前文中,我们已经讨论了行政正义的价值选择和排序以及行政正义的意义。如果行政活动的结果符合正义价值的内在要求,那么,就是在实质层面实现了行政正义。

其次,行政的实质正义意味着对于社会伦理价值的引导。行政作为公共治理手段,不仅仅对于社会的调整作用,更担负着对于社会的引导作用。任何行政活动的结果不仅具有当下的工具性意义,而且会在社会生活中产生影响,具有对未来社会行为的指引作用。任何社会都有被大家普遍接受、符合社会文化的伦理价值。这些价值都是通过公共性的行为所表达和彰显的。行政行为具有公共性的特征,尽管它属于管理行为,但也天然地负有社会道德意义。行政实质正义除了要求行政结果满足其价值目标之外,还要能够传达社会善价值的诉求。

最后,行政的实质正义意味着对于行政程序的忠诚。程序正义与实质正义

---

① 〔美〕罗尔斯:《正义论》,何怀宏等译,北京:中国社会科学出版社1988年版,第81页。

是实现正义价值的两个方面。但是,它们并不是相互隔离,而是相互融合的。程序正义的目的在于为实质正义实现提供稳定的机制,实质正义则在相当程度上依赖于行政程序的正义运行。正如上文所分析的,行政程序都是由行政者操作的。这就为程序的不确定性留有空间。行政所维护的是公共利益,而行政者具有自身的私人利益。唯有忠诚于行政程序,保持行政程序对于个体利益的独立性,才能确保行政结果不发生偏离。

二、行政实质正义的标准

实现实质正义的首要问题,便是建立先于程序、规则的正义价值标准。只有明确正义标准,才能对行政程序和行为进行有效的引导,并且对它们的结果进行修正。在上文中,我们已经对当代的行政正义内涵进行了阐述。现代行政正义的主旨在于,在维护公民权利的条件下有效实现平等价值。那么,在具体行政中,我们如何判断行政的正义性呢?

首先,人民权利是最高的正义标准。任何行政过程,如果其结果损害了人民的权利,那么这种行政行为就是不正义的。行政的权力和权威都来源于人民,行政的目的就是要保障在社会体系中人民利益的实现。维护人民基本权利、促进人民利益的实现成为行政实质正义最重要的标准和依据。

其次,现代行政的目的在于,保障社会公民之间的平等地位和关系。这种平等包含两重意义:一是基于人格的平等;二是在现实社会生活中的平等。前一种平等可以以法律的方式在形式上确定下来。复杂的是第二种平等。社会生活中总是充满着各种偶然的因素。比如说出生时间、出生地、出生环境、天赋能力、生活运气等等。这些因素都会影响人们在现实生活中的处境。那些具有较好运气的人往往能够获得更多的社会资源、更多的社会机会,从而享受更多的社会利益。这种现象的累积效应将最终造成人际的实质不平等。那些拥有更多财富的人不但能够比贫穷者购买更多的物资、商品,过上质量更高的生活,而且在关系到个人社会权利的领域也明显处于优势地位。即便在看似对任何人都平等相待的法律面前,富有的人能够请到优秀的律师。在西方的陪审团制度中,具有更大社会影响力的人对于陪审团的倾向也会产生更多的作用。这些差异都与以人民权利为目标的社会正义所不容。行政作为当代社会最主要的社会调解方式,维护人们之间平等的社会地位成为正义的必要标准。

平等的行政正义标准分为两个层次。第一个层次就是形式的平等。换言之就是行政程序和规则的普遍有效性。这一点已在探讨程序正义时予以了相应的论述。它意味着,在行政程序和规则面前,人人平等。程序正义是实现此类正义的必要条件。此外,平等还意味着人格的平等。在行政中,体现为行政人员与社会其他成员的平等地位。第二个层次就是行政结果有利于保障社会成员的平等地位。罗尔斯在正义原则中提出了差异原则,认为差异的结果必须使处于社会最不利地位的人获利最多,才能被视为正义的。西方现代社会主要受功利主义价值影响。追求最大多数人的最大幸福是古典功利主义的正义原则。在这一原则指引下,西方近代和现代社会更多关注多数社会成员的利益。社会中的弱势群体往往属于少数,在功利主义正义原则中,他们的利益表达和实现将面临巨大的困难。他们寻求利益的呼声经常被多数人的利益期待所淹没。所以罗尔斯在正义原则的构架中,促使人们把目光从主流社会群体转移到处于社会最不利地位的成员身上。政府是社会生活的主要管理者,对于社会结构和利益的调节都是通过政府行政得以完成的。行政的重要职能之一便是调节社会资源、平衡社会成员之间的利益和地位。在行政正义中,差异原则同样有其适用的范围。在确保公民基本权利的条件下,对于行政事件的处理结果应该有利于处于社会不利地位的社会成员。我国目前存在着一种现象,就是城管的执法经常引发争议,个别执法事件甚至成为道德批评的对象。除了个别执法人员使用不当的执法方式外,其执法对象的身份常常是引发争议的关键。他们的执法对象中包括很多困难群体,如下岗人员、农民等。当面对这些群体时,行政部门一方面需要根据程序和规范进行处理,以保证行政的形式正义。但是,在自由裁量的范围内,行政结果可以做出有利于困难群体的调整。比如在行政执法中,如果执法对象的违规行为并未造成严重的社会危害,而违规主体又属于社会困难群体,那么可以在合理的限度内从轻处罚。

再次,行政正义的另一标准在于,对于行政事件的处理是否彰显了社会正义精神。行政是一种社会管理活动,其社会性和公共性决定了行政正义不可能脱离社会正义价值和正义精神而独立存在。判断行政政策或者行政事件是否符合正义的要求,必须以社会正义精神的规矩进行衡量。作为一种道德精神,正义意味着正气,意味着社会公德。作为一种个人品质,古希腊的柏拉图对于正义进了详细的论述。他认为,人具有三种品质——激情、意志和理性。当理性驾驭着激情和意志,人便达到了正义的状态。反之,如果激情和意志脱离理性的统摄,人就会不义。亚里士多德更是把正义看作一切德性的总汇。他认为,一个不义的人,就是一个不道德的人,正义是最高的道德之一。亚里士多德之所以把正义作为最主要的德性之一,一个关键的原因在于,正义德性不但关乎个人的道德修养,而且关乎其他的社会成员,关乎整个城邦社会的运转和发展。作为个人道德,公正还代表着一种意愿,"这个品质使一个人倾向于做正确的事情,使他做事公正,并愿意做公正的事"。① 行政的结果应该有利于正义精神的发扬和传递。正如罗尔斯所言,程序正义的结果往往并不能带来实质的正义。他举了一个例子。比如在司法程序中,陪审团具有决定性的作用,他们判断嫌疑人是否获罪。如果被告聘请了具有说服力和感染力的律师,如果陪审团的人员构成有利于被告,那么司法程序的结果将向被告倾斜。这种过程就存在着较大的不确定性。因为其中包含了太多的主体性因素,如个人的情感、偏好、倾向等等。在古希腊哲学家以及后来的理性主义学者们看来,非理性的因素都是不稳定的。在柏拉图和亚里士多德的正义逻辑中,我们不难推断出,正义恰恰需要完美的理智。面对这些过程,我们必须对行政结果进行适当调整,使其满足社会正义价值要求。当然,程序必须要遵守,这是行政有效性的基本保证。但在自由裁量的范围之内,行政人员应该根据社会正义精神对行政结果进行引导,以求得实质正义的结果。

三、行政实质正义的实现

相比于程序正义,实质正义是行政活动的本质价值追求。那么,我们如何在现实层面实现行政的正义价值呢?

第一,我们要建立正义的基本行政制度。罗尔斯在《正义论》中提及了实质正义的概念。他把实质正义等同于社会基本制度自身的正义。如果说行政程序是具体的制度安排,那么基本行政制度就是抽象的行政正义原则。罗尔斯援引西季维克的论述,指出,即便法律和制度被平等地实施着,也可能包含着不正义。"类似情况类似处理并不足以保证实质的正义。这一准则有赖于社会基本结构与之相适应的原则"。② 罗尔斯举例说,如果在一个奴隶制被广泛接受的社会中,即便大家平等地运转那种社会的各种制度,其社会也不会被认为是正义的。这种类型的非正义与制度执行者的品德无关。规定制度正义与否的最初原则来自自然法的规定,而自然法的实质就是人之为人的尊严和人格,是维持人社会属性的最本质要求。就行政管理而言,必须有超越具体行政情景的制度原则。所有具体的行政程序设定都要围绕这些原则。任何行政过程都必须在这种具有统合性的基本制度规范下进行。如上所述,现代社会行政的基本制度构建原则应该定位于:保护公民权利和相互间的平等社会地位,促进他们参与社会利益和责任的分配,维护社会成员之间的利益互惠体系。

---

① 〔古希腊〕亚里士多德:《尼各马可伦理学》,廖申白译,北京:商务印书馆2008年版,第127页。
② 〔美〕罗尔斯:《正义论》,何怀宏等译,北京:中国社会科学出版社1988年版,第53页。

第二,对于行政的道德审视。如马克斯·韦伯所分析的,现代行政管理制度正摆脱原有的道德意义,而朝着纯技术化方向发展,在技术合理性的指引下衍生出行政官僚体系。韦伯在《新教伦理与资本主义精神》中指出,在资本主义的发展之中,蕴含着深刻的伦理价值。看似在自由市场中受到经济理性选择的人们,实际上都受到新教精神的内在支配。天主教和其他教派的信徒在工作选择的倾向性、对于金钱意义的解读方面都具有明显的差异性。这种差异就是他们不同的伦理文化背景引导的结果。韦伯试图告诉我们,在公共的领域,任何制度之上,都有着价值的指引。但是,行政管理的发展如同经济学一样,在一路向前的同时,逐渐剥离了道德价值,成为道德中立的机制。传统行政建立在政治与行政二分的基础之上,行政成为国家政策走向社会的制度媒介。国家政策制定者与行政者的相互隔离导致了行政效率的不足。同时,行政担负着促进经济发展与消弭纯经济机制负面作用的双重任务,高昂行政费用成为社会的负担。一系列的缺陷导致了20世纪六七十年代现代公共行政的变革。公共行政的市场化、行政管理的专业化成为现代行政的主要特征。与之相伴,行政管理也渐渐成为单纯的技术性领域。张康之指出:"正像马克思批判资本主义制度时所讲的把人淹没在冷冰冰的金钱关系的冰水中一样,在官僚制的形式合理性设计中,也把人淹没在冰冷的技术主义之中了。"① 纯粹技术化的官僚体制将产生一系列不正义的结果。特别是官僚机制内在目标与社会外部目标的偏离,成为现代行政的突出问题,这种现象的严重后果就是官僚腐败。把行政重新纳入社会道德的价值评价体系之中,实现行政的伦理回归,是消解纯技术性行政弊端的重要途径。要实现这种回归,首先要培育执政者的道德人格。我国曾经提出"以德治国",万俊人指出,"以德治国"并不是要以道德取代社会制度,而是强调执政者的道德资格。特别在现代行政中,自由裁量权伴随着整个社会公共领域的扩张而日益扩大。只有当行政者具备优良的道德品质,才能够在行政权力的自由裁量之中恪守正义原则,从而实现行政实质正义。保障行政者的道德资格一方面要培养他们的道德知识,另一方面则需要增强他们的道德能力。培养道德知识可以通过定期培训等途径完成,甚至可以定期对行政人员进行道德知识测验,强化他们的道德知性和道德意识。目前,我国很多行政机构与高等院校进行培训合作,并且开设行政道德相关课程,取得了非常好的效果。

罗尔斯论述了道德能力的概念,他认为,道德能力包含正义感和善观念。道德能力是对于行为主体价值合理性的评价和判断。行政人员除了通过道德知识

---

① 参见张康之:《寻找公共行政的伦理视角》,北京:中国人民大学出版社2002年版。

的学习和培养,拥有道德知性,更需要形成道德行为习惯,最终以道德生活的形式固定下来。行政人员总是在公共领域发挥自身的职能。他们的行为是对于社会的调解和管理,这就决定了他们比其他群体要承担更多的责任,这些额外的责任来自他们所掌握的公共权力。这就要求行政者不仅需要具备基本的正义观念和道德情感,还需要积极的行政态度和对于行政责任的担负能力。现代行政要求行政者具备积极主动的行政态度。法国思想家贡斯当区分了两种自由的观念,一种是古代人所珍视的自由,一种是现代人认为弥足珍贵的自由。前一种自由在他看来,是在与自己相同的公民间分享社会权利的自由。而后一种自由则是完全维护私人快乐的自由。因此,前一种自由是积极的自由,后一种自由是消极的自由。在自由裁量之中,显然更需要前者的自由,主动而积极的自由是公共行政者应该具备的。因为行政的重要职能就是在社会成员之中分配社会利益,让公民共享社会权利。如果行政者以消极的态度对待自由裁量空间,推卸或者回避作为行政者的责任,行政正义就很难得到保障。

第三,行政的道德回归需要公共性的伦理监督。在行政机构内部可以成立伦理委员会,从行政制度的建立到各种行政行为进行道德监督。对于已经发生的行政案例进行存档,定期对以往的行政案例进行审视和反思。由于社会观念和价值总是在稳定中变化的,在一定历史条件下所作出的合乎当时正义价值的行政行为,也许在新的正义要求下就显得缺乏足够的合理性。通过对于过往行政案例的分析,可以及时发现行政程序或者执行方式的滞后与漏洞,及时对相关制度和行为进行调整。社会对于行政部门的道德监督也是不可或缺的。我们可以通过多维媒体的平台,调动社会各成员对于行政正义的关注,鼓励他们对行政案例进行道德评价。在接受内、外部的伦理审视时,必须保持行政行为的公开性和透明性。行政行为的对象都是公共性的问题,因此,任何行政行为都是公共活动。任何对公众遮蔽、掩盖行政信息的行为都会破坏行政公正性,破坏其正义价值的实现。公域并不是完全与私域分离的场所,也不是简单的私域叠加,而是实现公益、分配公益的场域。现代社会,公共场域的扩展和私有权的强化成为并行不悖的两个特征。在公共行政中,必须压抑行政者权利私有化的倾向,才能阻止公共权力的私有化,维护行政实质正义。只有通过制度层面的伦理规范和行政主体层面的道德培育,才能把行政从纯粹的技术性管理重新纳入伦理领域之中,在行政过程中实现正义价值。

第六章　行政自由裁量

在现代社会,由于公共事务繁杂多变,加之立法的局限性、行政权力的扩张,在很多情况下需要公共行政人员自行判断、自由裁量。所谓行政自由裁量,就是指公共行政人员在法律和伦理的框架内,基于实际行政情况而自由选择行政的幅度、内容、方式等的权力。行政自由裁量既应体现合法性、合理性,也要合乎社会道德。由于行政自由裁量是行政人员在制度规范内的道德决断,因而它具有某种自由性,也面临着合理性基础上的滥用危机。因此,为了避免这种危机,行政自由裁量必须以制度规范为依托,使其朝着合理化和道德化的方向发展。

第一节　行政自由裁量的基本概念

国内外学术界关于行政自由裁量的研究大多局限于行政法学领域,而从政治学、行政学,尤其从行政伦理学的角度来做系统研究的较少。行政自由裁量恰恰是行政伦理学的一个重要问题。由于现实生活中公共行政人员滥用行政自由裁量常常侵犯行政相对人权利,因此,社会对行政自由裁量大都持批判态度,如何有效地规制行政自由裁量就成了一个紧迫的问题。

一、行政自由裁量的界定

行政自由裁量(administration discretion)也称行政自由裁量权。在汉语中,"裁量"通常就是判断、裁决的意思。而"裁量"的英文对应词汇"discretion"的解释则为:(1)谨慎;考虑周到;(2)自由处理、自由决定。① 可见,"discretion"本身就包含有"自由"这一含义。"从词源学的角度讲,裁量的含义就是判断,尤其是良好的判断。"②从这种观点来看的话,"discretion"实际上也是一种道德判断。美国行政法学家戴维斯认为:自由裁量权意味着作出选择的权力,每当行政官员对其权力的有效限制使他有自由对行为或不行为的可能途径作出选择时,他就具备了自由裁量权。③ 因此,行政自由裁量这一概念的核心意义就是政府或行政官员具有某种程度的决定自由与独立性。著名行政法学者罗豪才认为,行政自由裁量是指行政机关在法定的范围或者幅度内,自由进行选择或自由根据自己的最佳判断而采取的行动。④ 方士荣认为行政自由裁量权是指行政机关在法定的范围与幅度内,自由进行选择或根据自己的判断而采取行动的权力。⑤ 王名扬认为:"自由裁量是指行政机关做出任何决定有显著的自由,可以在各种可能采取的行动方针中进行选择,根据行政机关的判断来采取某种行动或者不行动行为,也可能是执行任务的方法、时间、地点或者侧重面,包括不采取行动的决定在内。"⑥

从法律层面对行政自由裁量的界定,充分强调了法律对行政行为的规制作用,指出了行政自由裁量是以法律为基础而产生的幅度、内容、方式上的自由。其重要价值体现在以下几个方面:第一,它明确地界定并规范了行政自由裁量的内涵。这就使得这种建立在法的基础上的现代意义上"行政自由裁量"和封建时代国王或君主通过"天赋神权"来行使的无限的"自由"裁量区别开来。第二,它明确了行政自由裁量的法律地位。严格意义上的行政自由裁量依托于法律与合理判断,从而肯定了行政自由裁量的重要价值与积极作用,也赋予了行政自由裁量以合法性。第三,它严格规制了行政自由裁量的权限边界。行政自由裁量的出现是社会进步的产物,是法律业已认可的一种行政行为。但是,行政自由裁量并不是一种无边界的权限行为,正是对行政自由裁量作出了严格的规制,才使其具有了"自由"的特性。然而,纯粹从法学层面思考行政自由裁量也存在某些

---

① *Oxford Advanced Learner's English-Chinese Dictionary*, Hongkong: Oxford University Press, 1984, p. 338.
② D. J. Galligan, *Discretionary Powers: A Legal Study of Official Discretion*, Oxford: Clarendon Press, 1986, p. 8.
③ Kenneth Culp Davis, *Discretionary Justice in Europe and America*, Urbana: University of Illinois Press, 1976, p. 4.
④ 罗豪才:《行政法学》,北京:北京大学出版社2001年版,第23页。
⑤ 方士荣:《行政法与行政诉讼法》,北京:人民法院出版社2003年版,第55页。
⑥ 王名扬:《美国行政法》,北京:中国法制出版社1996年版,第28页。

问题:一方面,它没有充分考虑到行政裁量的"自由"特征。行政自由裁量不仅应该是一种"合法的"裁量,而且也应该是一种"合德的"裁量,更是一种基于行政理性的"合理的"裁量。因此,行政自由裁量不仅要受到法律的规制,还要受到伦理道德的约束,它必须是一种基于行政理性的自由选择行为。另一方面,行政自由裁量具有多元性,单纯从法律层面来考虑不能全面认识这种特征。很有可能将行政自由裁量等同于行政羁束裁量,也就是公共行政机关及其行政人员只是严格受法律约束,而没有其他考虑余地。

从行政伦理层面来看,行政自由裁量应该充分考虑到这种行政权力的自由性和多元性。公共行政人员在处理各种行政事件时,当法律并无明文规定,或者仅有原则上的规定,或者规定在多种形态的范围内,由公共行政机关或行政人员相机抉择时,公共行政人员的道德水平、道德素质、道德能力等就起着重要的作用。这样,行政自由裁量权就是"酌情做出决定的权力,并且这种决定在当时情况下应是正义、公正、正确、公平和合理的。法律常常授予该权力主体以权力或责任,使其在某种情况下可以行使裁量权,有时是根据情势所需,有时是在规定的限度内行使之。"①这一定义充分考虑到了伦理价值在行政自由裁量中的地位和作用,诸如正义、公正、正确、公平和合理均是一个民主法治社会最为重要的行政理念。行政自由裁量权的行使,仅有法律的规定还不够,行政主体总是要受到其所在社会的主流核心价值观的影响。行政机关与行政人员绝不是没有任何意志自由的政治工具,而是具有意志自由并需要运用价值理性进行独立价值判断和价值决策的行政主体。"灵活性较大的治理体系和治理方式必然会以治理者的自主性程度较高的形式体现出来。治理者的自主性程度高,他就有更多的以良心为动因的道德行为选择;反之,治理者的自主性程度较低,他的以良心为动因的道德行为选择也就很少有发生的机会。"②行政自由裁量权虽然是技术性的,但它也是现代社会的一种积极的行政权力。因此,为了确保行政主体实现行政责任,自由裁量权在实际运用中需要更高的智慧为其引导,仅仅对其进行消极的限制是不够的,还必须给予更多的伦理考量。行政自由裁量权就意味着行政主体具有进行价值判断和价值决策的意志自由。在这种意义上,行政自由裁量权应当是一种道德化的行政权力。由于在实际的公共行政活动中,几乎每一项行政行为都需要依靠行政自由裁量来决定,而这种裁量又与行政主体的德性密切相关,因此,行政自由裁量可以界定为:公共行政组织及公共行政人员在法律

---

① 〔英〕戴维·沃克:《牛津法律大辞典》,北京:光明日报出版社1988年版,第261页。
② 张康之:《公共管理伦理学》,北京:中国人民大学出版社2004年版,第277页。

规定与伦理精神的框架内,基于实际情况和伦理规范而自由选择行政的幅度、内容、方式的行为或采取行动的权力。行政主体在行使行政自由裁量权时,应当解决对谁负责和对什么负责的问题。

二、行政自由裁量的演进

在传统意义上,行政自由裁量是一个贬义词。因为在民主和法治框架中,行政权力来自人民,人民通过选举其代表决定政府如何行使权力,因而行政是不应该具有自由裁量空间的。"自由裁量权实际上是政治权力,必须限于由政治上负责的政治机构行使。"①因此,立法机构不可将立法权授予政治上不直接向人民负责的行政机构。

随着行政权的发展,行政自由裁量的演进过程大致可以分为三个阶段:封建专制社会中的行政自由裁量、民主法治社会中的行政自由裁量和变革社会中的行政自由裁量。其中,封建专制社会中的行政自由裁量带有明显的统御色彩,而民主法治社会中的行政自由裁量主要通过法律的规制作用来管理行政组织及其人员的行政自由裁量行为。由于民主法治社会行政自由裁量其固有的弊端以及行政自由裁量的失范,行政自由裁量面临着种种危机,因此它需要考虑多种综合因素,具有不同于传统社会中的行政自由裁量的特征,因而我们称之为变革社会中的行政自由裁量。

行政自由裁量发展的第一阶段:封建专制社会中的行政自由裁量。这种自由裁量是以法制和人治为基础的。这一阶段的行政自由裁量带有典型的政治性和随意性。对内进行审判与镇压以维持政治统治是早期行政自由裁量的一种重要职能。由于行政权与司法权合一,这就构成了君权或者王权的绝对至上性,行政自由裁量也具有崇高权力之下的威权特色。行政自由裁量与其余行政行为一样被无限放大,君主可以统御所管辖范围内的一切,且要求民众无条件地支持。同时,部分君权支持下的行政自由裁量被下放到了各级"父母官"手中,仅仅依靠封建君主的权威就可以实施行政自由裁量权了。

"统御"是这一时期行政自由裁量的主要特点。具体而言,它包含如下内容:第一,从行政自由裁量的性质来看,这一时期的行政自由裁量与其他行政、司法、立法行为紧密结合在一起,共同构成了封建君主专制制度的行为模式。随着王权与君权的逐渐强化,行政自由裁量也得以进一步深化,并自始至终享有"无限的"自由。行政自由裁量成了封建制度的统治工具与驾驭手段。第二,从行

---

① 〔美〕斯图尔特:《美国行政法的重构》,沈岿译,北京:商务印书馆2002年版,第37页。

政自由裁量的广度来看,这一时期的行政自由裁量全方位、多角度渗透进了政治、经济、社会、文化等各个方面。由于君主被视为"天赋神权",因而他们所拥有的行政自由裁量权往往可以不受法律的限制,其适用范围也就非常之广阔。第三,从行政自由裁量的目的来看,这一时期的行政自由裁量具有更强的阶级性与压迫性。行政自由裁量主要被应用于对阶级关系的处理上,表现方式多以奖励和惩罚的更替来加以进行。自由裁量的主要目的是巩固与稳定政权,对阶级冲突进行强有力的约束,进而保护君权与王权的统治地位得以存续。第四,从行政自由裁量的机制来看,这一时期的行政自由裁量没有强有力的机制来规范其运行,具有更大的灵活性、自主性与随意性。这也很容易导致行政自由裁量评判、监督、反馈机制的丧失。当然,这一时期的行政自由裁量并非毫无约束可言。传统的伦理纲常仍然会在无形中限制这一时期自由裁量的适用。

显然,这一阶段的行政自由裁量存在诸多缺陷。首先,它忽略了"自由"本身的边界。统御基础上的自由裁量将君主的自由直接凌驾于其余个体自由之上,从而将自由变成了权力支持下的恣意妄为。其次,它没有稳定的依托力量。虽然权力与权威是这一时期行政自由裁量的依托力量,但这种依托力量并不稳定。封建专制时期的行政自由裁量随着资产阶级革命以及随之所带来的自由与法治精神而崩溃,法律逐渐成为限定行政自由裁量的重要因素。

行政自由裁量发展的第二阶段:民主法治社会中的行政自由裁量。这种自由裁量是以民主和法治为基础的,始于有明确法律的资产阶级革命后并一直延续至今。资产阶级革命的一个重大历史成果就明确地将行政自由裁量与国家的法律联系起来,取代了传统行政自由裁量仅仅依靠权力与权威的做法。由于资本主义所倡导的经济方式具有公平、公开等特点,所以行政自由裁量必须在一定的规则之下来实现社会关系的重组、整合与判定。由于法律的确定性、公开性、开放性适应了资本主义的经济运行规律,所以它从根本上开始了对统御模式下行政自由裁量的革新。法律开始成为行政自由裁量的主要基础,真正意义上的行政自由裁量才在法的规范与精神中诞生。

与封建专制社会中的行政自由裁量权出于君权或王权的至上性和无限制性不同,民主法治社会中的行政自由裁量源于对社会秩序的遵从。这一时期行政自由裁量的形成以国家主义的规制思想和自由主义的规制思想为基础。[①] 从马基雅维利、布丹到黑格尔等主张国家主义的理论家,剔除了国家消极维持安全和稳定的社会秩序模式,认为国家具有整合社会伦理与追求公共利益的义务。他

---

① 王学辉、宋玉波:《行政权研究》,北京:中国检察出版社2002年版,第212—227页。

们把行政自由裁量的行政特点突出出来了。国家主义遵从集体利益高于个人利益的原则,行政自由裁量的要求从公共利益出发。自由主义的规制思想则以洛克和孟德斯鸠为代表,依托于分权理论,尤其是他们有关三权分立的制度构想。为了在个体权利与行政权力之间寻求一种"微妙的平衡",自由主义者通过社会契约的设计强调国家的有限性,并严格限制包括行政自由裁量在内的各种行政行为。在近代,两派思想互相吸收,形成了一种新的行政自由裁量的理念,即依靠严格、明确的法律与有限的合理判断,允许并承认行政自由裁量在部分立法达不到的领域存在。

这一时期行政自由裁量的特点主要在于规制。具体而言,它包含如下内容:第一,从行政自由裁量的性质来看,它是法治的体现。这充分体现了资本主义精神对于自由、秩序的肯定,是对法治精神的追求与向往。洛克在权力制度设计中,就充分肯定了法治的基础性作用,并且始终主张在法的基础上进行规制。他所确立的权力分配原则很大程度上是对法的尊重与崇尚。哈耶克则强调政府采取的一切强制性行动时,都必须有一稳定而持续的法律框架来加以明确的规定。① 第二,从行政自由裁量的范围来看,它具有非常明显的界限。法律成为行政自由裁量必须遵循的基本准则和底线,任何行政自由裁量必须建立在法律的基础框架内,必须体现法律的基本理念。行政自由裁量的边界在规制中得以存续。美国行政法学家施瓦茨曾经指出:"自由裁量权是行政权的核心,行政法如果不是控制自由裁量的法,那么它是什么呢?"② 第三,从行政自由裁量的目的上来看,它具有很大的规制特点。根据马克思主义的观点,这一时期的行政自由裁量源自资产阶级革命,因而也带有阶级统治的工具性特征,但不可否认的是,规制基础上的行政自由裁量相比传统的行政自由裁量,的确在很大程度上消弭了阶级与压迫,带有明显的管理特征。第四,从行政自由裁量的机制来看,它具有明确的边界和限制。行政自由裁量是行政权实施的核心行为之一,按照西方民主与分权的思想,立法与司法对行政自由裁量做了严格意义上的限定。政治与法律对行政自由裁量做了明确的限制,既为行政自由裁量提供了底线,也为其提供了裁量空间。

这一时期的行政自由裁量在行政管理活动中也存在某些问题:第一,由于立法的局限性和行政管理活动的扩大,传统的法律无法深入到具体的行政自由裁

---

① 〔美〕哈耶克:《自由秩序原理》上册,邓正来译,北京:生活·读书·新知三联书店1997年版,第282页。
② 〔美〕伯纳德·施瓦茨:《行政法》,徐炳译,北京:群众出版社1986年版,第566页。

量环节来指导行政行为的客观性与准确性,造成大量行政自由裁量行为无法开展。第二,合理判断所体现的基本理念由于仅仅将法律视为唯一的标准来对行政管理活动进行要求,从而使得行政自由裁量缺乏一种主观的引导作用,进而丧失了行政人员的主体性。由于法律和合理判断均不能将服务精神、公正精神和理性精神直接深入到行政自由裁量的活动中,行政自由裁量往往会异化为一种行政羁束裁量。所以,一种新的自由裁量需要被重新呼唤,这种新型的自由裁量活动需要含纳服务精神、公正精神和理性精神,需要将伦理精神包含在整体的框架之中。

行政自由裁量发展的第三阶段:变革社会中的行政自由裁量。这一阶段的行政自由裁量同样是以民主和法治为基础,但注重伦理因素的作用。统御基础上的行政自由裁量是以"统治社会"作为其基本理念的,规制基础上的行政自由裁量则是以"管制社会"作为其基本理念的,而变革社会中行政自由裁量则是法律与伦理精神相融合,以"服务社会"为其基本理念。

这一阶段的行政自由裁量具有以下几个特点:第一,行政自由裁量强调的是一种"服务"理念,这与传统的"统治"理念和法治社会的"管制"理念有很大差别。这一时期行政自由裁量的发展由于受到新公共管理运动的影响,更注重"服务"而排斥"管理"。在这种行政自由裁量的理念之中,行政部门与行政人员被赋予了服务的基本任务,其自由裁量行为不仅仅是一种执行法律的被动行为,而且是一种提供服务的主动行为。在行政自由裁量的过程中,行政部门与行政人员的合理判断也并不是一种惩戒性的作为,而恰恰转变为了一种鼓励式的作为。第二,行政自由裁量以法律和伦理精神为基础。当然,在行政自由裁量的演进过程中,法律仍然被赋予了基础性的地位,但法律不是一套惩戒性的体系,而是一种维护社会公平正义的工具。法律的地位并没有得以削弱,它仍然是行政自由裁量活动的执法原则和限定原则。伦理精神在较高的层次上对行政自由裁量行为进行指导,尤其是在"服务精神""公正精神"和"理性精神"的层面对行政自由裁量行为的实施与发展进行优化。第三,从范围上看,行政自由裁量行为的转变在统御基础上的自由裁量与规制基础上的自由裁量中间徘徊。行政自由裁量的发展需要建立在"服务"的基础上,这就需要比"管制"具有更为巨大的行政实施空间,需要满足更多的公共事务。第四,行政自由裁量具有较为明确的边界,这个边界包括两个方面,一个是严格的法律规范,一个是清晰的伦理原则。换言之,行政自由裁量不是一种可以无限延伸的裁量行为,它需要遵守法律和伦理精神,并自觉地将其内化为自由裁量行为的指导准则。

三、行政自由裁量的原则

衡量行政自由裁量正当与否有两条基本的道德原则,即平等原则和公正原则。

所谓平等原则就是指行政主体在行使行政自由裁量权时应当平等地对待所有相关的行政相对人。世界上几乎所有的民主国家都在宪法中规定了公民在法律面前人人平等。我国宪法也规定,"中华人民共和国公民在法律面前一律平等","任何组织或者个人都不得有超越宪法和法律的特权"。这就要求行政主体在行使行政自由裁量权时,应当充分尊重行政相对人的平等人格,不能因为行政相对人地位、身份、性别和宗教信仰等方面的差异,而优待或歧视某些行政相对人,行政主体应当按照同一标准做出自由裁量。而在实际行政活动中,"选择性执法"是一种典型的不平等行政自由裁量,选择执法和区别执法体现了行政主体对行政相对人的不平等对待。"选择性执法"又可以分为保护型选择执法与处罚型选择执法,前者是指行政主体对行政相对人为授益行政行为时选择性对待,在自由裁量权允许的范围内对一部分相对人不作为,而对另一部分相对人作为,或者针对不同的相对人有选择地调整授益强度。后者是指行政主体在作出不利行政行为时,有选择地对不同相对人作出不利行政行为,或者在作出不利行政行为时对不利后果的承担有所区别。

所谓公正原则就是要求行政主体在行使自由裁量权时坚持公平正义价值,以维护公共利益为目的,不考虑个人私利。在某种意义上,行政正义是由行政裁量所决定的。也就是说,行政自由裁量对行政正义有着实质性影响。公正作为一个价值判断词,它所侧重的是社会的基本价值取向,并且强调这种价值取向的正当性。行政自由裁量必须体现一个社会占主流地位的核心价值,而不可是个人的好恶。行政主体无论是进行行政决策还是行使行政自由裁量权都与其价值观有着重要的关系。甚至可以这样说,行政主体是否认同他所在社会所确立的核心价值观决定着他的价值判断。如果一个政府重视民生和公民权利,它们在行使行政自由裁量权时,就会优先考虑公民权利和公共利益。而对于只重视集团利益或个人利益的政府,它们优先考虑的将是自身利益的最大化。英国法学家威廉·韦德所指出的:"自由裁量系指任何事情应在当局自由裁量权范围内去行使,即应按照合理和公正规则行事,而不是按照个人观点行事,应按照法律行事,而不是随心所欲。它应该是法定的和固定的,而不是独断的、模糊的、幻想的。一个有工作能力的诚实的人必须限制自己。"①弗雷德里克森认为行政自由裁量权是政府和非营利组织的生命,社会公平应与效率、经济一起,成为行政自由裁量权行使的指导方针,而行政自由裁量权是社会公平得以成为公共行政之必要成分的重要前提。"公共管理者解决和改善问题,对服务分配问题进行判断,在执行政策时使用自由裁量权。公正、平等一直是指导行动的共识。"②换言之,行政自由裁量权代表着社会全局性、普遍性的公共利益,因而蜕变为追逐私利的工具。行政自由裁量权作为一种公共权力,不得偏离公正原则。

第二节 行政自由裁量的边界

由于行政自由裁量所固有的自由性和灵活性,这就意味着行政主体可以作为或者不作为,行政主体可以从严自由裁量或者从宽自由裁量。因此,行政自由裁量很可能被公共行政人员滥用。为了防止或者避免行政主体滥用行政自由裁量权,我们需要为其设立一定的边界。大致而言,行政自由裁量有三个基本的边界:一是法律的边界,意味着行政自由裁量必须在法律许可的范围内进行,也就是说行政自由裁量必须具有合法性;二是理性的边界,意味着行政主体在进行自由裁量时必须基于行政理性对行政事件进行合理的判断,行政自由裁量要具有合理性;三是道德的边界,意味着行政主体在进行自由裁量时要有充分的道德考虑,行政自由裁量要具有道德性。如果行政自由裁量超出了这三个边界任何一种规定,就必然会出现裁量失范现象。

一、行政自由裁量的法律边界

诚如前述,封建专制时期的行政自由裁量基本上没有什么确定的边界。换言之,这一时期的行政自由裁量没有一种体系化、制度化的原则或规范约束所谓的"自由"。资产阶级革命后,法律成为约束人与人之间关系的主要手段。这一时期的行政自由裁量有了明确的边界,这种"自由"被框定在一个合法的框架之内。民主法治社会中的行政自由裁量源于法律的建设与完善。受资产阶级的平等、自由、博爱等价值理念的影响,人们要求政府必须保护个人的合法权益,不得侵犯公民的基本权利。虽然工业革命导致了公共事务的繁复性,但是公共事务

---

① 〔英〕威廉·韦德:《行政法》,北京:中国大百科全书出版社1997年版,第63页。
② 〔美〕乔治·弗雷德里克森:《公共行政的精神》,张成福等译,北京:中国人民大学出版社2003年版,第120页。

管理的复杂程度还可以控制在立法的限度之内。因此,在早期发展过程中,行政自由裁量的范围狭小且没有得到普遍承认。法学家强烈要求将所有行政行为都纳入法律的框架来解决,如果没有法律规定,行政行为就被视为是非法的、无效的。这实际上严格限制了"自由"裁量的合理空间。伴随着公共事务的增多,立法逐渐跟不上时代的要求,自由裁量再次成为一个问题。当然,当代行政自由裁量权的行使极少是在明目张胆的违法背景下进行的,更多的自由裁量是处在合法与不合法、合理与不合理、合道德与不合道德之间。那么,行政自由裁量的这种"自由"的边界在哪里呢?

首先,行政自由裁量的首要边界是法律的边界。换言之,行政自由裁量权的行使必须限制在法的精神与原则的范围之内,行政自由裁量必须具有合法性。虽然具体法律规范在执行时可以根据情况加以改变,但是法律的精神、法律的原则在任何情况下都不能改变,都必须加以遵守和执行。这就意味着行政自由裁量的"自由度"并不是任意的,这种自由具有有限性。如果行政自由裁量僭越了法的精神和原则,这种行政行为就可能构成了违法。法律成为行政自由裁量边界的主要原因在于四个方面:法律本身的特点、行政部门的"输出"意识、权力限制的需要和路径依赖的存在。

从法律本身来看,法律的确比其他规制方式具有优势。这种优势主要体现在谨慎性、稳定性与可适性三个方面。封建专制时期的自由裁量主要依靠君主的意志来进行调整,这种自由裁量缺乏制度保障,难以在长期时间内稳定地发挥作用。而法律作为一种具体的规范,在立法机构颁布之前,它就被广泛地讨论与审核,对其可能造成的影响会进行较为系统的分析,程序上的复杂性也是法律成为维护各个群体间利益的平衡基石,所以法律的严谨程度高,能够较为充分地考虑到各方利益和各种情况,为其长久存在创造出条件。由于法律的修改程序繁复,所以它一旦颁布就具有较强的稳定性,任何修改、废除活动都要经过反复的磋商与讨论,这也在长时间内保证了自由裁量的制度建设。法律一般还会对具体的行政项目与行政程序进行规定,这就易于保证自由裁量活动的有效开展。

从行政部门的管理特点来看,法律对于法治社会下行政自由裁量具有重要的、不可代替的意义。行政自由裁量是行政部门或拥有职权的行政人员对行政事务进行的合法管理行为。而这种管理行为本身,也需要在一定框架上进行严格的限制,以保障行政部门的正常运转和有效的"输出"。例如,政府在从事外部活动的时候,会面对大量的内部行政活动,这就需要运用一定的规则将行政组织进行控制。行政部门及其人员的自由裁量活动是一种针对外部施加的行为,但这种外部行为要想顺畅地加以实现,必须从其内部设置的角度对行政组织与行政人员的职责与风险进行明确的规定与约束,以稳定地输出行政自由裁量行为。除了"三权分立""权力制衡"等政治体制设置的约束外,法律作为一种合理的约束平台,也能够在基础层面保障这种内部规范与约束机制,为"输出"行政自由裁量行为的稳定性与合理性提供保障。这种行政部门自我规范的"输出"意识本身,是法律成为行政自由裁量指针的主要原因之一。

权力限制的需要也是法律成为行政自由裁量边界的重要原因。根据社会契约论的观点,个人与国家是一种特殊的委托代理关系。因此,行政权力不得侵犯个人的合法权利。然而,随着公共事务活动的增多,公共行政组织与行政人员被赋予了更大的权力,他们拥有更多的资源与手段来调控经济发展与社会运行,对公民个体合法权益进行侵犯的风险也逐步增大,并可能导致行政自由裁量过程中的腐败问题。从行政组织来看,行政部门具有扩大自我权力的趋势,如果不加约束,行政部门具有自我膨胀的倾向。"任何权力都可能被滥用,防止滥用权力是对有效规制审查的严峻检验。"[①]法律作为最稳定的规制,能够严格限定行政自由裁量的目的、方式、内容、程序,对于保障行政自由裁量、维护社会公平正义具有重要的实践意义。

路径依赖的存在是法律成为行政自由裁量边界的另一个原因。在西方资本主义国家中,行政法是资产阶级启蒙思想家"权力制衡"下的产物;换言之,在与封建主义关于权力分配的斗争中,法律才得以形成。作为资产阶级的得力斗争武器,法律自资产阶级夺取统治权力后就被广泛地继承与使用。而且,在法律形成的初期,它带有严苛的反对权力的特点,对于权力进行着严格的规制与限制,这样形成的行政权力实际上基本没有自由裁量的空间。行政权力也被压缩在很小的适用范围而不被法律以外的东西所支撑。可以说,这一时段的行政权力,尤其是行政自由裁量在形成过程中被反抗性的法律严格地管制与控制,这就为以后行政自由裁量遵从法律的边界打下了坚实的基础,为后来者遵从这条路径提供了可供依赖的法则。对法律形成传统的追溯,不但是一种理性的回归,也是一种路径依赖下的必然归宿。

立法部门界定并明确了行政自由裁量的法律地位,严格规制了行政自由裁量的权限边界。这种权限边界尽管会发生某些变化,但也只是严格围绕法律而变化,不能超越法律赋予的底线。然而,随着经济与社会的发展,公共事务的数量逐步扩大、增长,立法开始不适应大规模公共事务的管理,立法也表现出诸多局限性:第一,从立法过程来看,立法的数量和速度不符合社会发展的需要。工

---

① 〔英〕威廉·韦德:《行政法》,徐炳等译,北京:中国大百科全书出版社1997年版,行政管理卷。

业革命以来,社会发展速度加快,经济、政治、社会、文化事务不断增加,而且带有很强的时限性。尤其在当前的信息社会,大量信息需要在短时间内被行政组织及其公共行政人员准确、及时地予以处理,否则就会造成信息的失效。这显然对立法活动提出了挑战。同时,立法本身是一个复杂、审慎与缓慢的过程,在法律的制定过程中也还需要照顾到程序、资金、利益调整等问题。正是基于公共事务的时限性与立法的审慎性之间的冲突,行政自由裁量才是必要的。"裁量对规制体制的运转在逻辑上是极为必要的,实际上是不可消除的:它们无法消除,除非消除规制体制本身。"[1]实践证明,立法的数量与速度不能满足日益变化的公共行政需要。第二,从成文法的角度来看,立法的规定不具有直接转化为行政执行的可能性。由于情况的复杂和实施客体的不同,立法活动一般只规定原则性问题与解决方式,并不直接将公共行政的每一项活动具体化为一种考虑了各种情况、兼顾了各项利益的法律条目。由于公共事务的膨胀和行政执行范围的加大,通过立法进行直接的规定只是在理论上可行,行政自由裁量中的"合理判断"原则从而得以引入。第三,从对立法目的的完成效果来看,通过立法对当事者权益提供保护具有很高的成本与风险。现代立法的目的是维护与保障人们的合法权益,促进社会的公平与自由。单纯的立法程序虽然能够部分解决权益的维护与公平自由问题,但是,从实际效果上看,往往因为时间与成本的因素造成保护对象无法享受这层保护,造成成本的巨大浪费。由于行政自由裁量具有较大灵活性,在执行过程中便于综合考虑个体因素与社会诉求,其效果往往更为优越,因而提高了公共事务管理的效率,减少了立法所带来的成本与风险。总之,行政权的立法总是有缺漏的,将行政自由裁量完全置于法律之下,这仅仅是一个理论假设。

二、行政自由裁量的理性边界

行政自由裁量的第二个边界涉及行政判断的"合理性"问题。有学者指出:"行政自由裁量权是法律、行政法规赋予行政机关在行政管理进程中依据立法目的和公正合理的原则,自行判断行为的条件,自行选择行为的方式和自由做出行政决定的权力。"[2]可见,合理性是行政自由裁量的法律边界的一个重要标志。如果将合理性因素引入行政自由裁量过程中,那么裁量就不仅仅是在不同的行

---

[1] 〔英〕卡罗尔·哈洛、理查德·罗林斯:《法律与行政》,杨伟东译,北京:商务印书馆2004年版,第218页。

[2] 姜明安:《英国司法审查规则——英国最高法院第53号令》,《法学研究》1993年第1期。

为中作出选择,更重要的是应当在正当的理由的基础上作出选择,这样裁量就会受到某种程度的制约。与法律边界的明确性相比,行政判断的合理性并没有那么强的针对性和约束性。但是,如果没有法律的规定就不能够进行行政活动的话,就无所谓行政自由裁量了。行政判断的合理性主要包括了以下几个方面:一是符合立法目的。行政自由裁量是对社会的一种管理与规制行为,这种行为的产生是由于立法本身无法顾及所有领域而赋予行政组织与行政人员部分处理事务的结果。立法的主要目的在于维护社会正义,保持社会的和谐,防止公共权力对公民合法权利的侵害。二是符合社会正义。正义是社会制度的首要美德,如果行政主体的行政自由裁量符合社会正义,就能得到人民的认同和支持。反之,即使这种裁量符合法律的规定,也不一定能够得到民众的认可。三是拥有选择的自由。由于具体的行政活动的复杂性和多变性,行政组织和行政人员在处理公共事务时必须根据不同的状况确定不同的行动路径,他们只有具有"自由选择"的权利才能进行行政自由裁量。

现代行政管理由于行政领域的扩张、内容的扩张和技术的扩张,因而呈现出一种膨胀的状态,行政管理的触角深化到了现实生活的各个角落。韦伯从官僚资本的扩张角度来讨论行政机构的扩大,罗森布罗姆则认为有限的资源为行政的扩张提供了机会,菲斯勒从经验缺乏的角度来讨论这一膨胀问题。行政管理在深化管理领域的条件下,行政管理的内容从简单的执行逐步发展成为具有行政立法权力、行政司法权力的部门。由于行政管理内容的庞大,在处理具体事务时往往会要求更高的效率,同时,复杂的行政环境也进一步加深了行政人员对执行对象诉求的满足难度。因此,行政判断的合理性就成了行政自由裁量不可或缺的边界。在行政管理发展的早期阶段,通过人工的信息传递方式就可以解决所有问题,但现代社会对行政管理技术提出了新的要求,行政管理活动需要传递与处理更多的信息,以便进行科学的调控。

三、行政自由裁量的道德边界

行政自由裁量的第三个边界是道德边界,即行政自由裁量要具有合德性或者说合乎道德的规定。美国行政法学家戴维斯指出:"法律终止之时,裁量就开始了,而裁量的行使意味着不同的结果:善行或暴政、公正或不公正、正当与独裁。"[1]戴维斯在这里说的裁量就包含有道德的因素了,而且他所说的裁量结果

---

[1] Kenneth Davis Culp, *Discretionary Justice, A Preliminary Inquiry*, Baton Rouge: Louisiana State University Press, 1969, pp. 3-4.

都是一些价值判断词。"如果说后现代社会中的行政角色具有本质上不可避免的政治性和严重自由裁量权,那么就必须承认伦理关怀的重要性。"①行政自由裁量的道德边界的确立,为行政自由裁量的正确行使提供了一种内在控制路径。封建专制社会中行政自由裁量尽管也有伦理规范的约束与限制,但并没有成为制度化的严格边界。正如庞德所指出的:"自然权利、正义、公平和效益观念已经促使法律的新生,同时也导致它成为衡量一切规范、原则和标准的尺度。"②当公共行政人员在法律模糊不清和令人怀疑的情况下,他们的是非观念和伦理信念往往起着决定性的作用。在现代行政自由裁量中,仅仅确定了法律边界和合理性边界显然是不够的,因为行政自由裁量涉及行政主体的意志自由,行政主体的伦理价值观往往对裁量行为有着重要的影响。"意志自由是行为主体在多种行为可能性所构成的空间内进行自主选择的能力。意志自由表明行为主体可以选择某种行为,又可以不选择某种行为。但是,选择还是不选择某种行为,又取决于行为主体对于行为之应当与不应当的认识。因此,行为主体的意志自由,实际上表现为行为主体自主地选择他认为应当的行为,或自主地不选择他认为不应当的行为。"当公共行政人员行使行政自由裁量权时,尽管在某一空间内,法律并没有具体规定何种行政行为是可以选择的,何种行为是不可以选择的,但在道德上却规定着何种行为应当或不应当选择的问题。"道德上应当的行为,是善的行为;道德上不应当的行为,是恶的行为。因此,从善的动机出发,选择那些可能造成善的价值的行为,就构成了行政自由裁量的道德边界。而如果在法律规定的自由裁量范围内,出于恶的行为意图,选择可能产生或大或小的恶效应的行为,则显然超出了行政自由裁量权的道德边界。"③行政伦理对于行政自由裁量的道德边界的确定有着重要的作用。早期的行政自由裁量是排除道德因素的,只接受法律的约束。休谟、孟德斯鸠等人就认为,由于人性本恶,因此需要通过立法来严格限制行政组织与行政人员的行为。随着人类认识的深入,人们发现合法的目的、合理的动机与合理的手段成了行政自由裁量的重要支撑力量。对于拥有一定自由裁量权的行政人员来说,在随意性很大的情况下,要想做出负责任的行政裁量,行政主体的伦理水准和良知就显得至关重要了。

---

① 〔美〕特里·L.库珀:《行政伦理学:实现行政责任的途径》,张秀琴译,北京:中国人民大学出版社2001年版,第43页。
② 〔美〕庞德:《普通法的精神》,唐前宏、廖湘文、高雪原译,北京:法律出版社2001年版,第58页。
③ 吕耀怀:《行政自由裁量权的伦理审视》,《上海师范大学学报》2007年第1期。

第三节 行政自由裁量的失范与控制

根据委托—代理理论,由于信息不对称和委托代理双方利益的冲突,代理人往往可能出现某种"道德风险"。行政自由裁量与委托—代理理论有着很大的关系,当政府或行政人员在行使行政自由裁量权时也同样会面临道德风险问题。由于委托人所掌握的信息与行政主体所掌握的信息的不对称,因此行政主体有可能利用信息的优势滥用行政自由裁量权,就会出现行政自由裁量的失范。

一、行政自由裁量的失范

当行政自由裁量超出了法律边界、合理性边界和道德边界时,就构成失范。近年来,行政自由裁量的失范问题逐步增多,日常行政活动中的权力的滥用问题、权力越位或缺位问题都与行政自由裁量的失范密切相关。行政自由裁量权的滥用主要表现在以下几个方面:

第一,行政自由裁量考虑不相关因素或者不考虑相关因素。公共行政人员行使行政自由裁量权,应当根据法律法规的授权,选择恰当的行为方式,实现最佳的行政效果,但某些行政机关及其行政人员在行使行政自由裁量时是为了个人利益或小团体利益,其行政行为完全与立法目的无关。此外,也有一些行政人员在行使行政自由裁量权时,根本就不考虑各种相关因素,主观臆断,将自由裁量变成了胡乱裁量。

第二,对弹性法律用语任意作扩大或缩小解释。法律法规采用弹性法律用语,意味着授予行政机关一定解释自由。但行政机关解释法律用语,必须根据法律法规的目的、内容以及社会公认的基本规则。如果行政机关离开这一标准,甚至不顾人们的一般常识,对弹性法律用语任意作扩大或缩小解释,法律法规就会变成一种握于行政机关之手的捉摸不定的东西。

第三,行政自由裁量显失公正。当行政机关及其行政人员超出了行政自由裁量的边界不适当地行使自由裁量权时,就会损害公民、法人或者其他组织的合法权益。例如,同责不同罚,不同责同罚,畸轻畸重,适用法律条款不全等都会导致行政自由裁量显失公正。

第四,行政自由裁量反复无常。法律法规授权行政机关实施某种行政行为,有时会同时赋予行政机关在一定条件下变更或撤销相应行业的自由裁量权,即使法律法规没有明确的规定,根据行政法法理,行政机关因一定条件变化也可自行改变或撤销自己原已作出的行政行为,但是这种改变应有正当的理由,并遵循恰当的程序。否则,即构成"反复无常",属于对行政自由裁量权的滥用。

第五,行政自由裁量故意拖延。法律法规对行政机关办理某一事项,通常规定了一定时限。在这个时限内,行政机关在何时办理某事有自由裁量权。但在某种特定情况下,由于某一种特殊原因,行政相对人的某种事项必须紧急处理,否则将给行政相对人或国家、社会利益造成不可弥补的损失。在这种情况下,如果行政机关故意拖延,定要等到时限届满之日或等到某种损失已经发生或不可避免之时再办理,即是对行政自由裁量权的滥用。另外,对于行政机关办理的某些事项,法律法规有时没有(或不可能)规定任何时限,何时办理完全由行政机关自由裁量。在这种情况下,行政机关的裁量也应根据相应事项的轻重缓急程度和各种有关因素,依序办理。如果行政机关故意将某些应紧急处理的事项压后处理,应及时办理的事项故意拖延,同样构成滥用行政自由裁量权。①

行政自由裁量失范的原因非常复杂,概括起来主要有制度方面的原因、文化方面的原因、伦理方面的原因。首先,我国现阶段的行政自由裁量失范问题与制度的不完善有着很大的相关性。如果一种制度不能对行政自由裁量权予以良好的规范,就不能说是一套完善的制度。诺斯认为:"制度是一个社会的游戏规则,它们是决定人们的相互关系的一系列约束。制度由非正式约束(道德的约束、禁忌、习惯、传统和行为准则)和正式的法规(宪法、法令、产权)组成。"②显然,诺斯所说的是广义的制度,它是由非正式制度、正式制度以及实施制度的机制所构成的制度体系。我们在这里所说的制度主要是指正式制度,它包括政治制度、经济制度和各种法律制度,其中政治制度起着决定性的作用。其次,文化因素也是影响行政自由裁量失范的原因。官本位的政治文化、利本位的经济文化、情本位的关系文化对当前我国行政自由裁量的失范有着重要的影响。最后,行政主体的伦理原因。当行政机关和行政人员在追求部门利益和私人利益时,道德往往退居幕后,行政良知丧失,行政人格堕落。

二、行政自由裁量的控制

行政自由裁量权的滥用既可能破坏法律的权威性,也会侵犯行政相对人的

---

① 参见杨帆:《论行政自由裁量权及其控制》,《地方政府管理》2000年第2期。吕耀怀、段兴龙:《论行政自由裁量权的道德约束》,载李建华主编:《伦理学与公共事务》第1卷,长沙:湖南人民出版社2007年版。

② 〔美〕道格拉斯·C.诺斯:《制度、制度变迁和经济绩效》,刘守英译,上海:上海三联书店1994年版,第3页。

权利,同时还会威胁到自由、民主和法治等价值理念。无限的行政自由裁量就是残酷的统治,它会严重威胁执政基础和社会稳定。因此,我们既要认识到行政自由裁量失范的危害性,也要看到行政自由裁量的必要性,不要将行政自由裁量问题简单化。我们要控制的是那些不必要的行政自由裁量,那些逾越政府职能的行政自由裁量,那些无限定的、无边界的和不受审查的裁量权。对行政自由裁量的控制包括外部控制和内部控制。外部控制主要指立法控制和司法控制,这属于行政法学研究的范围,我们在这里不赘述了。我们主要从行政伦理学的角度简要分析行政自由裁量的内部控制问题,它主要包括对行使行政自由裁量的程序控制和对行政人员的道德控制两个方面。

加强对行政自由裁量权的程序控制能够促使其有效运作,不偏离行政目的,保障行政相对人的合法权益,促进行政正义,遏制行政,从而提高行政效率。行政自由裁量权的失范在很大程度上是因为它未按有关法律法规预先设置的方式、步骤、顺序和时限运行。对行政自由裁量权的程序控制,第一,要做到信息公开,保障行政相对人的知情权。凡是涉及行政相对人的权利和义务的,只要不是属于法律规定的保密范围,一律应向社会公开。第二,行政主体在行使行政自由裁量权时,应表明身份,从而防止行政人员超越职权、滥用职权,保障行政相对人免受不法侵害。第三,在行使行政自由裁量权时,行政主体要执行回避制度,防止徇私偏私,从而保障裁量的公正性。第四,在行使行政自由裁量权时,行政主体应向行政相对人说明行政理由。向行政相对人说明作出该行政行为的事实、法律依据以及政策、公益、形势和习惯等因素。第五,在对涉及公共利益的重大事件行使行政自由裁量时,应实施听证制度。行政听证制度作为行政公开、公平、民主的一种程序制度,是现代民主法治国家实施程序法的核心制度。这种制度通过控、辩双方提供证据、相互质证和辩论,从而使行政自由裁量权的行使建立在事实的基础之上,既保障行政决定的相对合理,也促使行政行为人保持中立,恰当地行使自由裁量权。因此,我们要加快行政程序立法,防止行政自由裁量权滥用。

加强对行使行政自由裁量权的行政人员的道德控制。法律只是为行政自由裁量规定了一条底线,规定了"不能做什么",而不是"能够做什么"和"应当做什么"。行政人员作为在行政自由裁量中占主导地位的责任主体并不是简单直接和消极被动地行使自由裁量权,而是积极主动和创造性地使用法律和政策所赋予的这项权力。能否忠实地执行国家法律和政策、提供高质量的公共物品和高效率的服务、维护社会公平正义始终是国家和社会对行政人员的道德要求。要培养行政人员良好的权力道德意识,行政人员的道德自律和责任感可以防止自己在行使行政自由裁量权时不为个人利益所动,保证行政自由裁量不偏离公共利益。行政人员即使是在涉及复杂价值判断和重叠规范的情况下,也应该并且能够维护公共利益,服务人民。自由裁量的有效性取决于行政人员如何对自己履行宪政职责和法律职责的方式负责。① 因此,加强和提高公共行政人员的道德修养,对控制自由裁量权的滥用非常关键。

---

① 〔美〕珍妮特·V. 登哈特、罗伯特·B. 登哈特:《新公共服务:服务,而不是掌舵》,丁煌译,北京:中国人民大学出版社2004年版,第115—116页。

第七章 行政腐败

腐败是权力之癌,它已经对世界各国的经济发展、社会正义和政治稳定形成了严重的挑战。我国的腐败现象也十分严重,预防和惩治腐败已成为党和国家的一项重要任务。行政腐败意味着公共行政人员人格和道德的堕落,如何有效地遏制与治理行政腐败问题,是保持执政党的执政地位与实现善治目标的必然要求。在这一章,我们从行政腐败的概念入手,剖析行政腐败的特征与趋势,并对行政权力的滥用进行深入探讨,在分析行政腐败危害的基础上,从行政伦理层面提出预防与制约行政腐败的一些对策。

第一节 行政腐败的基本概念

在现代社会,行政腐败成了一种全球性的公共现象,无论是发达国家还是发展中国家概莫能外。但是,在某些发展中国家这一现象更为严重。在多数发展中国家,普遍的腐败已达到流行的程度,甚至被看成是其社会行使功能的一种规范。大部分人对行政腐败现象可谓耳熟能详,但对其概念内涵和特征的了解则含糊不清。因此,从学理上厘清行政腐败的概念对于我们分析问题和解决问题有着重要的意义。

一、行政腐败的界定

在对行政腐败进行界定之前,我们有必要对"腐败"这一概念进行分析。"腐败"一词,人们可以从不同的角度去分析,也可以用不同的方法去研究。由于腐败总是与政府、组织、权力和官员等联系在一起,因此从政治学的范围来研究腐败问题是最常见的,学者们往往从政治结构和法律的重要性来判断某种行为的合法性与非法性的区别。而从经济学的角度来看,学者们往往关注权钱交易问题、寻租问题、利益问题以及"委托—代理"关系问题。"交换"是腐败的重要特征。例如,有学者把腐败界定为政府官员为了个人利益而出售政府财产。政府财产主要指政府"生产"的"物品",包括执照、许可证、通行证、签证以及其他一些禁止或限制"私人"提供的"物品",而官员被假定为在提供这些政府产品问题上具有相机选择的权力。[①] 腐败可以分为学术腐败、政治腐败、行政腐败、司法腐败、经济腐败等等。当然,这种分类标准并不严格。

通常而言,关于腐败的界定可以分为两种解释框架:一是"行为分类"框架,它包括以"公众—公职"为中心的或以"公众—利益"为中心的概念界定,根据这种分析框架,"腐败"可以被界定为掌握权力的人滥用公共角色或资源谋取个人利益的行为;二是"原则—代理人—委托人"框架,它聚焦于三方互动关系,腐败可以被界定为"代理人与原则之间的利益偏差",这种定义认为只要背离了法律契约关系的行为就是腐败行为。[②]

我国著名政治学者王沪宁将学术界有关腐败的定义具体分为三大类:第一类,以公职为轴心的定义。这类定义从"公职"所涉及的关系上来界定腐败。戴维·贝利认为:当腐败行为特别与贿赂有关的时候,指的是通过不正当地利用权力来谋取个人利益。麦克缪兰则认为,如果一位政府官员接受金钱或其他价值做他有职责做的事情,或为不正当的理由采取合法行为,那就是腐败。纳伊则指出:腐败包括出于私人考虑(家庭、亲密的私人朋友)偏离公共职位的职责;违背禁止施加私人影响力的规章。这些行为包括贿赂、分赃、侵占公物等。可见,这一类定义主要是从行为偏离公职出发来界定腐败行为。第二类,以市场为轴心的定义。这一类定义产生于对现代发展中国家政治的研究,因为这类国家政治发展程度较低,公职或者说政治体系不健全,有的甚至不存在。克拉路伦认为:一名腐败的官员视其公共职位为一种经营活动,他要尽量扩大它的收益。公职成为一个"最大化的单位"。他的收入多寡取决于市场状况,取决于他发现在公共需求曲线上最大收益的点的才能。罗伯特·蒂尔则指出:腐败意味着从指令性价格模式转向自由市场模式,作为现在行政理想的集中分配体制可能因供需

[①] 张军:《特权与优惠的经济学分析》,上海:立信会计出版社1995年版,第95页。
[②] Sun Y, "The Politics of Conceptualizing Corruption in Reform China", *Crime, Law and Social Change*, vol. 35, 2001: pp. 245-270(26).

的严重不平衡而不敷为用。人们可能会认为冒险是值得的,付出更高代价以保证获取所期望的利益。一旦如此,行政就不是指令性的市场,而具备了自由市场的特点。这种腐败现象在政治与经济一体化的社会中最容易发生。第三类,以公益为轴心的定义。有些学者认为第一类定义太狭窄,第二类定义太宽泛,他们认为公共利益对于阐释腐败的概念必不可少。卡尔·弗里德里希认为,公职人员为得到金钱或其他报酬而采取有利于提供报酬的人和损害公众及公共利益的行为时,腐败就存在了。阿诺德·罗戈和拉斯韦尔则指出:腐败行为违背对一个公共或公民秩序体系的责任,公共和公民秩序体系强调共同利益高于特殊利益;为特殊利益侵犯共同利益即腐败。王沪宁认为,以上定义各自强调一面,有其合理性,但就中国社会文化氛围来看的话,似乎还不足为用。因此,有必要从狭义和广义两个方面来限定腐败的定义:从狭义上说,腐败是指运用公共权力来实现私人目标的行为,这里涉及权力、公职、职责、公众利益和私人利益,大体上包含前述三类定义的核心内容。从广义上说,腐败意味着政府治理一般意义上的败坏,不一定有人直接得到利益和好处,但损害了整个社会的利益。① 有学者甚至将腐败严肃地界定为"任何与公共利益抵触的行为都是腐败"。②

上述有关腐败概念的界定,都是从客观意义上而言的,几乎不涉及价值判断。然而,在政治伦理语境中,腐败实际上就是一个价值判断词。例如,郑利平在《腐败的经济学分析》一书中对腐败的界定即如此。他认为:"从广义上说,凡个人在公共领域和私人领域违背社会道德、法律和传统规范的行为,都被视为腐败行为。生活糜烂堕落,吃、喝、嫖、赌、毒等,思想道德卑下,一味追求私利、私欲,贪图安逸、享受等行为,尽管发生在私人领域,也是一种腐败行为。这种腐败行为与在公共领域中的腐败行为难以截然分开,有时前者是后者的诱发因素,或者是它的社会基础。从狭义上说,腐败是指个人运用公共权力来达到个人不正当的目的,主要发生在公共领域。当前正在蔓延、滋长的以权谋私、权钱交易、贪污受贿等就是典型,也是腐败现象最集中、最主要的表现。"③从行政伦理的视角来看,腐败行为包括:公职人员不忠于职守或者滥用职权;任何人(包括公职人员)做了能导致公职人员不忠于职守或滥用职权的事情;任何人(包括公职人员)做了有损于公务的事,并参与了诸如欺诈、贿赂、失职、暴力等范围广泛的事

---

① 王沪宁:《反腐败:中国的经验》,海口:三环出版社1990年版,第4—6页。
② John Peters and Susan Welch, "Political Corruption in America: A Search for Definitions and a Theory", *American Political Science Review*, 71, 1978: pp. 974-984.
③ 郑利平:《腐败的经济学分析》,北京:中共中央党校出版社2000年版,第28页。

情中的任一事情;公职人员(或前公职人员)失信于公众;或者公职人员(或前公职人员)滥用在执行公务时得到的信息和资料。① 换言之,腐败无论从目的还是手段上而言,在道德上都是恶的,虽然给腐败者会带来利益,但损害了社会利益或公共利益。

在日常生活和学术研究中,人们往往将行政腐败与政治腐败混为一谈,其实二者之间还是存在着一些具体的差别。例如,就发生的领域来看,"政治腐败往往并不是发生在普通公民的日常生活中,而是发生在国家体制的运行过程之中"②,行政腐败则直接与普通公民接触;就涉及的关系而言,"政治腐败往往发生在选举或官员任命等公共领域,反映了国家与市场的关系"③,而行政腐败则一般发生在行政权力的使用环节,反映着政府及其工作人员与公民的关系;就表现形式来看,政治腐败远甚于简单的权"利"交易,它更表现为规避合法程序的一条路径④,而行政腐败则突出表现为权"利"交易。由于行政工作与公民日常生活直接相关,行政腐败现象就更为民众所关注。总体而言,行政腐败就是狭义的腐败,尤指政府部门及其公共行政人员在运用公共权力牟取私利的行为。

二、行政腐败的特征

政府行政机关及其公共行政人员在公共行政活动中的腐败,将影响政治权威并威胁到政府的合法性。同其他腐败现象相比,行政腐败具有自身的特征。

第一,在腐败形式上,行政腐败表现为"以权谋私""权钱交易"的特征。以权谋私是商品交换法则渗透到行政权力运行过程的主要表现形式。因此,行政腐败大多表现为"以权谋私""寻租求利",人们形象地将其概括为"权力资本化"和"权力商品化"。权力资本化,即权力的掌握者或操作者通过各种形式,介入市场,寻找权力的"租金"。一旦公共权力进入市场,它可以通过行政命令、领导指示等方式干预市场机制,为权力拥有者带来巨大的私人利益。权力商品化是指公共行政人员将行政权力有偿化,把正常的管理服务职能拿出来进行"权

---

① 信春鹰:《反腐败之本:约束公共权力》,《政治学研究》1997年第4期,第2页。
② Hung-En Sung, "A Convergence Approach to the Analysis of Political Corruption: A Cross-national Study", *Crime, Law and Social Change*, vol. 38, 2002, p. 139.
③ Paul Heywood, "Political Corruption: Problems and Perspectives", in P. Haywood (ed.), *Political Corruption* (Oxford: Blackwell, 1997); Susan Rose-Ackerman, *Corruption and Government: Causes, Consequences, and Reform* (New York: Cambridge University Press, 1999).
④ J. Pettit, Actors, Resources, and Mechanisms of Political Corruption, *Crime, Law and Social Change*, vol. 31, 1999, 31: pp. 162-165.

钱交易"。行政权力异化为谋取个人和部门利益的工具。权钱交易是行政腐败最直接和最常见的表现形式。2008年,各级检察机关共立案侦查贪污贿赂、渎职侵权犯罪案件33546件41179人,其中,立案侦查贪污贿赂大案17594件,比上年增加4.6%,重特大渎职侵权案件3211件,比上年增加14.1%;县处级以上要案2687人,其中厅局级181人,省部级4人。职务犯罪案件有罪判决29836人,比上年增加12.6%。[1] 2009年1月至11月,全国检察机关立案侦查职务犯罪案件31091件39813人;立案侦查涉嫌贪污贿赂犯罪的县处级以上干部2257人(其中地厅级以上干部196人);通过办案为国家挽回经济损失61.5亿元。[2]这都体现了新时期,反对和遏制行政腐败的艰巨性。有人将中国腐败划分为四个周期,随着时间的推移,这四个周期的涉案金额节节攀升:在1980—1988年第一个腐败周期中,涉案金额则从1984年的0.9亿迅速上升到1986年的8亿元;1988—1992年第二个腐败周期中,涉案金额在1990年达8.1亿元,形成第二个高潮;1992—1998年是第三个腐败周期,1997年达到历史顶峰67.8亿元;1998—2002年是第四个腐败周期,1998年后,腐败仍然在滋生蔓延,但其势头受到遏制,波动幅度明显减小。[3] 此后在2003—2007年期间,全国立案侦查涉及国家工作人员的商业贿赂犯罪案件19963件,涉案金额就达34.2亿多元。

　　第二,在腐败主体上,行政腐败呈现出"集体化""法人化"的趋势。"公贿""集体腐败"现象非常严重,具体表现在用公款、公物集体行贿、受贿,以考察、学习、培训、研讨、招商、参展等名义的公款旅游,私设小金库等等,它以单位法人的形象出场,将腐败责任扩散化,是一种更深层次的腐败现象。这种腐败现象集中体现了部分官员"靠权吃权"的恶劣行径,对政府整体形象造成了巨大的威胁。"公贿"现象最大的特点就是贿赂双方均姓"公",用公款、公物集体行贿。贿赂双方为上下级关系或管理与被管理关系,贿赂的内容为钱、财、物及优惠政策的"给"与"要"。公贿与私贿相比,有行为的集体性,目的的为公性和法人犯罪性的特点。公贿的危害性比私贿还要严重。例如,有些贫困地区为了争取上级掌握的专项扶贫资金,当地政府或有关部门负责人拿公款行贿。各级地方政府的"驻京办"大都充当着"跑部钱进"的功能,多与公贿有染。其表现形式主要有以下几种:一是节庆"供奉",二是婚丧"随礼",三是四季"特产",四是编外"奖金",五是有偿"劳动"。"公贿"现象的存在主要是因为行政部门掌握着稀缺资

---

[1] 徐伟:《去年侦查17594件贪污大案 查处4名省部高官》,《法制日报》2009年3月9日。
[2] 郭洪平:《查办职务犯罪:有案必办力度加大》,《检察日报》2010年2月1日。
[3] 倪星、王立京:《中国腐败现状的测量与腐败后果的估算》,《江汉论坛》2003年第10期。

源,权力部门分配资源的行为不规范、不透明,给暗箱操作留下了广阔的空间。因此,地方政府和企业为了争得更多的资源份额,而竞相向上级机关"进贡",这样无疑会逐步腐蚀政府资源分配部门及其官员,使他们以资源分配权牟取私利。① 集体腐败往往经过了周密的策划,手段隐蔽,组织诡秘,欺骗性大,不易被识破,增加反腐败的难度。

第三,在腐败层级上,中下层官员成为行政腐败的高发群体。在大多数政治体系中,较低层次的官僚组织和政治权力机构,腐败发生率要高些。② 原因在于:(1)处于发展中的国家,政治体制软弱,政治制度化水平低,政治权力的集中程度也不高,公职人员,特别是中下层公职人员的行为缺乏规范和约束,他们处理事务时,自由裁量的范围大,这就给中下层公职人员滥用权力创造了条件;(2)发展中国家的现代化多为"政府推动型",即使是一名最基层的公务员也可能掌握着大量的资源,只要他们敢于铤而走险,财富和利益就可以唾手可得;(3)发展中国家中下层的公务员工资普遍较低,他们急需要钱来弥补工资收入的不足;(4)社会高级领导人真诚遵守已确立的政治文化准则,并且接受政治权力和德行作为获得经济利益的替代物,而低级官员又以更多从事腐败活动的机会来补偿他们缺乏的政治地位。③ 因此在中下层,"走后门、拉关系","没有熟人办不成事"几乎成为一种规律。官员尤其是中下级官员的低工资使腐败具有更大的吸引力。④

2002年12月至2003年11月,全国各级纪检监察机关针对违纪违法案件共立案172649件,结案172571件,给予党纪政纪处分174580人。其中,省(部)级干部21人,厅(局)级干部411人,其余均为县(处)级及以下干部;2008年查办的17594件贪污大案中,县处级以上要案2687人,其余14907人全部为县处级以下,占所有犯案人数的84.7%;2009年1月至11月查办的职务犯罪中,县处级以下公务人员占犯罪人数的94.3%。可见中下层是行政腐败的高发地带。与高层腐败相比,基层腐败与老百姓密切相关,更直接影响着行政权力的公正性和权威性。

第四,在腐败过程上,行政腐败具有"隐性化"特征。行政腐败形式往往被穿上"合法"的外衣,作案手段也从简单化向隐蔽化发展。一些官员几乎花不着

---

① 何增科:《政治之癌》,北京:中央编译出版社1995年版,第37页。
② 〔美〕塞缪尔·亨廷顿:《变化社会中的政治秩序》,王冠华等译,北京:生活·读书·新知三联书店1989年版,第74页。
③ 同上书,第75页。
④ 〔瑞典〕冈纳·缪尔达尔:《亚洲的戏剧》,北京:北京经济学院出版社1992年版,第147页。

自己的钱,"吃喝有人弄,抽烟有人赠,穿衣有人缝,就是搓麻将,也有人送",一些政府部门和公务员千方百计地争取和挖掘"灰色收入",提高各类津贴、补助和实物等隐形收入。胡鞍钢将中国现阶段的隐性腐败分为四类,即寻租性腐败、地下经济腐败、税收流失性腐败和公共投资与公共支出性腐败,并认为当前中国的这些腐败活动都十分隐蔽,腐败事件被揭露的概率小,受到刑事处罚的概率更小。① 除此之外,在腐败过程中,一些腐败分子表现出"两面性"的特征。在台上时,他们千方百计地把自己打扮成为清廉无比的好干部,大讲反腐败,而在台下时则大搞腐败。例如,曾担任全国人大常委会副委员长、广西壮族自治区主席的成克杰就公开说:"一想起广西还有 700 万百姓没有脱贫,我这个做主席的是连觉也睡不着啊!"李嘉廷犯案被捉前夕在网上还说:"我最大的心愿是在未来 5年内解决(云南)尚未解决温饱的 160 万人的贫困问题。"河南巨贪、曾任交通厅厅长的石发亮经常把"一个廉字值千金"挂在嘴边。湖北省监利县委原书记杨道洲最为引人注目的并不是他的那些腐败问题,而是他在任职期间于 2000 年 3月不无讽刺意义地被评上了全省"廉政标兵"。原深圳市市长许宗衡曾公开发誓要做"清廉市长",并且善于媒体公关,一时成为"明星市长",却因为生活腐化、贪污腐败黯然下台,接受党纪国法的制裁。

三、行政权力的滥用

"一切有权力的人都容易滥用权力,这是万古不易的一条经验。"② 由于掌握行政权力的公共行政人员拥有一定的自由裁量权,因此在执行公务和使用权力的过程中,一旦面对利益的诱惑,行政权力总有滥用的冲动。行政腐败就是行政权力滥用的最严重后果。从概念上看,行政权力滥用是指权力拥有者在权力行使过程中,超越权力界限造成对他人或国家、社会的利益损害,以满足自身越权目的的行为。依据不同的行政主体,行政权力的滥用可分为两种:一种是政府集体滥用行政权力行为,一种是公务员个体滥用行政权力行为。所谓"政府集体滥用行政权力"就是政府领导人以合议制会议集体讨论,集体作出决定的方式去做违法和侵犯公共利益的事情,由政府部门通过合法的形式作出非法的决定、追求非法的目的。政府集体滥用行政权力较政府官员个人滥用权力具有更大的危害性:第一,以政府的名义实施,具有更大的欺骗性;第二,以政府的人力、物力资源推行,具有更大的强制力和破坏力;第三,以政府集体的形式作出,事后责任

---

① 中新社北京 2 月 23 日电:《胡鞍钢纵论四类腐败》,2001 年 2 月 24 日,中新社网站。
② 〔法〕孟德斯鸠:《论法的精神》,张雁深译,北京:商务印书馆 1961 年版,第 154 页。

难于追究。① 个体滥用行政权力则不言而喻,意即:行政人员在行使权力的过程中,逾越权力边界、甚至引发违法和侵犯公共利益的行为。

在现实生活中,行政权力滥用往往表现为枉法裁判、办事推诿、职责不明、违反程序等,具体归纳起来有如下特征:

第一,行使权力的范围过大。任何权力都有界限,但许多权力拥有者一旦掌权,往往权欲膨胀,超越法律制度规定的范围,过度行使权力。这种追求"权外之权"、肆意扩大权力范围的行为,就是一种极为常见的权力滥用。如在行政执法过程中,执法者有对违法者行使罚款的权力,但如其不顾法律规定,任意提高罚款金额,即为权力滥用。

第二,权力行使的手段不正当。权力的行使必须采取正当的手段和程序,如果掌权者故意违反法律规定、不遵守法律程序行使权力,或是由于对权力行使的错误认识而不能正确行使权力,也属于权力滥用。如在行政执法过程中,权力行使者对嫌疑人不采取正当手段和程序审问,而是采用捆绑、殴打等手段刑讯逼供、屈打成招,即构成权力滥用。

第三,权力行使不到位。公共权力必须到位,才能真正有益于社会和人民。然而有的公职人员拿手中的权力当儿戏,把人民的重托当耳边风,对自己应当履行的职责敷衍了事,消极怠慢、最终酿成灾祸,这种玩忽职守的行为,就是权力滥用。有权者,必有其位,须谋其政,负其责,尽其职,否则就是渎职甚至犯罪。权力的真谛、法律的尊严、道德的力量来自公共行政人员的责任,放弃责任、不尽责任,就会导致权力的滥用。因玩忽职守而给国家造成重大损失的事件时有发生,在有些地方或部门往往以"交学费"为由而不了了之。

第四,权力行使的目的错误。这主要表现为以公共利益为借口达到损害他人利益的目的,这是较为严重的权力滥用行为。权力享有者在权力行使过程中,运用手中的权力,为了个人私利,对他人进行侮辱诽谤、扰乱治安、栽赃陷害、打击报复等,都属于权力滥用。这类权力滥用的行为者,大多数怀有不良意图,其行为多属违法行为,甚至已经触犯刑律。

四、行政腐败的原因

腐败如人类文明史一样古老,即使到了现代,行政腐败问题依然是各国存在

---

① 姜明安:《关于政府集体滥用行政权力的若干问题》,《检察日报》2004年6月14日。

的通病。① 美国 1985—2004 年间每年有 1180 人受到腐败指控,并有 1020 人被判有罪②;日本自民党由于腐败结束了长达 39 年的执政地位;2008 年,英国的腐败案一共牵扯到 11 亿英镑,从 2000 年 63 起腐败案上升至 2008 年的 239 起;意大利腐败案件频发,不禁让人想起 20 世纪 90 年代的"清白行动",有专家甚至评论道"意大利的腐败像它的'黑手党'问题一样严重"。我们的邻国韩国、印尼、菲律宾、泰国、印度等,腐败的案例更加比比皆是。与发达国家相比,处于现代化进程中的后发国家更加严重一些,除了腐败者自身的原因以外,还存在着很多客观原因。

第一,社会转型论。腐败现象的增长,是现代化过程中社会矛盾增长在公共领域的反映。在社会转型期间,为什么现代化容易滋生腐化呢?原因在于:(1)现代化包含社会基本价值观的变化。一些行为、观念在传统的准则中是合法的、可接受的,而在现代人看来则是严重的腐化和不可接受。因此,在现代化过程中所出现的腐化与其说是行为背离了公共认同的准则,不如说是准则背离了既定的行为模式。(2)现代化由于开创了新的财源和权力渠道而容易产生腐化。因为占统治地位的传统规范并没有对它们与政治的关系加以界定,而界定这种关系的现代规范又未被主要社会集团所认可。(3)现代化通过扩大政治体系输出功能促进了腐化的产生。后发现代化国家意味着政府权威的扩张和受政府管理的活动的增多③。因此,发展中国家在向现代化转变的过程中都面临着非常艰巨的反腐败的斗争任务。

第二,特殊文化论。文化意义上的"普遍主义"(universalism)和"特殊主义"(particularism)被用来解释社会伦理和道德的适用情况。普遍主义价值认为公共角色的正式职责应被明确界定和保持拥有此地位的公职人员的独立性,信任关系建立在正式的契约基础之上。而特殊主义,则是依照不同的关系和环境决定什么是正确的和适用的。④ 以东亚为例,儒家学说催生另一种影响深远的特殊主义文化,即拥有亲缘关系和朋友圈的家庭构成一个人存在的核心。我国社会学家费孝通先生早就对中国文化有著名的概括——差序格局。差序格局中的

---

① Ulrich Von Alemann, "The Unknown Depths of Political Theory:The Case for a Multidimensional Concept of Corruption", *Crime, Law and Social Change*, vol. 42, 2004:pp. 25-34.
② 张宇燕、富景筠:《制度缺陷造就美国式腐败》,《中国改革》2007 年第 1 期。
③ 〔美〕塞缪尔·亨廷顿:《变化社会中的政治秩序》,王冠华等译,北京:三联书店 1989 年版,第 54 页。
④ Hung-En Sung, "A Convergence Approach to the Analysis of Political Corruption:A Cross-national Study", *Crime, Law and Social Change*, vol. 38, 2002:p.139.

两个基本要素,一个中心是"己",二是处于外围的社会关系网①。千百年形成的"官本位""情本位"文化,促使行政官员在具体执法过程中,总依据关系网的亲疏行使自由裁量权,最终导致行政腐败。东亚不是拥有特殊主义文化的唯一区域,"拉美国家也存在类似的情况。在崇尚集体主义的天主教的这些国家里,容忍了范围广泛的腐败"②。

第三,经济匮乏论③。尽管发达国家同样存在腐败,但是发展中国家的腐败更加猖獗。其原因就在于社会遭受着长期的基本商品短缺、黑市扮演着分配角色。萎缩的市场不但缺乏基本物品的流通而且很容易吸引国家的干预,并显得十分脆弱。这充分表明,在经济发展较为落后的地方,政府是推动社会发展的关键因素,因而掌握了大量优势资源,"在那里政治机会超越经济,人们乐于用权力为自己谋财富"④。国际货币基金组织在一些国家帮助扶贫的努力遭遇了相当的困难。国际货币基金组织要求通货膨胀、高负债、中央银行呆账的发展中国家精简人员和减少公共计划。⑤ 当政府公务员面临工资停滞、薪水拖延支付和工作保障减少的情况时,他们就不得不腐败。

第四,监督缺失论。腐败事件及其特征不但受国家专政工具的影响,而且受到社会群体非法行为的容忍以及现行社会舆论的影响。⑥ 即是说,权力监督、社会监督缺乏也构成了腐败频发的原因。政治系统的司法监督、行政监督是行政腐败的内部制约系统,也是目前预防和打击腐败的最有力的力量,而大多腐败频发的国家和地区,内部的监督一般都有较大的漏洞,缺乏对行政职责的明确界定和全程监督,缺乏独立的司法监督体系和有效的司法权威。公民参与和积极的

---

① 费孝通:《乡土中国》,上海人民出版社2006年版,第20—22页。
② Richard Morse, O Espelho de Prospero (Sao Paolo: Companhia das Letras, 1988); Carlos Eduardo Lins Da Silva, "Journalism and Corruption in Brazil," in J. S. Tulchin and R. S. Espach (eds.), *Combating Corruption in Latin America* (Washington, DC: The Woodrow Wilson Center Press, 2000).
③ Hung-En Sung, "A Convergence Approach to the Analysis of Political Corruption: A Cross-national Study", *Crime, Law and Social Change*, vol. 38, 2002, p. 139.
④ Michael Johnston, "Public Officials, Private Interests, and Sustainable Democracy: When Politics and Corruption Meet," in K. A. Elliot (ed.), *Corruption and the Global Economy* (Washington, DC: Institute for International Economics, 1997).
⑤ Devesh Kapur, "The IMF: A Cure or a Curse?" *Foreign Policy*, Summer 1998, pp. 114-129.
⑥ Donatella Della Porta and Alberto Vanucci, *Corrupt Exchanges: Actors, Resources, and Mechanisms of Political Corruption* (New York: Aldine de Gruyter, 1999).

新闻调查可以伸入进国家官僚体系的深墙,带来政府决策的透明度,①可是,被查出和定案的腐败案件,往往都没有积极的公民参与和媒体监督。

第二节 行政腐败的危害

行政腐败在经济发展、政治权威、社会道德等方面产生的消极影响,引人深思。行政腐败往往能抵消政府对于推动经济发展的政策努力,扭曲市场竞争和产权制度,导致分配不公与机会不均;严重侵蚀国家的政治体系,导致人事、领导和决策的体制裂变,以及国家能力与管理权能弱化;严重败坏社会风气和道德,引发人力资源的浪费和社会流动机制的变形,造成民间社会组织的畸形发展和社会无序。②

一、行政腐败造成国家经济损失

有学者从经济学的角度出发,尝试性地从官方公布的案件、引入腐败黑数以及经济转型过程中各类租金的规模等角度,估算了中国腐败引起的经济损失,从中可见,行政腐败给中国经济发展带来的损失几乎是让人触目惊心。

第一,根据官方公布的腐败案件来计算腐败所带来的直接经济损失。在每年的全国人民代表大会上,最高人民检察院和最高人民法院都要提交工作报告,具体汇报其查办贪污、贿赂、挪用公款等腐败犯罪的情况,一般包括案件数量、涉案人数、涉案金额(即挽回的直接经济损失)等方面的数据。同样,地方各级人民检察院和人民法院都要向相应的地方人民代表大会提交工作报告,也必须披露上述数据。例如,在 2003 年 3 月召开的十届全国人大一次会议上,最高人民检察院的工作报告称,1998—2003 年全国检察机关共立案侦查贪污贿赂、渎职等职务犯罪案件 207103 件。其中,贪污、贿赂、挪用公款百万元以上大案 5541 件,涉嫌犯罪的县处级以上干部 12830 人。查办危害国有企业改革和发展,涉嫌贪污、受贿、挪用公款、私分国有资产犯罪的国有企业人员 84395 人。通过办案,

---

① Carlos Eduardo Lins Da Silva, "Journalism and Corruption in Brazil", in J. S. Tulchin and R. S. Espach (eds.), *Combating Corruption in Latin America* (Washington, DC: The Woodrow Wilson Center Press, 2000).

② 参见何增科:《反腐新路:转型期中国腐败问题研究》,北京:中央编译出版社 2002 年版,第 156—213 页。

为国家挽回直接经济损失220多亿元。①

第二，引入腐败黑数和破案率来估算腐败的经济损失。由于腐败活动的隐秘性，并不是所有的腐败都能够被发现和查处，根据案件的平均查处率（或腐败黑数）来反向推导实际的腐败数量，并以此为基础来估算腐败的经济损失。如果我们假设腐败案件的查处率为10%，那么实际的腐败数量就是官方披露数量的十倍，其经济损失也相应地有十倍左右的变动。运用这一方法来推测我国1983年至2002年的腐败损失情况，可知，官方公布的腐败经济损失金额为491.3亿元，以此为基数可推出此期间我国腐败的总经济损失为5000亿元上下，平均每年250亿元。但问题在于，对案件查处率和腐败黑数的推测只能凭借主观感觉和经验，缺乏实际的标准，不同的人们之间容易产生分歧。

第三，根据经济转型过程中各类租金的规模来估算腐败的规模和损失。根据胡和立的估算，1987年我国商品、资金和外汇的双轨差价高达2000亿元以上，约占整个国民收入的20%；1988年我国政府控制商品的价差总额在1500亿元以上，国家银行贷款的利差总额在1138.81亿元以上，进口所用牌价外汇的汇差总额在930.43亿元以上，其他租金约1000亿元，总计4569亿元，约占当年国民收入（11738亿元）的40%。万安培认为，1992年我国因商品差价带来的价差租金不少于766.6亿元，因银行贷款利差带来的利差租金达1983亿元，因汇率差而形成的租金为1157.1亿元，其他租金2437亿元，当年各种租金总额合计6000多亿元，占当年国民收入（20223亿元）的32.3%。② 需要强调一点，对处于经济转型时期的国家而言，寻租活动与腐败有着错综复杂的联系，通过寻租而进行的贿赂型腐败是一种最为主要的腐败类型。所以，很多学者运用寻租理论对各类租金进行了估算，并将之等同于腐败所引起的经济损失。租金的存在只是说明了寻租的潜在收益和腐败的潜在诱因大小，它不意味着必然会发生寻租和腐败行为；腐败的形式也不仅仅限于寻租，还包括直接贪污、侵占、挪用公款等。所以，不能简单地将租金直接视为腐败的经济损失。

二、行政腐败造成政治资源流失

在发展中国家，社会经济发展一般都是由政府推动的。因而，国家行政机构及其工作人员的失责和腐败行为，直接损伤一个国家的治理能力，造成政治资源

---

① 参见倪星、王立京：《中国腐败现状的测量与腐败后果的估算》，《江汉论坛》2003年第10期。
② 同上。

的流失。

第一,行政腐败削弱政府的合法性。政府的合法性意味着公民对政府权威的认同与遵从。从某种意义上讲,政府的合法性权威是决定政府管理是否有效的重要基础。人们只是对合法的权力才有服从的义务。美国政治学者莱斯利·里普森指出:"权威与权力的不同之处就在于它被认为是正当的权力。权威被所有人当作正当的法则接受……如果说权力是赤裸裸的,那么权威就是穿上了合法外衣的权力。"①

在我国,合法性的核心命题体现在"寓民于政""取信于民","民无信不立""得民心者得天下,失民心者失天下"等名言中。在西方,政权合法性先后经历了"自然法论""君权神授论"和"社会契约论"等几个阶段。哈贝马斯认为:"合法性的意思是说,同一种政治制度联系在一起的,被承认是正确的合理的要求对自身要有很好的论证。合法的制度应该得到承认。合法性就是承认一个政治制度的尊严性。"②行政腐败严重威胁执政根基,损害政府的合法性。"如果腐败发展到一定程度,公众认为公共权力已成为政客们发财致富的工具和手段,政府的主要目标已不是为了公共利益,而是为了促使私利的实现,那么,政治体系赖以运行的合法性就面临危机,政府会失去人民的支持,民众的抗议浪潮可能此起彼伏,事态恶化到一定程度就可能导致政治动乱"③,严重时甚至会引起政府解体和国家治理失败。

第二,行政腐败消解权力的公共性。权力的公共性主要由两方面因素决定:其一,权力是公众赋予的;其二,权力是为公众服务的。洛克认为:政治权力就是为了公众福利。④"人民是权力的唯一泉源"等原则得到了美国联邦党人的赞同⑤。

马克思主义者对权力的公共性具有深刻的理解。马克思本人是从阶级的角度去分析政府的公共性,他说:"我们已经看到国家的本质特征,是和人民大众分离的公共权力。"⑥从本质意义上讲,人民是权力的真正主体。正是因为权力来自人民,因而赋予其神圣的公共特性,这种公共性反过来又要求权力必须为公众服务,否则人民有权撤销对他们的支持。在我国,共产党的根本宗旨是全

---

① 〔美〕莱斯利·里普森:《政治学的重大问题》,刘晓译,北京:华夏出版社2001年版,第58页。
② 〔德〕哈贝马斯:《合法性危机》,刘北成、曹卫东译,上海人民出版社2000年版,第127页。
③ 陈国权:《腐败:现代化进程中的政治公害》,《新视野》1999年第3期。
④ 〔英〕洛克:《政府论(下篇)》,叶启芳、瞿菊农译,北京:商务印书馆1996年版,第4页。
⑤ 〔美〕汉密尔顿等:《联邦党人文集》,程逢如等译,北京:商务印书馆1980年版,第257页。
⑥ 《马克思恩格斯选集》第4卷,北京:人民出版社1995年版,第116页。

心全意为人民服务,这就说明了共产党的权力及其干部的权力是公共权力,共产党必须坚持人民的利益高于一切,把人民的利益放在首位,努力为人民执政、用权。

公共权力主体合理地行使公共权力,意味着民众权利被广泛平等地尊重,行政权力依法定程序最大限度地公平地分配社会政治、经济资源。反之,公权私用、以权谋私,就是对公共权力的背叛,对平等和法制的僭越。权力滥用和行政腐败现象,很容易使民众对公共权力主体产生怀疑、厌恶甚至敌对情绪,严重地消解权力的公共性。当人们频频发问:"执掌行政权力的官员干部,究竟为老板服务还是为人民服务?"的时候,正是政府公共性被严重消解的时候,这种情况如果得不到根本改善,将会极大地消解政府治理社会公共事务的权威性,破坏社会的发展与进步。

第三,行政腐败引发重大责任性事故。国家行政机关有义务对自己所实施的行政活动承担责任,使整个行政活动处于一种负责任状态。但是,行政权力滥用和行政腐败,往往造成权力与责任之间的失衡。官员们重权力归属,轻责任界定,许多行政决策上马之后,缺乏相应的责任机制,因而容易引发责任事故。由于行政责任制度的缺乏和不完善,许多项目盲目上马、许多合同随意签订,在巨额款项打了"水漂"之后,一句"交学费"了事不承担任何责任。在这样一种不负责任的行政生态下,恶性责任事故不断发生。

行政腐败在基础设施建设中造成的重大事故尤其值得警醒,一些重大恶性事故和群体性事件背后也隐藏着腐败问题,仅最近几年,就先后发生了震惊全国的广西南丹矿难、山西运城富源煤矿特大透水事故、山东烟台海难、河南焦作特大火灾和洛阳特大火灾、重庆綦江彩虹桥垮塌和四川宜宾南门大桥垮塌事故、江西万载烟花爆炸、重庆合江翻船事故,以及江西九江长江大堤和云南昆禄公路"豆腐渣工程"、重庆"市长项目"渎职案、广东电白高考作弊案等等,严重腐蚀了政府的形象。

三、行政腐败造成重大社会危害

行政腐败的存在和蔓延,不仅对于公权力本身危害甚大,而且对于整个社会肌体都会产生一种破坏力极大的负面效应。

第一,行政腐败消解社会道德秩序。人是天生的政治动物,生活在不同的共同体内,要使共同体免于混乱和分裂,就必须构建一种道德秩序,这一点早在两千多年前就被先贤们认识到了。亚里士多德把个人德性看成是城邦至善的前提。他将灵魂的善和道德的善视为最高尚的善。他认为:"人类无论个别而言或合为城邦的集体而言,都应具备善性而又配以那些足以佐成善行善政的必需事物,从而立身立国以营善德的生活,这才是最优良的生活。"①中国传统文化本身就是一种伦理文化,儒家伦理的"厚德"哲学影响深远。"学而优则仕"和"为政以德"突出表现了孔子将伦理政治化的倾向,由此也衍发出诸多的道德秩序话语,如"修身、齐家、治国、平天下"就首先明确了个人道德的重要性。

进入现代社会之后,道德秩序与法治秩序共同构成社会有效运转的尺度,所不同的是,法治秩序更多是依靠威慑和事后的惩治,而道德秩序则更多地体现为道德内化和软性约束,因此从某种程度上讲,建立一种人人懂礼守道、怀德存欲的道德秩序不但能降低社会运行的成本,更能从本质上接近社会理想状态。要达至此,就要强调道德建设的重要性,在这个过程中"道德主体是社会道德活动中的中坚力量和'领头羊',就个体而言,越是对社会起作用大的人,其道德要求就越高。"②

"子率以正,孰敢不正?"③掌握着整个社会最稀缺的资源分配权的行政官员,处于社会结构的顶端,代表着整个社会的走向,其行为也因此成为人们学习和效仿的对象。然而,行政腐败现象却正好背离这种取向,公共权力的执掌者背弃"为政以德,譬如北辰,居其所而众星拱之"④的传统政治伦理,走向了道德的对立面。行政腐败,不但扭曲了当事人的个体道德,也恶化了社会风气,削弱了人们自觉遵守社会道德的热情。

第二,行政腐败破坏社会运转秩序。市场和再分配是现代社会运转中两个最基本的机制。前者强调机会平等的初始条件,后者关注民众权利的基本均衡。我国的现代化建设依靠行政力量培育市场主体,由于改革的不充分性和特殊性,经济活动仍总是离不开政府的身影。在资源配置环节中发生的腐败,至少在两个方面破坏了社会运转秩序:一方面,行政官员本来处于社会结构的上层,占有相对较多的资源,但是由于行政腐败对公共利益的套现,容易加剧与其他阶层的不平等。社会学家陆学艺依据各阶层拥有文化资源、经济资源和组织资源的量及其重要程度,认为中国现在有十大社会阶层,依次是:(1)国家与社会管理者阶层;(2)经理人员阶层;(3)私营企业主阶层;(4)专业技术人员阶层;(5)办事人员阶层;(6)个体工商户(拥有少量经济资源);(7)商业服务业员工

---

① 〔古希腊〕亚里士多德:《政治学》,吴寿彭译,北京:商务印书馆1982年版,第343页。
② 李建华、高清林:《官德:社会的主体性道德》,《社会科学》1998年第12期。
③ 《论语·颜渊》。
④ 《论语·为政》。

阶层;(8)产业工人阶层;(9)产业劳动者阶层;(10)城乡无业、失业、半失业者阶层。① 如若处于国家与社会管理者阶层的行政管理人员,在资源分配的过程中,通过非法手段向自我转移,势必要强化个人资源的拥有量,拉大与其他阶层的差距。与此相反,行政腐败的发生,会使得原本处于相对不利位置的其他公民,更具有相对剥夺感,增添社会不公平的认同,不利于社会稳定。

另一方面,行政腐败破坏社会竞争机制,阻碍社会分化过程。社会分化既是现代化建设的成果,又是现代化建设的过程。实行改革开放以来,市场在社会分化中的作用越来越大,市场竞争的活力也越来越受到人们的认同,人们对分化和差距的现实逐渐适应。但是,腐败作为一种"非正常"的分化力量,正破坏着社会正常的分化秩序。

行政腐败消解着社会竞争的初始条件,破坏社会的公平环境,使本来处于不利地位的阶层更加不利,加剧了不平等,挫伤了人们参与现代化建设的热情;此外,则在社会分化和发展的进程中,以腐败形式推动社会差别扩大化,破坏社会分化的正常秩序进程,既阻碍社会发展,又威胁社会稳定。

第三节 行政腐败的规制

诺贝尔经济学获得者缪尔达尔认为:"腐败行为对任何实现现代化理想努力都是有害的。腐败盛行造成了发展的强大障碍与限制。"②在西方体制下,三权分立是其主要的政治架构,频率较高的选举行为在不同层级不同范围都有存在,新闻媒体是独立于政党、政府或利益集团的"第四种权力"。因而决定了反腐败的一个明显的特征,就是包含在宪政体制范围内的一系列反腐措施:分权、独立司法、自由公平的选举和独立的媒体。③ 这与西方自由主义的传统和政治体制密切关联。在中国,最基本的政治现实是中国共产党是唯一的执政党,人民代表大会制度是根本政治制度,实行"议行合一"原则,即由人民直接或间接选

---

① 陆学艺等:《当代中国社会阶层研究报告》,北京:社会科学文献出版社2002年版,第9页。

② 〔瑞典〕冈纳·缪尔达尔:《亚洲的戏剧》,谭力文等译,北京经济学院出版社1992年版,第147页。

③ Jeremy Pope, *TI Sourcebook 2000*: *Confronting Corruption*: *Elements of a National Integrity System* (Washington, D. C.: Transparency International, 2000); see also Susan Rose-Ackerman, *Corruption and Government*: *Causes, Consequences, and Reform* (Cambridge: Cambridge University Press. 1999), chap. 9; Daniel Kaufmann, "Myths and Realities of Governance and Corruption," *Finance and Development* (Washington, DC: International Monetary Fund, September 2005).

举的代表机关统一行使国家权力;国家行政机关和其他国家机关由人民代表机关产生,各自对国家权力机关负责并受其监督。与此同时,"我们国家的报纸、广播、电视等是党、政府和人民的喉舌。"①这就决定了中国在行政腐败的预防与制约方面要走与西方不同的道路,但是这也绝不否认,在反腐败的问题上有一些普遍的规律可以遵循。我们仍然可以在借鉴他国成功经验的基础上,按照中国的实际国情开展卓有成效的工作。

一、以道德规制行政腐败

一般而言,现代治国方式大多推崇法的地位,在一切国家法律被置于了崇高的地位。这虽然有助于国家治理的规范性,但是以法的形式框约现代政治、分享权力,实现多元参与的政治主张和政治实践,实际上默认了政治系统的被动性和不规则性,这不能不说是片面性恶论在政治系统的推广应用。应该说,法在政治系统中的作用发挥,为人类的政治实践增添了强制性和稳定性因素,然而,人们在依赖法律的同时,也不能一味地抹杀政治系统本身的积极因素。伦理的注入使得现代政治的主动性和创造性被重新发现和认识,如若在法治的同时,调动政治伦理的积极作用,那么现代政治活动将更加充满活力,政治目标更加充满理性。② 现代社会,人们往往过度看重法律在政治事件中的作用,这当然符合现代法治的基本要求。但是也往往因此忽略了法律制裁的滞后性,相比之下,道德内化更具有事先预防的功能,是反腐败斗争中的第一道防线。

一方面,要以德化官,建立行政腐败的预防线。腐败是权力异化的结果,而权力异化的主要根源之一是国家公职人员权力道德的缺陷。在权力运作过程中,要使它始终成为谋取公共利益、维护社会正义的工具,首先要求权力主体具有高尚的道德。"反腐败,教育是基础,制度是保证"。要以德化官,主要应从以下三个方面入手:③

认知层面的自觉。公职人员进行德性修养,首先要对伦理规范进行自觉的学习和认识,把握它的本质与精髓。公职人员只有掌握了这些理论知识,才能在实践中对自己的行为进行理性分析给予缜密的审视和斟酌,从而做出契合理性合目的的选择。因此,公职人员要成其德性,当务之急是提高自己的思想道德认

---

① 《十三大以来重要文献选编》,北京:人民出版社1991年版,第785—788页。
② 吴晓林、高珊:《剪开政治解不开的"死结"》,《伦理学研究》2007年第4期。
③ 李建华、黎映桃:《制度与德性的融合:当代中国的廉政建设模式》,《衡阳师范学院学报》2002年第4期。

识水平。

　　情感层面上的自愿。健康的情感是德性的重要方面,德性修养同时涉及道德情感的形成过程。如果说司法人员能否从理性上自觉认识到司法行为的必然性与应然性是德性修养的第一步,那么要使这种理性自觉变为实际行动,还必须依赖于修养主体的情感自愿。社会实践的经验告诉我们,理性上认识到某种制度和规范具有重要的价值,而情绪上不满或厌恶而拒不履行甚至反其道而行之的事在现实中屡见不鲜,为什么会出现这种现象,这主要是由于"理达情不通"、"心甘情不愿"。只有情感上的自愿,才能实现德性修养的第二步。

　　行为层面上的自然。德性既涉及规范,又关联着行为。从形式的角度来看,规范显然与行为有更贴近的联系。相对于规范,德性似乎首先指向成就人格。然而,这并不意味着德性与行为无涉。德性可以看作是一种内在的本真之我,但成于内并不意味着囿于内。"我"既以内在人格的形式存在,又有自身外在展现的一面。作为内在的人格,德性总是面临着如何确证自身的问题。公职人员在德性修养过程中所达成的认识上的自觉和情感上的自愿还仅仅是德性的"观念存在形态",只有在行为上的自然,才真正体现了德性的真谛。德性所内含的向善心理定式,在具体的事例中引发了相应的动机,从而赋予行为以自然向善的形式。

　　由于我们无法保证公务员德性的内在完成,而且深信道德内化不是道德自我完善的一个自然过程,因此道德教育在这个过程中发挥着不可替代的作用。如上所说,教育工作应该在反腐倡廉的总体格局中立足"情感"这个基础,抓住"认知"这个重点,着重"行为"的实效,重点传播内化"公共利益的至上性""行政腐败的高代价""行政清廉的正效益"等道德约束,多维度地构建公务员行政伦理的内化格局。

　　另一方面,要以德化民,构筑行政腐败的预防网。现代分析法学家哈特认为道德的重要社会意义在于它对社会成员的"重大的社会压力","该压力不仅促使个别情况下的服从,而且保障道德标准传导给全体社会成员"。道德的"典型的强制形式是唤起人们对规则的尊重",使之"受到其自身良知的惩罚",或者进而受到社会加之他的反感、体罚,直到被摒弃于社会联系之外。[①]可见,"道德权力"并不仅仅来源于个体对自我的认知,更体现为社会对个体的道德他律。实际上,预防和反击行政腐败本身,并不单纯是针对行政部门及其公务员的单项斗争,更是社会成员范围内的共同事业,换言之,我们的反腐败工作不能仅仅盯着

---

① 郭道晖:《道德的权力和以道德约束权力》,《律师世界》2002年第6期。

公务员,要长期持续有效地反腐,必须将自我也引入到"改革"和"完善"的中心,这就引出了以德化民、构筑行政腐败预防网的主题。

首先,以德化民,要全力祛除"腐败世俗化"的文化土壤。在分析南亚地区的腐败问题时,缪尔达尔提出了"腐败民俗学"的概念。"即人民认为世界所有的国家都存在腐败,对腐败的信念富有感情。容易使人们相信,掌握权力的每一个人都可能为了他自己的利益、他家庭的利益或他觉得应忠于的其他社会集团的利益来利用权力",现实情况是,尽管人们都厌恶腐败,大多数人却对于自己如果真正掌握权力后怎样使用权力缺乏正义设想,甚至对腐败分子的反感,仅仅是缘于自己没有得到这样一种权力机会。

2008年9月前后,中国青年报社会调查中心通过网易新闻中心开展的一项在线调查显示(2440人参与),86%的公众表示自己或身边的人曾想过报考公务员,只有8%的人表示"没有想过"。在此次调查中,仅有7%的公众认为,很多人报考公务员是为了真心实意为老百姓做点事,做人民公仆。而更多的人(42.2%)认为,人们报考公务员是为了追求"灰色收入"。[①] "灰色收入"不正是行政腐败的变异表现吗?如此之多的民众以"灰色收入"为自己报考公务员的动力和真正目标,其行为动机不正是为了追求支撑腐败的行政权力空间吗?这种腐败的民俗学恐怕仅仅是"吃不着葡萄说葡萄酸"的无益心理。缪尔达尔在《亚洲的戏剧》一书中指出,南亚国家之所以腐败盛行,就是因为"这些国家的腐败已经渗透到了人们的日常行为模式,成为全社会的行为准则,并且已经形成了一种与主流价值并行的社会心理","如果认为腐败是理所当然的,那么其实对其不满实际上等于嫉妒那些有机会通过不正当交易牟取私利的人"。[②] 这样的思想多了,腐败必然世俗化。因而,必须要从提高民众的德性心思入手,为预防和遏制腐败提供洁净的文化土壤。

其次,以德化民,要以社会道德的力量围剿行政腐败文化。道德教化不应该单单针对行政官员,而应该扩展到整个社会。公众的廉洁意识教育是围剿行政腐败文化的重要基础,它为行政腐败提供了道德他律的社会氛围。在行政腐败的现象中,行政官员道德堕落是问题的核心,社会道德环境缺乏制约或者过度放松则是基本的环境。从道德心理学的角度上来说,包括其道德观念的改变和所

---

① 肖舒楠、未晓芳:《民调显示:铁饭碗再受推崇让公务员考试大热》,《中国青年报》2008年9月2日。
② 〔瑞典〕冈纳·缪尔达尔:《亚洲的戏剧》,谭力文等译,北京经济学院出版社1992年版,第144页。

面临的社会舆论压力在内的腐败者的心理成本是预防腐败的重要基础之一。要在全民中普及法律知识和法治观念,开展全民反腐活动,以民众的权利消解官员的特权,使腐败者成为人人喊打的过街老鼠,从而在心理上承受巨大的道德压力。"人人廉洁自律,社会才更加和谐美好";要高度重视全社会范围内的廉政文化教育,必须把廉政文化建设融入社会主义文化建设的大布局之中,体现在社会主义核心价值体系建设和社会公德、职业道德、家庭美德、个人品德建设等各个方面和环节,全方位地构建道德防线,大力围剿腐败文化。

从某种程度上讲,抓行政腐败教育不能只针对官员,在官员从民转官之前就应该从道德上解决"官路"问题。在没有选拔出官员之前,任何人都是官员的潜在候选人;即使选拔出来了,也应该从道德上对官员形成良性的压力环境。

二、以权力规制行政腐败

要在体制内加强反对行政腐败的力度,就要从制度上解决两个问题,一个是通过缩权来减少行政权力的支配机会;二是通过限权来限制行政权力的行使。

合理压缩行政权力空间。行政腐败无不以公共权力的滥用为基础,为了从根本上治理腐败,就要在消除寻租空间的工作上下功夫,合理减少行政权力对经济活动、社会活动的干预,减少公共权力对资源配置的干预。这实际上对政府职能转变提出了要求,只有改变计划经济条件下政府对社会资源的统包统揽,减少公共权力介入上资源分配的机会,才有可能在最大限度上减少腐败的可能与概率。① 合理压缩行政权力空间就要合理向市场放权,调整政府与市场关系②,政府干预虽然能够在特殊时期成为规避风险、抵御灾难的有效工具,但是过度的经济干预则严重干扰市场秩序,或者导致市场经济秩序与国家的政治秩序的高度重叠及复制,降低经济发展效率,或者挤压人们经济生活空间,浪费公共服务的社会资源,扭曲政府的公共服务职能,导致行政腐败。必须充分重视市场在资源配置方面的基础地位,向市场放权,向有限政府转变,促使卓有成效的市场主体掌握着微观经济领域的操控权,政府则以法规制度等形式掌握着宏观领导权,真正廓清政府的市场权限,压缩政府经济领域的行政审批权。

向市场放权的过程必然伴随政府职能的转变,要抓住大部门体制的改革契机,转变政府职能、促进依法行政为目标,加快推进行政审批制度的改革。进一

---

① 董晓宇:《公共权力腐败行为的形成机理与遏制思路》,《中国行政管理》2002 年第 4 期。
② 彭忠益、吴晓林:《共享领导力的现实效度与政治学动力分析》,《西南交通大学学报(社科版)》2009 年第 1 期。

第七章 行政腐败

步转变政府职能,由管理型向服务型转化,给企业和社会充分的自主权。把政府的行政管理职能和资产所有权分开,避免权力过分集中所造成的腐败,坚决扭转政府行为经济化、企业化的倾向。通过建立产权交易市场,把对国有资产、社会资源尤其是稀有资源的审批权交给市场,避免行政权力对经济运行的直接介入。[1]

有效规范行政权力的行使。建设法治国家最直接的目的就是规范和限制政府权力,首要的是要依法行政。党的十一届三中全会以来,邓小平总结了国际国内正反两方面的经验教训,在不同场合、从不同角度反复批判了把一个党、一个国家的稳定和希望"寄托在一两个人的威望上"的人治思想[2],不断强调要"认真建立社会主义的民主制度和社会主义法制"[3],以此保证国家的长治久安。党的十五大报告站在世纪之交的高度,在总结新的经验的基础上,对政治体制改革的思路作了新的概括,在中国共产党的历史上第一次确认"法治"概念,并把对法治的认识从过去的技术层面上升到战略高度,明确提出了"依法治国,建设社会主义法治国家"。

2004 年 5 月,受贿 2559 万元、家财 5500 万的有着"千万富翁"绰号的贵州省交通厅厅长卢万里——这位曾经震惊全国、被称为"中国交通第一腐败大案"的主角,在贵阳市中级人民法院的法庭上,等来了法庭宣判的结果,判处死刑,剥夺政治权利终身。作为交通厅厅长,卢万里下马不是第一个,当然也不是最后一个,前前后后全国各地落马的交通厅厅长、副厅长竟有十几个之多,以至于媒体总结出交通厅厅长现象这样的说法,以至于人们觉得"要想富先修路"到底是说给谁听的,路还会修下去,还会越修越多。[4] 判刑之前,卢万里刚刚 59 岁,他说:"政治上没前途了,就想在经济上捞点好处"。这种"交通腐化症"与"59 现象"构成了腐败生活中的重头戏。近年来,我国交通基础设施建设进入快速增长时期,投资大幅攀升。据有关资料统计,1998 年至 2003 年全国公路建设总投资达到 1.2 万亿元。与此同时,一些地方交通领域的腐败现象也随之"增长"。

如果说卢万里案件只是一个个案,"相机选择"式的惩罚措施仅仅促使一个腐败分子以生命付出了代价,但是这种事后措施又怎能保证不出现的腐败呢?所以必须加强反腐制度建设。要依法行政,杜绝腐败,首先要设计一套严格的法

---

[1] 李晓英:《中国社会转型与反权力腐败》,《新视野》2004 年第 2 期。
[2] 《邓小平文选》第 2 卷,北京:人民出版社 1983 年版,第 333 页。
[3] 同上书,第 348 页。
[4] 案例来源:《本周人物:道路 官路 绝路——卢万里》,央视国际,http://www.cctv.com/program/zgzk/20040518/101000.shtml。

律制度,来保证公共权力对资源支配的规范化、透明化。为了规范和限制政府权力,预防权力主体的腐败行为,一是要由国家制定一系列廉政方面的法律法规,并保证这些法规得以严格执行,二是加强各级立法机关、行政监督机关对行政权力的制约,必须依靠良好的法律制度构建行政腐败的高压线。

三、以社会规制行政腐败

国家单边主义的治理模式已经不能很好地应对社会变革和发展,现代社会的治理,要充分重视社会力量的重要作用,治理腐败也应如此。公民参与和社会监督是遏制行政腐败不可缺少的环节。

第一,要尽可能地引导公民参与权力运作。促进社会自组织力量参与权力运作,提高行政权力的透明度,是制约公共权力腐败问题的基本要求。增强社会力量对行政权力运行的参与能力,可以从两个方面着手:一是提高社会力量处理自身事务与能力,既可以最大限度减少公共权力对资源配置的机会,又可以促使公民了解公共事务管理的程序;二是强大的社会自组织力量,有利于与公共权力进行对抗,在实践中维护社会公众的权利。如果没有强大的社会自组织力量,代议制也不可能真正建立,法制也不可能对抗强权。但是,提高社会自组织力量的过程则是一个民主发展过程,它需要相应的政治土壤才能生成。①

经过30年的改革开放,中国的市场经济不断发展、利益结构不断分化,附属于利益分化之上的公民组织不断丰富,各类民间组织和社团日趋活跃,"国家和社会的支配和从属关系正在逐步发生改变。政治国家、私人部门和第三部门或市民社会开始形成各自相对独立的治理主体。多中心的、自主的治理结构将从根本上颠覆传统的以国家为中心的命令服从式政府管理方式,强调私人部门和第三部门合作管理和利益相关者参与决策过程的民主治理成为政治发展的潮流。"②可以预想,政治实践和公共事务领域将为公民参与打开更广阔的空间。公民自身主体意识、平等意识、自主意识、权利意识日益增强,将为参与公共权力运作提供最有力的支撑。

众所周知,政府作为执掌公共权力的组织,其自上而下的权力运作模式以及其他任何组织无可比拟的资源优势,使得其在处理社会事务时出现两种可能:或者集民之所能做民之不能,或者集民之所能扰民之所能。如若听任政府包揽社会事务,不但会增添政府滥用权力的冲动,而且会低估公民参与公共事务的能

---

① 董晓宇:《公共权力腐败行为的形成机理与遏制思路》,《中国行政管理》2002年第4期。
② 何增科:《渐进政治改革与民主的转型(下)》,《北京行政学院学报》2004年第2期。

力,降低公民的政治人格与参与热情。私人领域应该由当事人自治已经成为人类社会的基本准则,政府要合理地从社会、经济、文化等非政府活动领域中抽身退出,除了关系到社会稳定、国计民生、可持续发展等方面的战略任务,能够交由社会处理的就交由社会处理,逐步从政社合一走向政社有效分开。要鼓励公民参与公共事务的治理,促使政府用权公开化、透明化、程序化,防堵权力的使用漏洞。

第二,要引导公民参与行政监督。事实证明:不受监督的权力倾向于腐败。因此,惩治腐败,监督是关键。人类有史以来,主要有三种监督,即权力、道德、权利。相应的制约机制是:以权力制约权力,以道德制约权力,以权利制约权力。其中最主要的、最本质的是人民群众的监督,即以权利制约权力。中华人民共和国宪法和法律赋予人民群众广泛的民主监督权利。因此,民主监督是防治腐败的关键。①

监督权不是仅指司法权,更多地是指人民监督、舆论监督,以及在人民监督基础上的纪检、监察、督察、审计等其他党和国家机关的监督。胡锦涛同志总结党的十三届四中全会以来我们党风廉政建设和反腐败工作积累的重要经验之一,就是必须依靠人民群众的支持和参与。统计数据表明,我国目前80%的反腐败案件的线索源于群众举报。十届全国人大二次会议结束后,国务院总理温家宝回答了记者提出的问题,在谈到反腐败问题时,他说:"我和我的同事们愿意接受人民的监督"。

中华人民共和国成立以来反腐败斗争的实践说明,通过群众运动把群众组织起来是消除腐败的有效途径。但大规模的群众运动所产生的副作用也不可轻视。如何发挥人民群众在反腐败中的主体作用,有效利用广大群众对腐败深恶痛绝的情绪,通过加强领导和组织引导,探索一条依靠群众而又不搞群众运动的新机制,是加强党风廉政建设必须深入探讨解决的问题。具体地说,完善执政党反腐败动力机制需要抓住以下几个环节。②

首先,牢固树立依靠人民群众反腐败的思想意识。机制是理念的外化形式,完善反腐败的动力机制首先要强化人民群众是反腐败的主体理念。政党政治的实践已经反复证明,执政党仅仅依靠自身的健康力量很难有效地遏制腐败,必须从外在方面寻找一种相对独立的力量去对执政权力进行监督制约。站在反腐败的角度看,人民群众是腐败的最大受害者,反腐败与人民群众的根本利益息息相

---

① 董晓宇:《公共权力腐败行为的形成机理与遏制思路》,《中国行政管理》2002年第4期。
② 唐晓清、段冰冰:《完善执政党反腐败动力机制的多维思考》,《理论探讨》2007年第6期。

关；人民群众对腐败现象最痛恨,是反腐败的主体和主力军;反腐败的进展与人民群众的利益息息相关,对反腐败的成果感受最真切,是反腐败成效最权威的评判者。依靠人民群众的力量来监督制约执政权力,是执政党防止权力腐败和质变的最现实的动力源泉。因此,构建执政党的拒腐防变机制应该始终坚持"群众主体论",始终坚持相信群众、依靠群众这个基本的战略方针。

其次,建立充分反映广大党员和群众意愿的党内外民主机制。现代社会反腐败的有效性从根本上取决于民主与专制力量的实力对比。民主是腐败的天敌,只有发展党内民主和社会主义民主,让党员和群众当家作主,才能真正形成反腐败的天罗地网。为此,必须正视执政党历史方位的重大变化,把健全党内外民主机制作为深入开展反腐败斗争的突破口,以发展党内外民主来确立和保障社会各个层面参与反腐败的权利,为实现有序的政治参与奠定基础。在社会主义民主法制建设上,要立足中国国情和中国共产党长期执政的实际,探索建立以民主参与和民主监督为核心的中国特色的民主政治模式;应制定"反腐败法"和"群众监督法",对公民和社会组织进行民主监督的内容、形式、权利、法律保障等做出规定,使群众监督有章可循、有法可依;在群众参与和监督的途径上,要通过建立政务公开制度、协商对话制度、旁听会议和意见征集制度等,为各种社会组织和广大群众参与反腐败提供畅通的渠道,使人民群众能够全方位地监督政府,监督党员干部,全过程参与反腐败斗争。

最后,完善人民群众参与反腐败的体制机制。新中国成立以来反腐败斗争的实践说明,组织群众运动是消除腐败的有效途径,但大规模的群众运动所产生的副作用也不可轻视,这方面我们也曾走过弯路。在总结经验教训的基础上,如何发挥人民群众在反腐败中的主体作用,有效利用广大群众对腐败深恶痛绝的情绪,通过建立群众参与的体制机制,探索一条依靠群众而又不搞群众运动的新路子,是当前需要重点研究和解决的课题。各级人大应设立廉政监督委员会和人民监督委员会,建立廉政监督专员和人民监督员制度,并把它作为人大监督体系的一个重要方面,使人民群众能够通过权威性的机构,以有组织的形式参与反腐败;要使群众有组织地参与,逐步走上专业化轨道,在相关行业和居民聚集的地方应设立民间调查维权组织,建立民间申诉专员制度和人民调查员制度,把群众参与变为一种组织化和专业化行为。通过完善相应的体制机制,逐步实现群众参与的组织化、专业化,使反腐败斗争由浅入深、由被动到主动、由随意到规范。

第八章　行政忠诚

　　行政忠诚既是公共行政人员的一项美德,也是行政组织对公共行政人员的一种道德要求,同时也是行政个体对行政组织的一项道德义务。在组织结构中,公共行政人员必须忠诚于行政组织目标,承担维护公共利益的责任。现代意义上的行政忠诚是以社会契约关系为基础的。因为在政治和社会领域,契约构成了人民与政府之间关系的基础,同时也构成了一切人际关系的基础。换言之,契约构成了政府合法性的基础,也构成了公共行政人员行政忠诚的前提。

第一节　行政忠诚的基本概念

　　在中国传统行政伦理语境中,"忠"作为古代社会调节官员、国家(君)与人民三者之间关系的行政伦理规范,最初含有利民、利公、利国的意思。对于官吏而言,"忠"主要体现在事君和治民两个方面。根据现代人的政治标准,早期的"忠"的观念大致包括了三个层次的内涵:对政治权威中心的服从;对政治正义品质的肯定;对政治公平规则的期求。① 在《说文解字》中,"诚"解释为:"诚,信也。"② 在孟子看来,"诚"是天道的法则,而做到诚实则是人道的法则。他说:

---

① 王子今:《"忠"观念研究——一种政治道德的文化源流与历史演变》,长春:吉林教育出版社1999年版,第12页。
② (汉)许慎:《说文解字》,北京:中华书局1963年版,第52页。

"诚者,天之道也;思诚也,人之道也。"①"诚"被认为是人的核心范畴和人生的最高境界,"性之德曰诚"②,"诚者,不勉而中,不思而得;从容中道,圣人也"。③

在现代行政伦理语境中,由于公共行政人员大量存在的不道德行为使得行政忠诚问题日益凸显。

一、忠诚及其相关问题

忠诚(loyalty)作为一种美德,是针对某种关系或某种信仰而言的,而不仅仅针对个人而言的。换言之,忠诚并不是孤立的,而是社会性的、群体性的。忠诚有不同的表现形式。刘向在《说苑·复恩》中说:"国君蔽士,无所取忠臣;大夫蔽游,无所取忠友。"所谓"为下克忠"④者,"事君以能致其身为忠"者,是"忠臣"。所谓"出自心意为忠"者,"尽心于人曰忠"者,是"忠友"。忠于某种政治信念、政治理想、政治原则,不畏艰险,矢志不渝者,可以称之为"忠人"。⑤ 一方面,忠诚体现了个体的人格,因而必定与他人密切相关。另一方面,忠诚又是超人格的,忠诚于某种信仰、主义或理想,具有典型的非人格的成分。我们不能仅仅忠诚于某个人,我们只能忠诚于联结我与他人之间的某种关系。例如,夫妻之间的忠诚,并不是对作为个体的彼此尽忠,而是对爱情忠贞,忠诚于夫妻之间的结合。⑥ 忠诚于某个政党,并不是忠诚于某个政党领袖,而是忠诚于个体所信仰的某种主义。忠诚是指"个人对某一主义(cause)自愿的,实际的以及彻底的奉献。"⑦忠诚必定有忠诚的对象,这一对象就是"主义"。忠诚并不表示在语言上,而是表现在实际的行为上。如烈士之殉国、教徒之殉教、情人之殉情,就是忠诚的表现。在日常的语境中,"忠诚"与"义务"这两个词通常可以互换使用,它们似乎是完全相同的。它们之间到底有什么关系?它们是否存在重大差别?美国著名的政治理论家史珂拉指出:"忠诚的情感特征将其从义务中分离出来。如果义务是受到规则的驱动,那么忠诚就由行动者的完整人格激发。"⑧忠诚的意

---

① 《孟子·离娄上》。
② 黄宗羲:《名儒学案·卷六十二 蕺山学案》。
③ 《礼记·中庸》。
④ 《尚书·伊训》。
⑤ 王子今:《"忠"观念研究——一种政治道德的文化源流与历史演变》,长春:吉林教育出版社1999年版,第346—347页。
⑥ Josiah Royce, *The Philosophy of Loyalty*, New York, The Macmillan Company, 1930, p.20.
⑦ Ibid., pp.16-17.
⑧ Judith N. Shklar, "Obligation, Loyalty, Exile," in *Political Thought and Political Thinkers*, Chicago and Lodon, The University of Chicago Press, 1998, p.41.

识所激发的政治热忱,确实与高尚的品格和奉献精神相联系。"在组织的整体需要中,个人具有工具性,是执行上级命令与指示的中介与手段,对上级或权威的忠诚成了他们的首要美德。"①

人类为什么需要忠诚呢?我们为什么必须忠诚?忠诚与我有何关系?《忠经·天地神明》说:"'忠'也者,一其心之谓也。为国之本,何莫由'忠'?'忠'能固君臣,安社稷。"这些问题都与责任和理想这两个因素有关,因为忠诚与否影响着我们安身立命。只有明确了忠诚的对象,我们才能确定自己的责任和生活计划。

大多数人可能会认为传统的忠诚是封建专制帝王压迫臣民的工具,甚至可能有人认为对利益集团的忠诚实际上是对某些罪恶的掩饰。这些说法或许有其道理,但需要从学理上深入分析才能发现其是否具有合理性。事实上,正如黑格尔在《历史哲学》一书中所指出的:"'封建'和'忠诚'是连在一起的。这种忠诚乃是建筑在不公平的原则上的一种维系,这种关系固然具有一种合法的对象,但是它的宗旨是绝对不公平的;因为臣属的忠诚并不是对于国家的一种义务,而只是一种对私人的义务——所以事实上这种忠诚是为偶然机会、反复无常和暴行所左右的。普遍的不公平、普遍的不法,一变而成为对于个人依赖和对于个人负有义务的制度,所以只有义务的形式构成了公平的方面。"②不可否认,封建时代的"忠诚"是不平等的,带有强制性和反理性的特征。但是,我们也不能否认传统的忠诚观在当代社会也有其价值。

而在现代民主社会,忠诚是每一个公民必要而持久的情感和品德。所有社会都要求其成员具有某种程度的忠诚。只有民主才能赢得其公民自然而且合乎理性的忠诚。真正意义上的忠诚在本质上是对个人责任的体认,是个人良心的发现,忠诚并不要求牺牲个人利益。忠于自私自利的小团体,忠于政客,这些忠诚都是狭隘的,并没有体现忠诚美德。黑格尔指出:"中古时代国家所由团结的那种维系,我们称为'忠诚',是被委之于心灵的独断抉择,不承认什么客观的义务。因为这个缘故,这种忠诚却是人间最不忠诚的东西……这些君侯大臣,只对于他们的私愿、私利和热情表示忠诚,而有荣誉,但是他们对于帝国和皇帝却是完全不忠诚;这因为他们主观的纵恣在抽象的'忠诚'方面受到了一种认可,国

---

① 郭夏娟:《公共行政伦理学》,杭州:浙江大学出版社2003年版,第143页。
② 〔德〕黑格尔:《历史哲学》,王造时译,上海:上海世纪出版集团、上海书店出版社2001年版,第367页。

家也没有组成为一种道德的总体。"①

而在现代语境中,在大多数情况下,忠诚意味着道德选择。"当忠诚是一种选择的结果时,它就是一种承诺,这种承诺具有情感特征,它更多的是由我们的人格而不是精打细算或道德推理而引起的。所有的人都倾向于忠诚。"②而且,我们所选择的忠诚的对象即某种主义、事业和理想本身必须是善的。如果我们能将传统的"忠"转换成以理性为基础的对真理的忠诚、对民主的忠诚、对宪法的忠诚、对国家的忠诚,那么传统的忠诚理论仍将发挥其积极的作用。

二、行政忠诚的界定

行政忠诚是行政人员在行政活动中执行国家意志和维护公共利益时自愿的、实际的以及彻底的奉献。它既是行政组织有效运行的必备条件,也是行政人员自我发展的实现前提,同时也是实现公共利益的条件。行政忠诚是针对特定的职位和职业而言的。换言之,行政忠诚是针对特定的公共行政人员的道德。梁元帝在《〈忠臣传〉序》中认为:"夫天地之大德曰'生',圣人之大宝曰'位'。因'生'所以尽'孝',因'位'所以立'忠'。事君事父,资敬之礼宁异?为臣之子,率由之道斯一。'忠'为令德,窃所景行。"其中,"因'位'所以立'忠'"这种说法是值得我们深思的。显然,古代的忠诚,是因为政治地位的不平等而产生的特殊心理。臣属对帝王的忠诚,实际上也表现为对国家的忠诚。但是,封建统治者要求其臣属表现出绝对的忠诚、无条件的忠诚,这种忠诚其实就是一种反理性的盲从。显然,在现代公共行政活动中,我们必须反对过去的那种"愚忠"。行政忠诚不同于政治忠诚,"政治忠诚由国家、种族群体、教派、党派所唤起,同时也由形成和认同联盟的学说、事业、意识形态或信念所唤起"③。

首先,行政忠诚是行政人员的一种积极的情感。行政忠诚体现了行政个体对行政组织、对某种主义、事业或理想的一种认同和信仰。行政忠诚是个体在长期的行政行为中所形成和表现出来的稳定的心理状态。这种情感反映了个人的价值观以及内心的道德法则。而在传统行政伦理中,忠诚是一种被动的、强制的和消极的情感。当然,忠诚不仅仅是一种情感。因为表示忠诚之人的情感往往受制于某种事业、信仰、主义或理想。正如罗伊斯在《忠诚之哲学》一书中指出:

---

① 〔德〕黑格尔:《历史哲学》,王造时译,上海:上海世纪出版集团、上海书店出版社 2001 年版,第 378—379 页。

② Judith N. Shklar, "Obligation, Loyalty, Exile," in *Political Thought and Political Thinkers*, Chicago and Lodon,1998, The University of Chicago Press, p.41.

③ Ibid.

第八章　行政忠诚

"忠诚绝不仅仅是情感。崇拜和感情,虽然可以伴随着忠诚,但是绝不可能单独构成忠诚。进而言之,忠诚之士的奉献,包括对其自然欲望加以控制,或者服从于他的事业。如果没有自我控制,忠诚是不可能实现的。忠诚之士尽力工作。换言之,忠诚之士,并不仅仅顺从自己的本能冲动。他以自己的事业为指引。这种事业指引他做什么,他就做什么。而且,他的奉献也是彻底的。他完全可以为了事业而舍生忘死。"① 从罗伊斯的论述可以看出,忠诚是以某种主义、事业、理想或信仰为基础的。

其次,行政忠诚是行政主体的一种公开的行政承诺。在日常的语境中,做出某种承诺需要我们实际上使用"承诺"或某些与它意义相近的词,例如"承担""同意""向你保证"等。行政承诺是行政主体为实现行政管理的目的,在法定职权范围内,以公开的方式,针对特定或不特定相对人所做出的在未来作为或不作为某种行为的单方面意思表示。行政承诺意味着行政人员在思想、言语和行为等三个方面的诚实。思想的诚实意味着行政个体必须真实地表达自己内心的思想。而言语的诚实要求无论什么样的外部语言,都必须和内在的思想和知识保持一致。行为的诚实则意味着行政个体的行动必须符合他所支持的原则和信仰,意味着行政人员遵照他的思想和言辞来行动和生活。"诚实同时也要求人们敢于面对不利的情况而不逃避它,它要求人们接受别人的批评而不会因为感情和欲望而进行报复。诚实的人愿意认真地接受别人的观点并乐意认识到自己的缺点和错误。"② 行政忠诚意味着行政人员自己担负一种责任,给接受许诺的人们真诚地服务。行政承诺作为特有的言语形式所表达的是有关未来的行政行为。承诺者对于这种将来行为有按承诺内容兑现的责任。在英国著名的政治哲学家休谟看来:承诺是人们"借以束缚自己去实践任何某种行为"的语言形式,"当一个人说,他许诺任何事情时,他实际上就表示了他做那件事情的决心,与此同时,他又通过使用了这种语言形式,如果他失约的话,就使他自己会受到再不被人信任的处罚"。③ 如果接受许诺的人们依靠这种诺言而采取行动却由于这种诺言的不履行而遭到伤害的话,行政人员的不忠就面临着巨大的风险。有些官员为了追求和显示政绩,不惜说假话、办假事、造假账、编假政绩来进行政治欺骗,结果根本无法实现自己的行政承诺,导致干群关系紧张,严重损害了政府

---

① Josiah Royce, *The Philosophy of Loyalty*, New York, The Macmillan Company, 1930, p. 18.
② 〔德〕卡尔·白舍客:《基督宗教伦理学》,静也、常宏等译,上海:上海三联书店2002年版,第397—398页。
③ 〔英〕休谟:《人性论》下册,关文运译,北京:商务印书馆1980年版,第562页。

的公信力。

再次,行政忠诚是行政人员对国家和人民的一种效忠。效忠国家和人民是个人义务的完美超越。公共行政人员在具体的行政实践中,往往会出现个人利益、集团利益和公众利益之间的冲突。《左传·昭公元年》说:"临患不忘国,'忠'也。"东汉人杜延也指出:"忠臣不私,私臣不忠。"①不可否认,历史上那些被称作"忠臣"的人们所表现出来的"不私"体现了他们的一种崇高的操守。"忠"在历史进程中所表现出来的积极意义应该得到肯定。当然,现代公共行政人员的效忠与古代臣属对君王的效忠是不同的。臣属把自己置于君王的权威之下,用效忠换取君王的保护和信任。而现代社会,公共行政人员效忠于国家、人民,效忠于宪法。这种忠诚是以公共行政人员的行政理性为前提的,因为他们作为行动者自己掌握着控制行动的权利。

最后,行政忠诚是行政人员对事业和信仰的一种忠贞。忠贞(fidelity)作为一种美德,"一个人凭借它保持对信念、言辞和诺言的诚实,并且不会挫败别人的合理期望;特别是,它要求一个人实现他明确地或含蓄地许下的诺言"。② 行政忠诚意味着公共行政人员对民众的诚实,既在言辞和思想上保持高度一致,同时在行政行为和日常语言上也保持一致,真正做到知行合一、言行一致。人有七情六欲,行政人员面对金钱和女色诱惑难免会有所动心,常常在接受诱惑和抵制诱惑中抉择。选择接受诱惑则意味着堕落、底线伦理的突破和良心的泯灭,同时也意味着对信仰、对人民的背叛。行政人员是否忠贞最终体现在其行为的稳定性、可靠性、合法性和道德性。行政人员对国家、对人民的忠贞有着重要的示范意义,也是人们之间相互信任以及个体和社会安全的重要基础。国家强大、社会和谐、人民生活幸福以及整个社会的健康发展都需要行政人员具有忠贞的品质。否则,对国家、对他人、对人民的不忠贞就会损害人们信任的基础,破坏社会的稳定和损害政府的形象。

三、行政忠诚的对象

公共行政人员究竟应忠诚于什么?应向谁忠诚?这是困扰公共行政人员的重要问题。换言之,公共行政人员的忠诚意味着他们应在哪些领域承担道德义务?西方公共行政学者非常重视公共行政人员的忠诚问题的研究。美国学者理

---

① 《后汉书·循吏列传·杜延》。
② 〔德〕卡尔·白舍客:《基督宗教伦理学》,静也、常宏等译,上海:上海三联书店2002年版,第416页。

查德·J. 斯蒂尔曼二世在《公共行政学：概念与案例》一书中描述了美国公共行政人员的十二种伦理义务：对宪法的义务，对法律的义务，对民族或国家的义务，对民主政体的义务，对组织——官僚规范义务，对职业和职业至上的义务，对家庭和朋友的义务，对自己的义务，对集体的义务，对公共利益或大众福利的义务，对人类或世界的义务，对宗教或上帝的义务。① 这种对公共行政人员伦理义务的分类显然是很粗略的，有些可以合并，有的则有错误。

其中，对宪法的忠诚、对国家的忠诚、对公共利益的忠诚是密切相关的。对宪法的忠诚是公共行政人员的首要义务。公共行政执行的是国家意志，因此，"公务员的首要责任是，在任何时候、任何场合，只要国家需要，就挺身而出，效忠国家。"② 公共行政人员的公共权力来自人民，公共行政人员有义务忠于并维护公共利益。对集体的忠诚、对组织或官僚规范的忠诚属于同一个层次，它们与对国家和宪法的忠诚是有区别的。对集体的忠诚、对组织或官僚规范的忠诚，意味着对特定规则的遵守。这些规则不同于一般的义务，但是又来源于一般性的规则。时下一些行政人员对自己所从事的职业缺乏忠诚度。当官的整天想发财致富，羡慕企业家所拥有的财富。而对自己所从事的职业则敷衍了事，对职业忠诚感的缺乏也是行政腐败滋生的重要原因。对家庭的忠诚是大多数道德的基础。少数政府官员热衷于"包二奶"、找情人，背叛家庭，又怎么可能做到行政忠诚呢？公共行政人员最终应忠诚于人民，向人民负责。例如，韩国宪法第7条第1款规定："公务员为享有主权之国民的受托者，任何时候都要对国民负责。"

根据我国的国情和公共行政实践中出现的问题，我们认为我国公共行政人员行政忠诚的对象如下：对宪法的忠诚、对国家的忠诚、对组织—官僚规范的忠诚、对集体的忠诚、对公共利益的忠诚、对职业的忠诚、对自我的忠诚。谁要是对自己不忠诚，我们怎能奢望他对他人忠诚，对国家和人民忠诚呢？

四、行政忠诚与认同

在我国政治与行政实践中，少数政府官员和其他公共行政人员之所以出现了较为严重的忠诚危机，在很大程度上与他们对忠诚对象的认同和对权力来源的认识错误有着密切的关系。正如我们在上文已经论述到的，行政人员忠诚的对象既可以是具体的，例如国家、行政组织、上级等，也可以是抽象的，例如宪法、

---

① 参见〔美〕理查德·J. 斯蒂尔曼二世编著：《公共行政学：概念与案例》，竺乾威等译，北京：中国人民大学出版社2004年版，第757—760页。
② 同上书，第753页。

人民、价值等。在很大程度上,政府官员所拥有的权力的来源决定着他们的忠诚:如果行政权力来源于选举,他们理所当然应忠诚于选民;如果行政权力来自上级,他们则会毫不犹豫地忠诚于上级;如果行政权力真正来源于人民,他们就必须忠诚于人民。可惜的是,"权力来源于人民权利的让渡"只是社会契约理论上的预设,尽管世界各民主国家都认同这一点。在我国实际的行政活动中,的确存在着一部分公共行政人员认为自己的权力来自上级,因而他们大都表现出对上级的忠诚,这显然是存在问题的。通常而言,一个人对某一对象表示忠诚,意味着他对该对象认同。公共行政人员的行政忠诚与他们的组织认同、政治认同和价值认同等几个方面有着密切的关系。

认同(identity)有多重含义,很难予以明确界定,它包含有同一性、身份、特性、认同等内涵,它之所以重要,是因为它影响到人们的行为。认同常常被当作用来解释群体特性、感情和行为等现象的"原因"或者"动力",而且它确实具有一定的理论阐释力和说服力。在心理学领域,弗洛伊德把认同看作社会群体成员在认识和感情上的同化过程。在社会学领域,认同主要描述群体特性和群体意识两个层面:第一,一个群体的成员具有重要的乃至根本的同一性,即群体特性;第二,群体成员团结一致、有共同的性情意识和集体行动。① 在政治学领域,认同则强调身份和集体认同对个人行为的深刻影响。无论从哪个学科来理解认同问题,它的中心主题是指:一个人或一群人的自我认识,它是自我意识的产物:我或我们有什么特别的素质而使得我不同于你,或我们不同于他们。②

公共行政人员的组织认同包括对组织目标的认同和组织存续价值的认同,与这两种认同相对应可以区分出两种类型的组织忠诚。③ 公共行政人员对行政组织认同意味着个体自愿遵守组织的规则和惯例。他们认同于组织的过程其实就是公共行政人员个体把组织的规则内化的过程。西蒙在《管理行为》一书中曾经指出:指导组织内个人决策的价值和目标大多是组织目标,也就是组织本身的服务目标和存续目标。这些价值或目标最初是通过行使权威硬性施加到个人身上的,但是这些价值在很大程度上逐渐开始"内在化",融入了每位组织参与个体的心理和态度中。个体逐渐培养出对组织的依从和忠诚,不需要任何外部刺激就可以自动使个人决策与组织目标保持一致。这种忠诚表现在两个方面:

---

① 〔英〕安东尼·史密斯:《民族主义:理论,意识形态,历史》,叶江译,上海人民出版社2006年版,第18页。
② 〔美〕塞缪尔·亨廷顿:《我们是谁?——美国国家特性面临的挑战》,程克雄译,北京:新华出版社2005年版,第20页。
③ 〔美〕赫伯特·A. 西蒙:《管理行为》,詹正茂译,北京:机械工业出版社2009年版,第248页。

第一,对组织的服务目标的依从;第二,对组织本身的存续和发展的依从。[1] 虽然西蒙在这里所论述的是忠诚和一般意义上的组织认同关系,但对于我们分析行政忠诚与组织认同有着重要的启发意义。可操作的短期的行政组织的目标相较于长远的不易操作的行政组织的目标更容易获得行政人员的忠诚。俄国有句谚语"吃谁的面包就唱谁的赞歌",这意味着作为特定组织的成员,无条件支持本部门的工作来表示自己对本部门的忠诚是自己义不容辞的责任。[2] 然而,公共行政人员不能仅仅对本部门表示忠诚,更应该对国家表示忠诚。

政治认同涉及公共行政人员对国家、政府和执政党的政治理念和政治价值的认同。它是公共行政人员在社会政治生活中产生的一种情感和意识上的归属感,如把自己看作某一政党的党员、某一政治过程的参与者或某一政治信念的追求者等,并自觉地以组织的要求来规范自己的行政行为。只有在产生认同感的基础上,公共行政人员才能对执政党的政治理念表现出最大的热忱和忠诚。公共行政人员政治认同度的提高,有利于增强政治体系的合法性,从而增强人们的政治信赖感和政治责任感,有利于政治秩序的稳定。这也是世界各国政党尤其是执政党反复向其成员和民众宣传和灌输它们的政治理念和政治意识形态的重要原因。从理论上讲,我国的公共行政人员不应该存在政治认同危机的问题,如果他们政治上不可靠或者不符合"政治正确"的标准的话,他们就不可能成为公共行政人员。但是,确实有一部分公共行政人员对我国独特的社会主义现代化道路及其模式,对于由此带来的与中国国情相适应的政治思想、政策、目标不能认同,从而呈现出政治认同危机。

公共行政人员认同的核心问题是价值认同。价值认同构成了组织认同、政治认同的核心。只有当政府的产出与社会的价值相符合时,政府才能赢得合法性。行政组织或行政人员不仅要提高行政效率,实现行政效果,而且要平等公正地分配社会资源。政府只有与社会大众普遍接受的核心价值保持一致,只有实现了社会价值认同才能将行政有效性转化为政治合法性。

行政实践经验表明,在大多数情况下,公共行政人员都会表现出对所在行政组织的认同,从而忠诚所在行政组织的目标,这种组织认同和组织忠诚应该是值得肯定的。但当公共行政人员对所在组织的忠诚与更大组织甚至国家的忠诚发生冲突时,他对自己所在组织的忠诚就是狭隘的。我们就需要采取措施将公共

---

[1] 〔美〕赫伯特·A. 西蒙:《管理行为》,詹正茂译,北京:机械工业出版社2009年版,第243页。
[2] Henry Higgs, "Treasury Control", Journal of Public Administration, 2:199 (Apr., 1924). 转引自〔美〕赫伯特·A. 西蒙:《管理行为》,詹正茂译,北京:机械工业出版社2009年版,第254页。

行政人员的忠诚从小组织单位扩展到大组织单位,从较为狭隘的目标扩展到比较长远的目标,调整公共行政人员所在组织的目标和更大行政组织目标的一致性。一旦个体的忠诚凝聚或转化为群体对组织的忠诚,它对于提高组织的效益有着重要的作用。而当公共行政人员在组织认同、价值认同和政治认同方面出现危机时,他们就可能不认同组织的目标、主流社会的核心价值以及国家的某些制度,这样将影响到他们对国家和人民的忠诚。例如,行政腐败问题既可能发生在公共行政人员个人身上,也可能出现在政府机关的某个部门或机构中,还可能蔓延成为一种制度化的行为,甚至还可能成为被意识形态合法化的行为。如果广大公共行政人员认同或者默认了这种现象和行为,腐败就会渗透到人们的思想观念和思维方式中去。腐败一旦渗透到制度层面就变成了一种结构性腐败,如果被认同和接受,它就可能合法化。

第二节 对宪法的行政忠诚

对于现代法治国家而言,宪法乃是国家政权及其合法性的基础。宪法作为现代国家规定国家权力和保障公民权利的根本大法,是社会共同体的最高价值体系,它对一切国家权力具有最高的约束效力。正如美国早期政治家帕特立克·亨利(Patrick Henry)所指出的:"宪法不是束缚人民的工具,而是制约政府的工具,不然的话,它就会主宰我们的生命和利益。"①在这种意义上,对宪法的忠诚乃是政府的首要义务,而不是公民的首要责任。对于公共行政人员而言,对宪法的忠诚是一项基础性的义务,对宪法的忠诚必须包含和要求对国家的忠诚和对人民的忠诚。

一、忠于宪法是政府的首要义务

政府、政党或者公共行政人员为什么要对宪法忠诚呢?因为宪法规定了政府的权力,政府如果无视宪法的存在,不忠诚于宪法,那么政府自身的合法性就会存在问题,政府的执政基础就将失去根基。关于政府的合法性问题,传统的契约论者提出了清楚而准确的答案,我国台湾著名学者石元康给出了一个非常有启发意义说明:

在某一个情况 C 之下,某一个政治机构(国家)S 对某一个人 P 具有某

---

① 参见〔美〕马国泉:《行政伦理:美国的理论与实践》,上海:复旦大学出版社2006年版,第7页。

种权威,只有并且只有当 P 接受了一个契约 A。而满足 A 中的规定蕴涵着在 C 出现时,S 对 P 具有上述的权威。

与此相应的是:

> 在某一个情况 C 之下,某一个人 P 有政治义务去做某一件事情 N,只要并且只有当 P 接受了一个契约 A。而满足 A 中的规定蕴涵着在 C 出现时,P 应该去做 N。

根据上述公式,社会契约是政府的合法性以及行政忠诚的基础。因为我们接受了某一个契约,所以宪法对于政府、政党和公共行政人员就有了权威,它们对宪法就具有了某种义务。遵守契约就构成了一种道德规范义务,不管这种契约是建立在明确同意基础之上还是以隐然同意为基础。宪法的权威性以及政府或公共行政人员对其忠诚的义务都是以契约为基础的,契约是权威及义务既充分又必要的条件。[①]

任何一个政党都必须在宪法允许的范围内从事政治活动,如果一个政党不遵守宪法,不忠诚于宪法,甚至严重侵害宪法,它就是一个违法的政党。同时,宪法也是公共行政人员整个行政活动的基础,是依法执政的关键、依法治国的根本和依法行政的核心。因此,公共行政人员对宪法的忠诚具有某种先验性,因为他们的身份和地位是由宪法所决定的,他们代表公意来行使权力,是公共利益的服务者,是国家整体利益的维护者。这些权力在理论上是由公民让渡或委托的,是通过宪法来规定和赋予的。同时,行政权力作为国家权力的一种,其本身是受宪法约束的。公共行政人员是具体行使行政权力的主体,是否对宪法忠诚、是否遵守宪法,直接影响到行政管理活动的效果。正如刘少奇在 1954 年的宪法草案报告中指出:"宪法是全体人民和一切国家机关都必须遵守的,全国人民代表大会和地方各级人民代表大会的代表以及一切国家机关都是为人民服务的机关,因此,他们在遵守宪法和保证宪法实施方面,就负有特别的责任。"[②]因此,对公共行政人员而言,对宪法忠诚既是一项法律义务也是一项伦理义务。公共行政人员执行行政活动的过程实际上是宪法及宪法性法律的适用过程,宪法的直接法律效力主要表现为对公务员的直接效力。[③] 因此,遵守、拥护并忠诚宪法是公共行政人员的根本的法律义务。那么,政府或公共行政人员如何来体现自己对宪

---

① 参见石元康:《罗尔斯》,桂林:广西师范大学出版社 2004 年版,第 21—26 页。
② 转引自韩大元:《1954 年宪法与新中国宪政》,长沙:湖南人民出版社 2004 年版,第 323 页。
③ 邝少明:《论西方国家公务员的宪法地位》,《武汉大学学报》2002 年第 3 期。

法的忠诚呢？

二、宣誓是忠诚宪法的重要途径

宣誓表明行政个体对某一主义、事业、信仰等的诺言和声明。宣誓的有效性要求宣誓的程序是正当的，并且有发誓的意向。不是出自内心的真诚的意向的誓言是无效的、虚假的。宣誓可以倡导一种共同的政治责任。宣誓的合法性需要有三个基本的条件：真理、道德的合法性以及充分的理由。第一，宣誓的人必须明确其陈述的真理性，或有坚定的意图来遵守他的诺言。第二，声明或诺言必须在道德上是被允许的。第三，誓言必须出于充足的理由。① 对于公共行政人员而言，在职位上的宣誓意味着个体必须遵守国家的宪法和法律，依照法律条文来行使自己的职权，并且不做任何违反正义权威的事情。在大多数民主法治国家，公共行政人员对宪法的忠诚是通过宣誓拥护并捍卫宪法这一象征性的仪式来表达的。

宪法宣誓制度是大多数法治国家政府官员任职的一项法律程序，也是对宪法表示忠诚的重要形式。我们可以将这种宣誓称为对宪法的形式上的忠诚。美国、德国、俄罗斯等国宪法规定，公职人员在履行职务前必须向宪法宣誓，通过宣誓培养公职人员对宪法的情感和对国家、人民的责任感。在西方国家，向宪法宣誓的主体不仅包括政府首脑，而且也包括一般的公职人员。他们宣誓的主要内容是忠于宪法、维护宪法和遵守宪法。同时也认识到他们行使的一切权力都来自宪法，而制定宪法的权力则来自人民。② 我国已经建立了公共行政人员向宪法公开宣誓的制度。2018年2月24日，全国人大常委会确定的宪法宣誓誓词为："我宣誓：忠于中华人民共和国宪法，维护宪法权威，履行法定职责，忠于祖国，忠于人民。"宪法宣誓誓词突出了公共行政人员对宪法权威性的认识和尊重，将唤起他们对宪法的敬畏，从而实现他们对自身行为的约束。因此，当各级新一届政府产生，政府官员、法官、检察官就任时，应举行对宪法的忠诚宣誓仪式；在诉讼、听证等重要的程序活动中，应举行对宪法的忠诚宣誓仪式；在重要的选举活动中，应举行对宪法的忠诚宣誓仪式。这样，一方面可以让公共行政人员认识到宪法的权威性和神圣性，意识到宪法对自己约束和内心世界的震撼，从而增强自身的使命感和责任感；另一方面，也能唤起广大公民对宪法的尊重，养成

---

① 〔德〕卡尔·白舍客：《基督宗教伦理学》，静也、常宏等译，上海：上海三联书店2002年版，第414—415页。
② 李邵平：《公务员宣誓就职中的法治理念》，《理论界》2002年第3期。

崇尚法律的社会风气。

公共行政人员对宪法的忠诚最终出自他们内心的真诚。诚如前述,对宪法宣誓还只是形式上的忠诚,并不代表对宪法忠诚的实现。公共行政人员具有双重属性,既是行政活动的具体执行者,也是国家的公民。他们在各种利益的诱惑面前容易产生角色冲突,甚至滥用权力,导致行政腐败。行政腐败既损害了公民的基本权利,也损害了政府的公信力。因此,公共行政人员对宪法的忠诚需要从内心认同宪法观念,捍卫宪法精神。[1] 换言之,公共行政人员对宪法的高度认同是培养对宪法的忠诚的前提。大多数现代民主法治国家有着深厚的宪法信仰传统,藐视和挑战宪法被视为重罪。当然,公共行政人员忠诚的宪法必须是民主宪法,是通过民主程序制定并获得了全民认可的宪法,而不是那种高度压迫性或恐吓性的威权宪法。

国家要对公共行政人员进行必要的宪法教育,并将道德制约机制贯穿于宪法教育之中。教导人们培养出群体的自豪感和忠诚心有利于行政主体对国家利益或公共利益的认同与实现。"全面贯彻实施宪法,必须加强宪法宣传教育,提高全体人民特别是各级领导干部和国家机关工作人员的宪法意识和法治观念。各级各类学校特别是各级党校和干校都要开展宪法教育。要把宪法教育作为党员干部教育的重要内容,使各级领导干部和国家机关工作人员掌握宪法的基本知识,树立忠于宪法、遵守宪法和维护宪法的自觉意识。"[2]而政治家对宪法的忠诚、尊重、认同等模范行为对一般公共行政人员有着重要的示范作用。如果连宪法的制定者自己都不忠诚于它,又怎能要求公共行政人员去忠诚呢?

综上所述,是否遵守宪法是判断公共行政人员行政忠诚的最高标准,而不是根据他们所持的政治立场或政治信仰。无论公共行政人员的政治立场是相互对立还是完全一致的,如果他们不能严格遵守宪法,忠于宪法的精神,任何一方都不能标榜自己的政治忠诚和行政忠诚。他们所忠诚的无非是他们个人私利或团体利益,这种行政忠诚只不过是一种扭曲了的权力崇拜和利益驱动。

---

[1] 韩大元:《公务员宪法教育体制比较研究》,中国宪政网,2009 年 3 月 23 日,http://www.calaw.cn/Pages_Front/Article/ArticleDetail.aspx? articleId =4599。

[2] 参见 2002 年 12 月 4 日胡锦涛在纪念现行宪法实施 20 周年大会上的讲话。

第九章 行政检举

行政检举无论在西方还是在中国作为制度设计与行为都有着悠久的实践基础。在现代公共行政实践中,与行政忠诚不同,行政检举破坏了官僚系统内部的权威体系和权力流向,从而凸显出了行政检举的道德困境,即到底是对上级和组织负责,还是对民众负责,而其背后的深层次原因则是公共精神的缺失与权益保证体制的不健全。

第一节 行政检举的基本概念

在当前西方国家的制度框架下,行政检举是有效遏制行政官员以权谋私、危害社会和国家等行为的一项安排。与一般检举不同的是,行政检举的主体是掌握公共权力的行政人员;与行政忠诚不同的是,行政检举考验着行政人员的道德理性与行政人格;与其他行政监督不同的是,行政检举更多的是行政人员的道德义务而非法律责任。因此,要从深层次上剖析行政检举,有必要对其基本概念进行界定与分析。

一、行政检举的渊源

通过对我国古代与检举相关的政治设计的制度变迁历程的梳理可以发现,自秦汉以来的封建制度变迁中,行政检举的政治实践大致可以分为三个阶段。首先,西汉时期是我国检举的发端阶段。自公元前202年刘邦建立汉朝伊始,对行政官员尤其是地方行政官员的行政检举制度就已经大体建立起来。其次,宋

第九章 行政检举

朝是我国检举的发展阶段。与两汉相较而言,宋朝的行政检举制度受益于对隋唐时期的三省六部制度的大力改革。再次,明清时期是我国行政检举的鼎盛阶段。明朝类似于三权分立的"三司制度",以及清朝"密折呈奏"制度和顺治、康熙两位皇帝的"风闻言事"体制的推行,体现了行政检举制度安排的系统化。

第一阶段,我国行政检举实践的发端阶段。西汉时期政检举的主要对象是地方行政官员,尤其是郡县两级官员。公元前202年,西汉王朝建立之后,承袭秦制,地方建制主要分为郡县两级,分别由太守和县令(长)治理。为了实现对地方行政官员的有效监督,汉武帝在元丰五年将天下分为13个州部,分设12名刺史和1名司隶校尉(主管京师及其周边地区)进行巡查。按照历史学家对"刺史"的分析,"刺"指的是"刺举不法",即刺探、侦查与收集当地行政官员的非法行为的言论和证据;"史同使,乃由天子派遣使臣之意",表明了刺史代表的是皇帝和朝廷,突出了其地位的尊荣;同时,在所辖地方巡视一年之后,在年末回到中央,向皇帝奏报自己对地方行政官员行为和德行的刺探结果,同时该结果将作为中央考核郡县两级官员政绩的重要标准。① 这种制度一直延续到了东汉。在东汉末年,由于军阀割据,中央政权形同虚设,刺史对地方行政官员进行刺探和检举的制度安排也就随之废弛了。

客观而言,两汉时期郡县两级的吏治是相当清明的,其中刺史的检举起着重要的作用。两汉时期郡县的地方长官尤其是郡守,年俸两千石,与中央政府的九卿地位相当,权力相当大。在这种情况下,如果对郡守的刺探和检举者出于地方,必将流于形式。因此,由中央派出的刺史,都是深受皇帝信任的官员,同时巡查数郡,有效地避免了刺史与地方郡守的勾结。此外,两汉行政检举制度的精妙之处在于,刺史的年俸只有六百石,远低于郡守,可以说是"位卑而临尊",从而有效地避免了刺史因位高权重而对地方官员的随意污蔑。因此,两汉的行政检举制度是非常有效和适宜的。②

第二阶段,我国行政检举实践的发展阶段。宋朝建立之后,由于不断垦荒、

---

① 杨鸿年:《中国政制史》,武汉:武汉大学出版社2005年版,第35—38页。
② 对于刺史这一行政检举制度的设立,明末著名思想家顾炎武曾说:"刺史……为百代不易之良法。其官轻而权重;官轻,则爱惜自家之身念轻,而遇事敢言;权重,则整饬吏治之威甚之,而得行其志。"对此,后来的史学家也曾赞誉:刺史就其执挚而言,在于列举和刺察,而非概括的治民。就其身份地位而言,是六百石临两千石,以卑临尊。这就使得刺史对郡守之监察,有过则能大胆敢言,无过则不敢任意诽谤。至于郡守,虽在被监之列,但因位高权重,其于刺史,弹究的对,则无法推诿;若所弹非实,亦可据理抗辩。这样一来,刺史与郡守,一高一低,一卑一尊,可以起到相互平衡制约的作用。顾炎武赞誉刺史制为"百代不易之良法",理即在此。较之后世,长官位尊权重,可任意叱咤下吏,而下吏人轻位卑,抑郁不得上者好多了。参见杨鸿年:《中国政制史》,第52页。

南北朝时期的民族大融合以及隋唐时期的休养生息,人口从西汉初年的1500万增加到了宋初的7000万。宋太宗时期,地方建制从郡县两级扩展到了路、州(府)、县三级。由于南北朝时期大规模的析置和侨置运动,宋朝时期的州县管辖范围大大缩小,总数却大大增加。因此,行政检举尤其是地方长官的检举就变得非常艰难和复杂。基于此,宋朝统治者对隋唐时期的三省六部制和郡县的地方体制进行了大幅度的改革。改革以后,原有的三省六部仍然存在,但是起主导作用的只有三省中的中书省;同时又设立了与中书省相对的枢密院,二者并称"二府",分掌文武。而在二府之外,又设立了三司制度,铁盐司、度支司和户部。地方建制与中央类似,每一级地方政府都有大量的平行机构。三省六部与二府三司同时存在,它们负责的事务有很大的交叉,但是互不隶属,都直属中央和皇帝。彼此对对方的贪污、渎职等不法行为都有比较深入的了解,都可以向中央政府和皇帝检举对方的过失。①

单从体制的设置上来看,宋朝的行政检举体制取得了一定的进步,因为同级官员互不隶属,但是对对方的工作程序、容易以权谋私、公器私用的情况较为熟悉,因此在履行职务的过程中会小心翼翼,奉公守法,从而促进吏治的清明。行政检举的效果应该说会更好一些。然而,实际的推行结果却与统治者的初衷大相径庭,不但没有起到相互激励和警醒的效果,反而由于彼此负责的事情大同小异,造成了严重的相互推诿扯皮,混乱的检举和揭发,大大降低了政府的行政效率。

第三阶段,我国行政检举实践的鼎盛阶段。明清时期是我国行政检举体制发展的鼎盛与转折时期。明朝建立后,对宋以来的繁杂制度进行了大幅度的删减,在中央政府,三省废除,六部从尚书省里独立出来,直属皇帝领导;在地方政府,行政建制颇具今天美国的三权分立的做法,将一省的民政、刑事和军政分为承宣布政史司、提刑按察史司和都指挥使司三个平行机构。后来,为了协调三司之间的行动,中央又向各省派出了总督和巡抚。明朝行政检举的特点在于,中央政府即六部的长官尚书和侍郎,并非原有的上下级关系,而是平级关系,只不过级别稍有差异,对本部门的事务有相同的发言权,二者都可以单独向皇帝上疏陈奏,检举对方的过失。虽然在处理公务上面取消了品级低的要服从品级高的惯例,甚至侍郎如果认为尚书对某问题的处理不当,可以阻止决策的下达,上报皇帝。② 而地方政府中的三司,则互不隶属,都直属中央政府领导;同时三司之上

---

① 张鸣:《中国政治制度史导论》,北京:中国人民大学出版社2003年版,第179页。
② 同上书,第193—194页。

有巡抚或者总督进行协调。总督和巡抚均由中央派出,而且一般都会带有中央政府某部侍郎或尚书的官衔,因此总督和巡抚可以说是中央在地方的最高代表,三司都可以单独向总督或巡抚纠弹其他部门的过失和不当行为。到了清朝,在明代的基础上,又施行了"密折制度":即皇帝代表中央政府允许和鼓励所有四品以上的中央和地方官员,可以不经过六部和军机处,直接向皇帝呈奏密折。在顺治和康熙两位皇帝的统治时期内,为了澄清吏治、铲除腐败和结党营私,实施了更为激进的"风闻言事"体制。即不管品级高低,甚至也不管检举的内容是否属实,都可以向皇帝秘密上疏,纠弹其他官员的过失。①

总体来说,作为对宋朝体制的改进和修复,明清两朝的行政检举制度相对于宋朝的确取得了很大的进步。中央六部正副长官的地位均等化和地方政务的"三权分立",既有效避免了部门长官一人独大、公器私用、以权谋私,又在相当程度上避免了部门内部和部门之间的相互推诿扯皮。清朝的密折制度和"风闻言事"则更为行政检举制度的推行创造了更为宽松和良好的制度环境,对于吏治的清明起到了更为显著的效果。

不过,清朝的行政检举在将明朝的行政检举带到了一个更高的水平的同时,也将明朝的行政检举体制带进了一个危险的方向,即行政检举的"泛化",换言之,"密折呈奏"制度尤其是"风闻言事"体制的推行,渐渐地将行政检举变成了官员之间相互打击报复的有力手段。不可否认,他们的检举中有很多是中肯的和属实的,但是皇帝的能力和精力毕竟有限,对大量庞杂的检举案件要进行一一核实是不现实的,因此出现大量的冤假错案就在所难免了。更为重要的是,这两项制度的推行,造成了官员之间的人人自危,都担心有朝一日被别人弹劾和检举,过着朝不保夕的生活,整个官僚队伍人心涣散。康熙皇帝在执政晚期曾感叹说,风闻言事的结果,是"谁人背后不参人,谁人背后无人参"。于是就下令废除了"风闻言事"体制。其次,明清是我国帝王专制权力达到顶峰的时期,我们要看到,这一时期的行政检举也好,澄清吏治也好,都是服务和服从于皇帝权力的不断膨胀。换句话说,这一时期的行政检举虽然有良好的效果和较高的水平,但都只是皇帝增加自己专制权力的一种手段而已。行政检举的顺利推行和吏治的清明都不过是皇帝追求无限制专制皇权造成的一个客观结果而已。

二、行政检举的界定

"行政检举"相对应的英文词为"whistle-blower",意思为"吹哨者",意即在

---

① 张鸣:《中国政治制度史导论》,北京:中国人民大学出版社 2003 年版,第 219 页。

发现了违反规则的行为时吹哨予以警告,后来延伸为告发者。因此,检举也称为揭发、告发等。行政检举,亦可称作行政揭发、行政举报,是指行政组织的内部成员对公共权力部门及行政官员的违法行为,向上级部门或者专门的行政监督部门进行的检举、告发的一种行为。行政检举属于行政监督制度中的一项制度安排方式。① 检举的具体对象便是运用公权力进行腐败行为的公共行政人员。对公共权力腐败行为的内涵与外延,可以考察一下《布莱克维尔政治学百科全书》对"政治腐败"的界定:"政治活动家、政治家或官方决策过程中的官员,利用他们因担任公职而掌握的资源和便利,为另外一些人谋取利益,以作为换取一些已允诺的或实际的好处的报偿,而这种行为是受到正式法规明令禁止的。"② 因此,行政检举的对象也可以理解为公器私用或者以权谋私。

学术界对行政检举的内涵如何进行严谨的界定并没有统一的意见,也没有给出一个权威的观点。从理论上讲,行政检举的目的应当是为了抑制官僚组织和上级滥用行政权力、影响公共决策,从而能够有效地维护公共利益。但事实上,有些检举者的目的是要打击在官僚组织中的竞争者。在检举的过程中,检举者往往要面对上级和组织的压力甚至是迫害,在遵守还是违背对组织和上级的忠诚的过程中艰难抉择。因此,行政检举的正义性和正当性是值得我们探讨的。

美国最高联邦法院将行政检举定义为"一旦雇员或候选人合理地确信发现了违背法律、规则或规定的证据;或者发现明显的管理失误,资金浪费,滥用权力或者发现某些对公众健康和安全具有实质性的、特殊的危险,某些个人就会向公众揭露这些内部消息。"③ 万俊人认为,所谓"行政检举"是指组织内部的行政"个体人"通过越出组织程序的方式,向公众揭露组织内部的行政官员或部门违背公共利益、侵吞公共财富的行为,或者说,检举是对传统等级制的违背与反抗。④ 通过对上述有关行政检举定义的分析,我们可以认识到行政检举的内涵包括:行政检举的主体是公共权力机构内部的行政人员,客体是行政人员的上级或者其所在的官僚组织,主体与客体发生关系的凭借物便是官僚组织或上级违背公共利益的非正义的行为。行政检举的外延则包括两个方面:首先是官僚组织和上级的非法行为,诸如公器私用、中饱私囊、侵吞公共财富以及用不正当手

---

① 〔韩〕郑再和:《防止腐败保护内部检举者之研究》,《社会科学研究》2000年第6期。
② 〔美〕戴维·米勒、韦农·波格丹诺:《布莱克威尔政治学百科全书》,邓正来译,北京:中国政法大学出版社1992年版,第594页。
③ Terry L. Cooper, *Handbook of Administrative Ethics*, New York: Marcel Dekker, 1994, p.287.
④ 万俊人:《现代公共管理伦理导论》,北京:人民出版社2005年版,第401页。

段为相关人员提供好处等;其次是官僚组织和上级的不正当行为,包括管理失误以及因此而造成了公共财富的损失,对威胁到公共利益行为视而不见等。

三、行政检举的特征

行政检举的内容往往与检举者自身没有直接的利害关系,但是检举行为的后果往往会招致上级或者组织的各种打击和报复,与自身利益相关的人,如父母、家人等,都有可能受到株连。在这种情况下,检举行为是典型的在高风险与高成本前提下实现的"个人付出,国家收益",体现出了非常明显的反"经济人"的公益性特征。不少学者在对检举的研究中便已经预设了行政检举的公益性。例如,韩国学者郑再和认为,"检举是相信单位参与不法与欺诈及有害社会的非道德的活动所导致的公共的损害比自己所属单位利益更重要,因而公开揭发的利他的行为","他们是为了社会共同体的存在与安定繁荣而抛弃自己所属集团的有正义感与勇气的人,绝对不是为了个人的利益与欲望。"[1]库珀对行政检举也有类似的理解:"无论何时,当发现所供职的机构疏于为公民的利益着想时,所有的公共行政人员,实际上是所有的公共雇员都有责任去维护他们的公民利益。做不到这一点就是违背了受托责任,也是对公民责任的否定。"[2]显然,在他们看来,行政检举已经被赋予了宁可背弃对组织的忠诚、不顾可能产生的打击与报复,去检举自己所在的组织和上级的不法行为从而维护公共利益的公益性特质,从检举者的动机到行政检举的手段再到检举的目的,都已经先验地拥有了正当性与合法性。然而,这种观点是缺乏依据的。首先,行政检举者的动机是隐藏在检举者的内心,是不易观察和发现的;其次,行政检举行为本身虽然具有价值倾向,但是并不具有天然的正当性,行政检举完全有可能成为官僚组织内部的上下级之间打着公益的幌子争夺职位和利益等稀缺资源的工具和手段。郑再和也承认,行政检举"也可能包括公开不是全然利他的公益的行为,而是有关私人问题的个人良心的反抗以及对其结果不服或是怨妄的事件"。[3] 基于以上的分析,不难发现,行政检举的反"经济人"的特征并不能必然导致行政检举的正当性与合法性,只有那些被公众或者专门的监察机关确认了公益性的行政检举行

---

[1] 〔韩〕郑再和:《防止腐败保护内部检举者之研究》,《社会科学研究》2000年第6期,第96—98页。

[2] 〔美〕特里·L.库珀:《行政伦理学:实现行政责任的途径》,张秀琴译,北京:中国人民大学出版社2001年版,第47页。

[3] 〔韩〕郑再和:《防止腐败保护内部检举者之研究》,《社会科学研究》2000年第6期,第96—98页。

为才具有正当性与合法性。

　　从官僚体制的特征不难看出,行政检举违反或者背弃了官僚体制对组织内部成员的要求,违背了对组织和上级的忠诚,破坏了上级的权威性以及权力的流向,又体现出了明显的反官僚制的特征。这种违反或者背弃体现在两个方面。首先,官僚组织成员背弃了对组织和上级负有的忠诚的政治义务。官僚个体对上级的服从是一个组织得以有效运转的前提。这是因为"组织只有赢得内部对其目标的服从才能赢得外部的服从。其外在权力的大小和可靠性取决于内部服从的程度"。① 可见,在官僚组织中个体对上级的服从是组织权力得以有效传达和执行的有效保障。韦伯也强调个体服从对于组织运行的重要性。而自上而下的等级次序是官僚组织得以高效运行的有效保障,同时也是实现组织目标的必要条件。根据加尔布雷斯的理论,内部权力和外部权力所构成的"双峰对称"是一个官僚组织让其组织成员和社会公众有效服从的首要条件。而服从和忠诚于组织也成为官僚个体的美德和价值标杆。② 然而,行政检举者的检举行为,却违背了对组织和上级的服从和忠诚,将上级和组织的非法行为公之于众,使得组织和上级的合法性与权威性都受到严重损害,同时也必将造成组织内部的混乱,组织和上级对其成员的公共决策也将受到成员的质疑,甚至是公众的抵制。至少在领导和组织看来,行政检举者破坏了领导的权威、组织的和谐以及权力的合法性。

　　同时,检举行为破坏了官僚体制传统的权力流向。在官僚组织理论中,下级对上级所拥有的是对命令的服从和执行,以及执行过程中的一些信息的反馈。然而,行政检举行为却打破了这一官僚组织的"权力流"的方向,实现了权力从下至上的逆转;而这种逆转就在无形之中颠覆了官僚组织固有的运行机制和程序,上级的权力与命令无法得以下达与执行,组织的目标就无法实现,对组织和上级而言,组织内部成员的行政检举行为是对组织运行机制与程序的极大破坏,是对上级和组织的权力的否定。毋庸置疑,不管是背弃了对上级和组织应有的忠诚的政治义务,还是破坏了官僚组织的权力运行流,官僚组织内部成员的行政检举行为的反官僚制的特征都已经显露无遗了。

---

　　① 〔美〕约翰·肯尼斯·加尔布雷斯:《权力的分析》,陶远华译,石家庄:河北人民出版社1998年版,第44页。

　　② 李建华、牛磊:《行政检举:走向一种新的行政忠诚》,《南昌大学学报(社科版)》2007年第1期,第71—74页。

第二节 行政检举的困境及原因

行政检举对于抑制腐败行为、维护公共利益是符合自然法和人性本身的,而且由于腐败现象的蔓延和扩散,公众和监察机关对腐败行为的监督和检举往往是高成本低效率的,因此组织内部的行政人员的行政检举是必要的。而现实的情况恰恰是行政检举在抑制官僚的腐败行为时面临着严重的困境。

一、行政检举的困境

行政检举的困境从根本上说是责任的冲突,即客观责任与主观责任之间的冲突。① 因此,行政检举的困境就来源于这两种责任之间的矛盾和冲突,即到底是对上级和组织负责,还是对民众负责。进而言之,行政检举的困境在根本上乃是组织和上级的利益与民众的公共利益之间的冲突。

行政检举的本质在于官僚个体依靠自身的身份认同和伦理自主性来化解多重角色之间的冲突性。对于官僚个体而言,相较于个体和官僚组织的利益,对公众和公共利益的忠诚具有天然的优先性。他们是由人民选举出来的,是公众利益的受托者。然而,行政忠诚在现实政治实践中出现的异化,则使得要让行政人员实现行政检举的期望变成了一种无法企及的"道德乌托邦"。其根本原因是现代行政人员同时承担了多种不同的社会角色,而这些社会角色本身并非完全兼容甚至是相互对立的,从而导致了行政人员处在矛盾和尴尬的境地。这种矛盾和尴尬的实质是不同角色之间的冲突性或对抗性,这种对抗性是现代和后现代社会中的角色扮演的多样化和个人身份认同的多元化现象造成的。

然而,要实现忠于公共利益高于一切的伦理认同绝非易事。正如公共选择学派指出的那样,每个官僚个体对自身的身份认同,首先是一个人,其次才是一个官僚个体;只有一个人先实现了生存与发展,才能为公共利益而服务,成为公众和公共利益的受托者。库珀指出,尽管行政人员承担了特定的公共责任,但是在某些时候他们也认为自己不得不采取违背职责的行为。这是因为行政人员同时在扮演着多种不同的角色,每一种角色背后都附带着一系列的义务,夹杂着私人利益。最终各种角色之间发生冲突,将行政人员置于尴尬和矛盾之中。法律只是对此提供了宽泛的倾向性指导,在这种情况下,要想使自己的行为最终符合

---

① 〔美〕特里·L.库珀:《行政伦理学:实现行政责任的途径》,张秀琴译,北京:中国人民大学出版社 2001 年版,第 62、66、74 页。

公共利益的需要，进而做出负责任的决策，行政人员本身的伦理水准和良知就显得至关重要了①。

从表面上看来，行政人员当然应服从于民众和公共利益，然而实际上问题并没有那么简单。忠诚于民众与公共利益虽然是更高层次的，可是民众的力量是如此的分散，而同时"公共利益是一个如此抽象和虚幻的概念，以至于无法对它提供服务"②；导致行政人员对公众和公共利益的遵从严重缺乏明确性和激励性。忠诚于组织和上级虽然是较低层次的，而且组织和上级的腐败行为明显是与公共利益和法律的规定相悖；但是行政人员掌握的权力、享受到的各种收益和福利都是直接来自组织和上级，上级和组织的权威是明确而具体的，对下级的控制也是严格的。基于此，虽然行政人员自身的伦理自主性在促使行政人员忠诚于公共利益，但是现实情况却使得行政人员的伦理自主性遭到压制。这种压制主要表现在，诸如很多伦理学和政治学家指出的那样，组织和上级的制度性权威经常被用来压制道德行为。

在我国宪法和法律对制度的设计中，组织和上级的权力和权威是有宪法和法理依据的，但是对下级的权力来源却没有做出规定，在现实操作中是由组织和上级的授权。也因为如此，正如有学者指出的那样，在实际的行政管理过程中，组织内部成员的工资福利来源于上级，同时权力的设置是下级服从上级，就很容易造成一种错位，从为公民服务变成了为组织和上级服务。在这种情况下，行政人员个体拥有的行政良心和对公共利益的忠诚就会被上级和组织的权力与权威所压制。

更为重要的是，行政人员的检举行为不仅包括组织和上级的直接牟取私利的行为，还包括一些隐蔽的行为，比如置民众的幸福与健康不顾，为了增加税收创造政绩，对高污染的企业大开绿灯；比如组织和上级不道德的行为等。然而，很多行政人员本身的素质和理性是有限的，对这一类的行政检举的对象就可能无法做出正确的判断。

二、行政检举困境的原因

导致行政检举困境的第一个原因在于官僚组织内部的行政人员公共精神的

---

① 李建华、牛磊：《行政检举：走向一种新的行政忠诚》，《南昌大学学报（社科版）》2007年第1期，第70—73页。

② 〔美〕特里·L.库珀：《行政伦理学：实现行政责任的途径》，张秀琴译，北京：中国人民大学出版社2001年版，第74页。

丧失。由于缺乏公共精神对行为选择的价值取向的指导与支撑,行政人员只知道忠诚于组织和上级而忽略了对民众和公共利益更高层次上的忠诚,以及上级的私人利益得以凌驾于公共利益之上、对公共利益不断侵蚀。对官僚组织和上级的忠诚取代了应有的对公众和公共利益的忠诚,公共精神的缺失从这个意义上也可以理解为行政忠诚的异化。

在官僚组织中,由于掌握权力的人同时也拥有权威,下级对上级的服从实际上并非服从权威所赋予他的地位,而是服从或效忠于上级个人。按照韦伯的官僚制理论,上级与下级的关系、命令与服从都是依据制度而定的,不是基于人身依附或个人的忠诚;上级要服从非个人的制度,他对下级的命令以制度为取向;下级行政人员对上级的服从并不是服从他本人,而是服从于非个人的制度,而且只有在制度赋予上级权力的合理范围内,下级才有服从上级的义务。① 制度是由民众利益的代表——立法机关制定的,从这个意义上可以说,下级行政人员对上级的忠诚,其根本上是对公众和公共利益的忠诚。换言之,对公众的忠诚是最高层次的,是价值性的,而对上级和组织的忠诚则是次一级的,是工具性的,是实现对公众忠诚的手段。

然而,在官僚制的实际操作中,上级的行政自由裁量权的存在,上级的权力行使往往是按照自己的意志而非法律的意志。这就导致了组织中下级对上级的服从,实际上并非服从非个人的制度,而是服从权威者本人,即行政人员的上级。

另一方面,先天自利性因素的存在对公共精神的腐蚀则是导致公共精神缺失的主观原因。实践证明,官僚组织和行政人员并非仅仅是公众利益的受托者,他们同样有自身的独立于公共利益之外的利益需求倾向,也是理性的"经济人"。② 下级行政人员、组织和上级都有有别于公共利益、属于自身的利益需求,二者之间并非完全重合,而是有很多的独立成分;同时官僚组织的利益与公众利益也并非能够完全融合或者兼容,在很多时候往往会出现矛盾甚至是相互对立的情况;尤其是当官僚组织通过侵占公共利益来满足自身的利益、官僚组织出现了严重的贪污和腐败行为的时候,在这种情况下,作为下级的行政人员在面对忠诚困境的时候,面对组织和公众的双重压力时,理性的"经济人"假设往往会促使个体做出牺牲公众利益的选择来保全或者实现官僚组织及个体的利益。这样,行政忠诚的异化在下级行政人员的主观意愿的支配下成为现实。库珀指出:

---

① 刘寿明:《论官僚制的行政伦理精神》,《中山大学学报论丛》2006年第2期,第83页。
② 〔美〕曼瑟尔·奥尔森:《集体行动的逻辑》,陈郁、郭宇峰、李崇新译,上海:上海人民出版社1995年版,第3页。

作为官僚组织的成员，行政人员首先应该忠于自己的上级和组织，这是官僚组织本身的内在要求；但是，作为宪法规定的作为民众利益的受托者，在面对上级和组织的违背宪法和公共利益行为的时候，应该检举自己的上级和组织。①

第二个原因则是保障与激励机制的缺乏。从一般意义上而言，公共行政人员行政检举的动机包括两个方面：首先是检举行为能够给检举者本人带来一定的收益，其次就是在不能预见有一定收益的情况下依靠自身的公共精神，即凭借对正义的信仰和对公共利益的忠诚。而除了动机之外，行政检举者的检举行为还有很大的风险，因为从以往历史上和近现代的行政检举的案例考察，检举者在检举之后往往会遭受一系列的打击和报复，个人的合法权益难以保证，甚至连生命都遭受威胁。通过前面的分析我们了解到，下级行政人员和上级一样是具有个人利益最大化倾向的"经济人"，因此仅仅依靠自身的公共精神去检举上级的腐败行为明显是不现实的；而行政检举的目的是维护公共利益，因此下级行政人员的检举行为得到好处的是公众和公共利益，与自身并没有直接的利害冲突。综上所述，下级行政人员的行政检举的两个动机都是苍白无力的。可见，单纯依靠检举者本人的努力是非常艰难的；而要促进行政检举的实现，抑制上级和组织的腐败行为、维护公共利益，对制度的设计就要求现行的制度安排必须能够免除检举者的后顾之忧，即能够有效保障检举者的合法权益，同时要对检举者进行一定的激励机制。

制度的设计使得检举者的检举行为对自身并没有利益获取的激励机制，同时却将下级行政人员即检举者人为的拔高，定位为高尚的"道德人"。作为公民中的一员，自然法、宪法等都明确赋予了行政人员检举上级腐败行为的权利。值得注意的是，检举权与宪法规定的行政人员享有的其他权利存在着根本性的区别：即行使这项权利对检举者本人并没有直接的利益关系，也没有明显的利益获取。检举权的实质，是国家为了发现、纠正自身的决策失误而赋予了下级行政人员对上级和组织的一项监督权利，因此具有明显的个人作为，国家受益的特征。下级行政人员付出了艰苦的努力和勇气，检举上级和组织的腐败行为，最终只是抑制了官僚的机会主义行为，维护了公共利益。虽然法律规定，"监察机关对控告、检举重大违法违纪行为的有功人员，可以依照有关规定给予奖励"。但是在现实层面上，对行政检举者的奖励缺乏可操作性，而且一般奖励金额有限，与检举者因此而挽回的公共利益的损失相比，往往是微不足道的；同时奖励对象仅限

---

① 〔美〕特里·L. 库珀：《行政伦理学：实现行政责任的途径》，张秀琴译，北京：中国人民大学出版社 2001 年版，第 111 页。

于普通民众,行政组织内的下级行政人员的检举往往没有任何的奖励。

其二是实际检举权的受限与高风险并存。行政人员的检举权在现实的法律文本中受到了明确的限制,更为严重的是,检举者在检举之后往往会遭到各种形式的打击报复,不得不付出巨大的代价,使得行政人员的检举行为面临严峻的后顾之忧,极大地抑制了检举行为的实现。我国《宪法》第41条明文规定:中华人民共和国公民对于任何国家机关和国家机关工作人员,有提出批评和建议的权利;对于任何国家机关和国家机关工作人员的违法失职行为,有向有关国家机关提出申诉、控告或者检举的权利……对于公民的申诉、控告或检举,有关国家机关必须查清事实,负责处理。任何人不得压制和打击报复。可以明确,行政人员作为公民的一员,享有当然的检举权。我国的《公务员法》第15条规定:公务员享有"对机关工作和领导人提出批评和建议"的权利;享有"提出申诉和控告"的权利。第59条第六款规定,公务员不得有"对批评、申诉、控告、检举进行压制或者打击报复"的行为。由此可以看出,《公务员法》没有明确规定公务员享有检举权,但是又提到了"检举"行为。虽然行政人员可以以公民的身份、依据宪法条文进行检举,但是同时作为公务员的一员,《宪法》和《公务员法》同时规定了"维护政府形象和权威,保证政令畅通",以及"保守国家秘密和工作秘密"。因此,行政人员作为普通公民角色依据宪法享有的行政检举权利同时受到了作为公务员角色的宪法和《公务员法》的限制,二者之间是矛盾的,难以做到泾渭分明。因为对上级和组织的检举,同时必然意味着对政府形象、政令和权威的破坏,以及对工作秘密的泄露。综上,就不难得出结论:行政人员的检举权是不确定的,缺乏明确的法律支持。

而一方面,即使行政人员依据自身的公共精神和公民权下的检举权对上级和组织的腐败行为进行检举,也必然会遭到组织和上级的种种打击报复,付出巨大的代价。这种代价可以从两个角度进行分解:首先,在行政人员检举之后,组织和上级将调动自身拥有的庞大的行政资源,通过各种渠道寻找检举者的信息。在确定检举者之后,就会运用自身掌握的权力,对检举者进行各种形式的打击和报复,轻者借故贬低职位、削减工资和福利,并且对其实施孤立,重者则是想方设法寻找检举者工作的失误,以此为借口将其辞退甚至是送交公安和检察机关,使其身陷囹圄,从而力图抹去自身的腐败事实;而检举者的家人和亲戚也都会遭到相应的报复,尤其是人身的安全。其次,在检举者遭受到各种形式的打击和报复的时候,由于上级和组织的强制性权力的压制,检举者的同事甚至是司法和检察机关都会有意识地孤立检举者,被誉为第四权力的媒体和公共舆论,迫于政府组织的压力,也往往避而不谈,使其孤立无援,检举的合法性受到严重的削弱。因此,这两方面的打击对于检举者而言无疑是灾难性的。现实中的案例,只要考察一下河北一个科级干部郭光允在检举该省省委原书记程维高的艰辛历程,以及辽宁鞍山的李文娟检举该单位的腐败行为后受到的非人的虐待就会体会到检举者因检举而付出的巨大代价。

第三节 行政检举的实现

　　如前所述,行政检举困境的根源在于行政人员在面对公共利益与上级意志的冲突时出现了二难选择;所以,要走出当前困境,关键是行政人员要从伦理观念上厘清公共利益与长官意志的从属关系,从道德意识上明晰自身权力的最终来源与人民当家作主的本质。而要实现行政检举的道德义务,重要的是树立"唯公不唯上"的社会契约观念,通过对自身道德观念的坚持与践行来提升自身的行政人格与道德理性。不过,仅如此仍然是不够的,我们需要在培养公共精神、提升行政人格的基础上,积极完善与之相关的各项制度建设,免去行政人员在坚守道德理性时遭遇的后顾之忧。

一、培育公共精神

　　对一个人行为能够产生影响的因素一般而言包括两个方面,其一是外在的环境,其二就是人自身的因素。外在环境的因素前文已经进行了充分的论证,通过非正式的内在制度即行为规范与正式的外在制度,对检举者的检举行为产生了外在的约束机制。而人自身的因素便是内心的价值观和道德信仰对个体行为选择的影响。简而言之,要实现行政检举,除了外在因素即制度建设的完善与精细化外,重视人自身的因素即培育公共精神同样是必需的。公共精神的培育,主要包括两个方面:一是行政人格的提升、道德理性的实现,二是从制度与行为立法走向伦理立法,实行道德惩戒。前一个方面可以归结为公共精神的自律,后一个方面则是公共精神的他律,二者相辅相成,缺一不可。

　　一方面,提升行政人格,实现道德理性。所谓行政人格,是行政品格与行政风格的内在统一,是行政人员的本质特征;行政人格显示了行政人员的价值和尊严,体现了行政人员的主体性地位和作用,成为行政道德的基础和行政发展的动力。我们不难发现,行政人员并非韦伯的官僚制理论中所设计的非人格化的工具,一切行为都是以法律的规定为依归,是公众利益纯粹的代理人。事实上,行政人员是有着自身独特的主体性和能动性的。其主体性体现在,行政人员拥有自己的价值观、尊严和荣誉感,拥有自身对道德的感知与理解,自身的行为选择受一定的道德律令所约束和指导;能动性体现在,已有的立法是无法涵盖行政人员所有的行政行为的,行政人员的自由裁量权是客观存在的,行政人员能够依靠自身对道德的理解和价值观,行使自由裁量权,作出相应的行政行为。换言之,制度的欠缺必须依靠行政人员内在德性和人格力量的弥补。诚如库珀所言,"这些内心品质(即行政人格——笔者注)为行政自由裁量权的行使提供了持续的指导。法律和内部的组织政策不可能具体到足以涵盖行政所遇到的所有情形和偶发事件;公众参与也不可能深入到日常行政行为的细节上去;上级对行动范围的监督也是有限的。这些差距的存在是显著的和广泛的。只有被深深内化的一系列个人道德品质才能保证既与组织目标之间保持和谐,又能与民主社会中的公民义务之间保持一致。这些个人道德品质还是官僚机构有效运转的必备条件。"①

通过分析不难发现,要培育公共精神,就要正视行政人员的本质绝非韦伯所说的是官僚机器上的一个零部件,一个非人格化的执行命令的工具,而是具有独立和自主性的人格,具有独特的道德自主性;而且,只有依靠自身的行政人格,才能树立公共利益至上的信仰,意识到普遍的善才是根本性的善,才能有效克服制度无法包容所有行政行为的先天性缺陷,才能超越官僚制,依据自身的价值观和道德信仰,意识到行政人员从根本上是作为民众利益的代理人的角色出现的,而要成功扮演该角色,行政人格就要求行政人员必须充分运用自身的伦理自主性,超越对组织和上级的忠诚,对组织和上级的违背公益的腐败行为予以检举。因此,要实现库珀所说的"负责任的行为",积极提高行政人格则是必要的和必需的。

从另一个角度而言,提高行政人员的行政人格的具体途径,就需要行政人员对行政行为的判断从道德感性上升为道德理性。② 张康之提出,当代的公共行政领域,除了是政治领域和管理领域之外,更是一种道德领域,因为在对公共事务的处理过程中,如何调整个人利益、组织利益与公共利益的关系是始终要面对的基本问题;基于此,他认为,没有道德的行政就不可能是廉洁的行政,行政人员如果不受道德规范的约束,他的行政行为就将永远无法避免腐败的纠缠。因此,要实现一种负责任的行为,即保持一种符合公益的行为,行政人员自身必须要对自己的行政行为进行道德判断。而人是作为社会的人,是在社会中成长和成才

---

① 〔美〕特里·L.库珀:《行政伦理学:实现行政责任的途径》,张秀琴译,北京:中国人民大学出版社2001年版,第162页。
② 参见张康之:《论行政行为的道德判断》,《宁夏社会科学》1999年第3期。

的,因此,社会公德在每一个自然人的内心的价值观的成长过程中不断地积淀为人的道德心理;换言之,每个行政人员先天都具有道德感性。而之所以出现背离公益的行为,对上级和组织的腐败行为视而不见,甚至参与其中,丧失了检举腐败行为的意识和信仰,原因就在于行政人员没有能够从道德感性上升为道德理性。在张康之看来,道德感性虽然每个行政人员都先天具有,但是在面对组织和上级的强制性权力的压制下,以及在对个人私利的诱惑下,行政人员的道德感性很容易蜕化为自私的"经济人",对原本的道德判断不断模糊和混乱。因此,只有上升到道德理性的层面,行政人员对自身的行政行为的道德判断才具有稳定的道德基础,才能通过这种判断实现道德对行政人员的制约,也才能够实现对公益的信仰,对上级和组织的腐败行为进行检举,从而保持一种负责任的行为选择。

另一方面,实行伦理立法,走向道德惩戒。在行政伦理领域中,伦理立法的提法一直存在着争议。一些学者认为,一旦对支配人们行为的道德伦理进行立法的话,那么问题的实质就从道德问题转变成了法律问题。更为重要的是,一旦进行伦理立法,那么人内心中的道德信仰和价值观就会受到法律的制约,那么道德本身存在的意义就受到了质疑,因为道德本身就是对人的价值观和信仰的一种约束体系;也就是说,对道德进行立法的结果是对道德本身的否定。最终的结果是"没有人会去思考自己所负有的道德义务了,因为个人的自由裁量权受到了限制,法律规定了义务的范围。"这些批评应该说不无道理。但是,库珀同时也指出,"然而,还有可能将立法活动看成是一种集体道德裁决、一种政治性社团建立的道德最低标准。法律剥夺人们进行某种行为的基础最终还是一个伦理问题。"①

将道德问题纳入立法领域的根本原因在于,作为强势群体的行政组织的上级在做出了违背道德但是没有触犯法律规定的行为时,由于其本身拥有正式制度赋予的行政权力和权威,因此社会中的道德伦理往往很难对官员的行为进行道德惩戒;而作为道德楷模的官员对道德的背叛同时免于了本应受到的道德惩罚,无疑会造成民众对道德信仰的丧失,最终使道德蜕化为空洞的伦理说教。因此,伦理立法的目的就是要对官员的违背公德的行为予以惩戒,从而强化公共精神在行政人员心中的地位和作用,使行政人员的行政人格与道德自主性发挥作用。

---

① 〔美〕特里·L. 库珀:《行政伦理学:实现行政责任的途径》,张秀琴译,北京:中国人民大学出版社2001年版,第129—130页。

在伦理立法方面,西方工业发达国家已经得到了相当程度的普及。澳大利亚在1993年发布了《澳大利亚公共服务行为准则》,其目的就是要"确立伦理标准,处理是否违背公共利益的行为"。而东亚的韩国在1981年也公布了《公职人员伦理法》,对拥有公共权力的行政人员和上级的道德水平进行了详尽的规定。① 不过,在伦理立法方面最早进行而且最为完善的则是美国。早在1917年威尔逊总统时期,国会就已经通过了《组织外收入法案》,"禁止联邦雇员从任何非政府性渠道接受任何与他们的职务相关的薪水。"可见,从一个世纪以前,美国的伦理立法就已经开始预见了行政人员进行非政府兼职获得的收入等灰色收益。而之所以被称为灰色收益,就是因为该收益并没有违背现有的法律规定,然而却违背了公职人员应有的职业道德。对于伦理立法的作用,有德国学者进行了经典的阐释,"制度为一个共同体所共有,并总是依靠某种惩罚而得到贯彻,没有惩罚的制度是无用的,只有运用惩罚,个人的行为才能变得较为可预见。带有惩罚的规则创立起一定的秩序,将人类的行为导入可合理预期的轨道。"②可见,作为一种自觉性的信仰,道德如果没有强制性的惩戒,最终必将丧失其原本对人的约束作用。

通过伦理立法作为人性的他律手段,通过培育公共精神作为人性的自律手段,从而实现公正、正义、公益至上等道德观点在行政人员内心中的牢固地位,促进行政检举的实现与对公共利益的维护。

二、完善检举制度

当腐败案件偶然发生的时候,我们可以将主要原因归结于行政官僚自身的公共精神的丧失,对公共责任的漠视;然而,当腐败现象普遍、接连发生的时候,我们就要反思制度存在的弊端了。同样的道理,在检举者检举上级和组织的腐败行为之后往往遭受各种形式的打击和报复,造成了其他检举者不得不放弃检举行为,此时我们首先要考虑如何去完善和改进当前的行政检举的制度安排。有学者明确指出,把良好的公共秩序的形成、人民权益的维护寄托在官员的德行修养、道德良知上,缺乏稳定性和可靠性,它只能保证一时一人,却不能保证事事人人。官员一旦没有树立良好的德行,私欲膨胀,依靠人性善的假设就无法实现对权力滥用者的有效监控。恩格斯说,"人来源于动物界这一事实已经决定了人永远不能摆脱兽性,所以问题永远只能是摆脱的多些或少些,在于兽性和人性

---

① 刘丽伟:《发达国家公共中伦理价值的确立与启示》,《学术交流》2006年第2期,第36页。
② 〔德〕柯武刚、史漫飞:《制度经济学》,韩朝华译,北京:商务印书馆2006年版,第32页。

程度上的差异"。恩格斯的这句话可以说对人性的本质做了经典的解析,与亚里士多德的"一半天使、一半野兽"的人性论断是有着异曲同工之妙的。对此,现代政治思想家波普尔指出,在权力问题上,"我们需要的与其说是好的人,还不如说是好的制度。我们渴望得到好的统治者,但历史的经验向我们表明,我们不可能找到这样的人。正因为如此,设计甚至是使坏的统治者也不会造成太大的损害的制度是十分重要的"。

首先,要提升内在制度的地位和作用。按照德国学者柯武刚的观点,内在制度被界定为"从人类的经验中演化出来,体现着过去曾最有益于人类的各种解决办法,包括习惯、良好礼貌和商业习惯,以及自然法。"内在制度是相对于外在制度而言,与外在制度是由立法者制定并依靠国家的强制力推行、对违反者施以各种正式的惩罚不同,内在制度是在人类的生产和生活交往中逐渐形成的,对于违反者的惩罚主要包括各种非正式的惩罚(当然也包含一定的正式惩罚)。内在制度对于社会的发展和制度的变迁所起到的作用可以借用柯武刚对内在制度起源的考察。他认为,一种可能性是规则及整个规则靠人类的长期经验而形成。人们也许曾发现过某些能使他们更好地满足其欲望的安排。如,向约见的人问好的习惯被证明是有用的。有用的规则如果被足够多的人采用,从而形成了一定的数量即临界点以上的大众,该规则就会变成一种传统并被长期保持下去,结果就会通行于整个共同体。当规则逐渐产生并被整个共同体了解时,规则会被自发地执行或被模仿。①

其次,要提高官员报复检举者的成本。当前在实现行政检举的制度设计当中考虑最多的往往是如何有效保障检举者的真实信息不被泄露从而维护检举者的合法权益。然而,这是一种消极的保护手段,尽管是必需的,但远远不是足够的,因为组织中的上级和检察机关同样掌握着行政权力;而在当今行政主导趋势明显的情况下,腐败官员掌握的权力往往大于检察机关,监察机关的独立性并不完全,也造成了检察机关本身无法有效地保障检举者的信息和合法权益。因此,要实现这一点,关键的是要限制腐败官员的权力,而要有效地限制腐败官员对权力的滥用和打击报复,首要的一点就是要大大增加官员报复检举者的成本,尤其是失去权力和丰厚收益的机会成本。

再次,要完善对检举者的利益保障和激励机制。在正式制度的设计中,大大提高腐败官员打击报复的成本,以迫使官员放弃对检举者的打击,是实现行政检举的一个方面,也是消极的一个方面。换言之,提高官员的报复成本只能减轻或

---

① 〔德〕柯武刚、史漫飞:《制度经济学》,韩朝华译,北京:商务印书馆2006年版,第35—37页。

消除检举者的后顾之忧,却不能对行政检举的实现提供积极的动力。可以预见的是,完善对检举者的利益保障和激励机制,尤其是激励机制,是从积极层面促进行政检举的实现的重要制度条件。

英国著名经济史学家卡尔·波兰尼在其半个世纪前的代表作中曾明确指出:一般而言,经济进步总是以社会混乱为代价的。如果混乱的程度过大,共同体就必然会在这个进程中被瓦解。都铎王朝和早期斯图亚特王朝把英国从西班牙式的命运中挽救了出来,方式是通过控制变迁的进程,并将其影响导向相对无害的方向,从而使变迁变得可以承受。[①] 这一论断表明,新中国成立以来尤其是改革开放以来伴随着我国经济发展水平与综合国力的不断提高,我国社会发展相继出现了一元化主流价值观遭到削弱、多种社会思潮层出不穷、官本位和拜金主义观念甚嚣尘上、部分政府机构及官员以权谋私、民众权利保护和权力诉求意识不断提高等一系列矛盾和问题。这些问题的产生并不是孤立和偶然的,而是整个世界经济发展史中普遍存在的一种现象。因此,对当前我国的社会矛盾与社会问题应该有着清醒的认识。

---

① 〔英〕卡尔·波兰尼:《大转型:我们时代的政治与经济起源》,冯钢、刘阳译,杭州:浙江人民出版社2007年版,第65—66页。

第十章　行政责任

行政责任既是现代责任行政的一种基本理念,也是行政伦理的关键问题。从行政伦理学的角度而言,行政责任主要是指公共行政人员在行政实践过程中需要承担的内在道德责任。在某种意义上,行政伦理学就是要探讨行政责任最终如何实现的科学。行政主体是否能承担行政责任不仅关系到政府形象与合法性,而且关系到整个社会的秩序、稳定与安全。

第一节　行政责任的基本概念

当公共行政人员在公共行政活动的特定情境中面临着必须解决的问题时,就会感受到明确行政责任的重要性。一方面,公共行政人员必须在法律的许可范围之内开展工作,承担法律所规定的行政职责;另一方面,公共行政人员又必须基于自己的信仰、价值观和职业道德承担做出行政决策和行政选择的道德责任。我们在这一节就责任的概念、行政责任的基本内涵、行政责任内容的演变进行分析。

一、行政责任的界定

我们在界定行政责任的内涵之前,有必要对"责任"一词的语义进行分析。在现代汉语语境中,责任的基本语义包括:第一,"责任"即为分内应做的事情。例如,"岗位责任""尽职尽责"。此处所说的责任实际上指的是一种角色义务。第二,特定的人对特定的事项的发生、发展、变化及其成果负有积极的助长义务。

例如"担保责任""举证责任"。第三,因没有做好分内的事情(即没有履行角色义务)或没有履行助长义务而应承担的不利后果或强制性义务,如"违约责任""侵权责任""赔偿责任"等。① 因此,在最为基本的意义上,"责任"意味着"义务"。同时,责任还包含着回应、过错或后果等意义。② 实际上,"责任"一词有广义与狭义之分。广义的责任是指在政治、道德或法律方面所应为的行为的程度和范围;狭义的责任则指违反某种义务所应承担的后果,这种后果往往与谴责、惩罚联系在一起。广义的责任往往涉及责任的形而上的问题,具有抽象性;而狭义的责任只注重具体的、实在的规范规定及实际的后果。

行政责任这一概念在不同学科领域,学者们对它的解释也不相同。在行政法学领域,有关行政责任的表述非常复杂,诸如国家责任、政府责任、联邦责任、公共责任、政府机关侵权责任,等等。尽管这些表述存在着差异,但关于行政责任的实施都倾向于国家行政行为的损害性后果的赔偿责任③。而行政管理学意义上的行政责任与行政法学意义上的"消极责任"不同,它有着更为广阔的意义空间。事实上,政府或政府官员作为公共行政的主体在实际的公共行政活动中所承担的不只是法律责任。因为公共行政的主体一方面必须在既定的法律框架内依法行政,同时也要在强制性之外有效回应社会和民众的基本要求,积极地履行其社会义务和职责。于是,法律上的、政治上的和道义上的责任就成为行政责任的基本内容。这样,政府的行政责任就不只是"政府不出错",进而言之,政府的行政责任是要确保有效的行政行动。④ 因此,广义的行政责任就是指政府及其公务员要遵循法律制度和社会道德规范,以追求公共利益为目标,有效回应公民的各种需求,实现社会公平和社会正义的责任。显然,广义的行政责任包含了价值层面的积极引导和实践层面的被动约束两个方面,体现了价值性或规范性的特征。而狭义的行政责任仅仅指行政主体的法律责任,这种行政责任体现的是一种底线责任,只是指出了行政主体的行动底线。我们可以从政治责任、法律责任、道德责任三个层面对行政责任的内涵做进一步分析。

首先,行政责任表现为行政主体的一种政治责任。政府的政治责任是由英国多年使用的弹劾程序演变而来。1742年,内阁首相渥尔波因得不到议会多数

---

① 张文显:《法学基本范畴研究》,中国政法大学出版社1993年版,第184页。
② Nancy C. Roberts, "Keeping Public Officials Accountable through Dialogue: Resolving the Accountability Paradox", *Public Administration Review*, Vol. 62, No. 6 (Nov. - Dec,2002), pp. 658-669.
③ 张国庆:《论行政责任的若干基本问题》,《政治学研究》1988年第6期。
④ 〔美〕珍妮特·V.登哈特、罗伯特·B.登哈特:《新公共服务:服务,而不是掌舵》,北京:中国人民大学出版社2004年版,第118页。

信任,被迫辞职,从而开始了政府向议会承担政治责任的先例。在民主宪政国家,政府政治责任主要是通过责任政治制度,或国会对政府的监督来实现的。议会对政府监督或者说保证政府政治责任实现的手段主要有询问和质询、重大问题调查权、倒阁权以及弹劾权。简单地说,政治责任就是指政府或政府官员制定符合民意的公共政策并推动其实施的职责以及没有履行好职责时应承担的责任。前者为积极意义上的政治责任,后者为消极意义的政治责任。我们说行政责任是一种政治责任,主要基于民主原则,即强调主权在民的思想。我国宪法明确规定一切政治权力属于人民,这就奠定了行政责任的政治责任的基本取向。政府只有置于人民的控制之下,对人民负责,才能保证公意的执行。因为"只有当受治者同治者的关系遵循国家服务于公民而不是公民服务于国家,政府为人民而存在而不是相反这样的原则时,才有民主制度存在。"[①]政府官员只不过是接受了人民的委托,来执行人民的意志。公共行政应该呈现为一个以追求公共幸福为价值导向,以契约为规范工具,以公共权力为基本依托的动态过程。

公共行政的民主取向决定了政府必须向选举产生行政机关的公民或议会承担责任,这种责任一般表现为政治责任。这样,政府与公民之间便形成一种"双向互控"的模式:一方面公民要服从政府的统治与管理;而另一方面政府又要向公民负责。"如果公民控制着他们的领导人,就可以假定后者必须对前者负责。"[②]从政治责任的角度来看行政责任的话,意味着国家或政府的决策以及公共行政人员的行政行为必须符合人民的意志与利益。如果政府决策失误或行政行为有损于国家与人民利益,虽然不一定违法(甚至有时是依其自订之不合理的法规、规章办事的)或者受到法律的追究,但是必须承担政治责任。

其次,行政责任是行政主体必须承担的一种法律责任。法律责任是指由于侵犯法定权利或违反法定义务而引起的、由专门国家机关认定并归结于法律关系主体的、带有直接强制性的义务。从这种意义上来看,行政责任意味着公共权力是一种职责,有多大权力就有多大职责;同时行使公共权力的行政主体必须承担未能履行应尽的法定职责的作为和不作为而导致的不利后果。这样,行政主体的行政责任就体现为一种法律责任,它们包括民事法律责任、行政法律责任、刑事法律责任和经济法律责任。公共行政的法治取向决定了政府必须依法行政,而违法则必然要受到法律的制裁。行政法治原则是当今世界各国行政机关必须遵循的原则及最终目标,而能否实现法治很大程度上取决于政府或行政主

---

① 〔美〕乔·萨托利:《民主新论》,上海:东方出版社1993年版,第38页。
② 同上书,第38页。

体法律责任的落实。法律责任是由法律明确规定的，由国家强制力保障实行，由国家授权的机关依法进行追究。政府法律责任的研究重点在于行政法律责任，即人们通常说的行政责任。这种行政责任就是行政机关及其公务人员因违反行政法律规范而依法必须承担的法律责任。①

最后，行政责任是行政主体应当承担的一种道德责任。行政主体在公共行政活动中，有义务引导社会道德向着健康的方向发展，做社会道德的引导者。行政主体之所以应当承担道德责任，是由建立良好社会秩序、促进社会发展与规范政府行为的需要所决定的。与此同时，行政机关及其官员的生活与行为若不能适合人民及社会所要求的道德标准和规范，将会丧失执政基础，其统治的合法性也将受到挑战。对行政主体道德责任的追究机制主要是新闻媒体与公众舆论，目前社会上广为引用的引咎辞职便是一种政府及其公务人员基于道德责任而承担责任的形式。每年国外政界都会有几位关键人物因为道德败坏或个人绯闻而引咎辞职。当然，引咎辞职是一种较为严厉的道德责任形式，此外还有政府或公务人员公开向公众道歉、召开协商会等方式，也是承担道德责任的重要形式。例如，1921年美国出现的"茶壶圆顶"丑闻就是一个很好的例证。当时哈定总统的内务部长收了两家公司近40万美金后，批准它们租用加州和怀俄明州的两块油田，其中一块叫"茶壶圆顶"。美国国会借机在1925年通过了《联邦贪污判例法》，规定竞选开支和捐款都要上报，行政主体需要承担相应的道德责任。

二、行政责任的变迁

有关行政责任的具体内容随着社会的发展和进步以及基本制度安排的变迁而变化，从公共行政制度模式的历史变迁我们可以清晰地了解到行政责任的内涵的变化。需要指出的是，在古代中国，尊君、重民、治吏的思想是一以贯之的，这三者构成了传统行政思想的基本特征。实际上，中国古代历代王朝也有其行政责任逻辑，完全不负责任的政府行为是根本不可能的。只不过行政主体都是向代表最高权威的皇帝负责，而皇帝也要向"天"负责。当然，黎民百姓是无权向统治者来问责的。我们这里所说的行政责任主要是在现代政治语境中来探讨的，可以从以下三个方面来分析：

第一，传统公共行政中的行政责任。传统公共行政是建立在"政治—行政二分法"和官僚制理论基础之上的。"政治—行政"二分法是为了克服政党分赃制的弊端，适应当时政府事务急剧扩张，提高行政效率的需要而提出来的，后来

---

① 罗豪才：《中国行政法教程》，北京：人民法院出版社1996年版，第327页。

成为公共行政理论构建和公共行政实践的基础。到了20世纪40年代，决策理论家西蒙以价值和事实两分的逻辑实证主义方法论为基础，提出了对"政治—行政"二分法的批判。他认为，政治与行政中都包含事实和价值两种因素，因为行政也要制定政策和进行决策。休斯则把公共部门的责任归结为政治责任与官僚或管理责任。第一种是选举产生的政府对选民的责任；第二种则主要表明官僚制组织对选举产生的政府的责任。[1] 根据不同的角度，它们可以划分为政治责任与管理责任，行政责任与宪法（法律）责任，政府集体责任与个人责任等几个方面。在官僚制组织中，由于奉行政治中立原则，作为政治官员活动领域的政策事务与公务员完成的行政事务是可以严格区分开来的，因此只有政治官员才真正负责任。政治责任需要通过民主制度来实现，具体来说，要通过法律来实现，主要有两种形式，一是法律对行政人员行为的规范，即法律义务，一是行政行为造成否定性后果时对其责任的追究。第一种是广义的法律责任，第二种是狭义的法律责任。行政责任的规定立足于行政组织岗位职责，包括行政组织上下级之间、横向的行政部门之间的责任界限和责任关系。以现代官僚制为组织结构形式的公共行政具有两个层次的责任：第一个层次的责任是政府的责任，即政府作为一个整体的责任，这主要是属于政治责任的范畴。在西方国家，承担这种责任的表现往往是以责任内阁制的形式出现的，即行政机关是由代议机关产生并对代议机关负责的政权组织形式。第二个层次的责任是指行政人员的责任，即行政人员是否正确地和有效地行使公共权力。[2] 对上级负责、追求行政效率、照章办事成为传统公共行政责任的基本内容。这一时期形成了特有的官僚制责任机制，公务员的主体部分并不直接承担政治责任，更多的是承担岗位官僚制责任。官僚制在政策方面向政治领袖负责并提供建议，管理其拥有的各项资源间接地对人民负责。

第二，新公共管理运动中的行政责任。随着公共事务在内容和范围上的不断扩大，传统公共行政不得不汲取经济人假设理论、公共选择理论、成本—效益理论等经济学成果，吸收私营部门绩效管理、目标管理、注重产出的管理方法和竞争机制，形成了公共部门特有的公共管理模式。相对于传统公共行政较为狭小的行政责任范围，新公共管理理论对行政责任的范围明显扩大了：责任机制更易变化、更有政治性，强化了对结果绩效的要求，增加了对公众的直接责任。新

---

[1] 〔澳〕欧文·E. 休斯：《公共管理导论（第二版）》，北京：中国人民大学出版社2001年版，第5页。

[2] 曹淑芹：《传统公共行政视野中的责任模式》，《内蒙古大学学报（哲社版）》2008年第1期。

公共管理运动的行政责任核心在于强调公务员的绩效责任。以管理权威自居的权力行使人员,想当然地认为其行为目的和方式具有先赋的正当性,于是各负其责,"强调职业化的管理、明确的绩效标准和绩效评估……强调公共服务的针对性而非普遍性"①,如在英国的历次行政改革方案中,1968年富尔顿报告强调责任管理就是要"使个人和单位对已得到尽可能客观评价的绩效负责";1991年的"财务管理新方案"中强调"权力和责任被尽可能授予中下级管理者,并使他们知道其应达到的包括成本在内的一系列绩效目标,并对实现这些目标负责。"此外,新公共管理的顾客导向,一定程度上增加了作为政治市场上的"顾客"的公民的选择权,提高了对特定公民服务的回应性,利于增强公共组织和行政人员的责任感。

新公共管理的行政责任观与传统公共行政责任观存在着重要的差异。登哈特指出了它们之间的差异:第一,责任测量和控制的对象不同。传统公共行政测量和控制的对象是投入,新公共管理测量和控制的对象是结果,其责任的焦点就在于满足出成果的绩效标准。第二,负责任的对象不同。在传统公共行政那里,行政人员是向民选官员或政治领导人负责,但在新公共管理那里则是对他们的顾客负责。详言之,政府的责任就是为其顾客提供选择并且通过所提供的服务和功能来对顾客所表达的个人偏好做出回应。责任就是满足直接顾客对政府服务的偏好。第三,负责任的途径不同。传统公共行政把加强控制作为负责任的主要途径,而新公共管理强调公共职能的民营化作为负责任的途径。总之,新公共管理的责任观关注的重心在于为行政官员充当企业家提供充分的自由,按照企业家的角色,公共管理者应该主要以效率、成本—收益和对市场力量的回应性来表现其负责任。②

第三,新公共服务理论中的行政责任。"新公共服务"理论强调政府的职责是服务而非掌舵。在新公共服务中,公共行政官员不是其机构和项目的主人,他们的职责既不是单一的掌舵,也不是划桨。他们应该以"一种通过充当公共资源的管家、公共组织的保护者、公民权利和民主对话的促进者以及社区参与的催化剂来为公民服务"。③ 登哈特认为,新公共服务的行政责任观与传统公共行政和新公共管理都形成了鲜明对比,传统公共行政和新公共管理在责任问题上都

---

① 赵景来:《"新公共管理"若干问题研究综述》,《国家行政学院学报》2001年第5期。
② 〔美〕珍尼特·V.登哈特、罗伯特·B.登哈特:《新公共服务》,北京:中国人民大学出版社2004年版,第115页。
③ 同上书,第153页。

过于简单化。相反,新公共服务坚持认为,责任并不简单,而是比较复杂。行政责任问题的复杂性体现在以下几方面:第一,负责的对象或范围比较复杂。公共行政官员对一批制度和标准负有并且应该负有责任,这些制度和标准包括公共利益、成文法律和宪法、其他机构、其他层级的政府、媒体、职业标准、社区价值观和标准、情境因素、民主规范,当然还包括公民,甚至应该关注复杂治理系统中的所有规范、价值和偏好。而所有这些变量代表着一些重叠的、有时甚至矛盾的并且不断发展的责任观。第二,判断负责任的行政行为的标准比较复杂。由于负责任的对象的复杂性,在判断什么样的行政行为才是负责任的就比较复杂。不过,由于公共行政官员的权威来源是公民,因此,公民权、公共利益、公众回应性等就成了负责任的行政行为的基础,法律原则、宪政原则以及民主原则成为负责任的行政行动无可辩驳的核心内容。简言之,公共利益的责任标准才是判断负责任的行政行动的核心标准,但这里的公共利益责任涉及职业标准、公民偏好、道德问题、公法及最终的公共利益,是一系列复杂的价值观的集合。第三,实现行政责任的途径比较复杂。在新公共服务中,责任被广泛地界定为包含了一系列专业责任、法律责任、政治责任和民主责任。登哈特认为,这种责任可以通过负责任的公共服务得到最好的实现。不过公共服务中责任的多样性也意味着必须对各种规范、价值和责任等因素进行平衡才能保证负责任的行政行为。而以一种负责并且是对民众负责的方式来平衡这些因素的关键在于公民参与、授权以及对话,不过要做好这些工作并不是件容易的事。在实现行政责任的过程中,公共行政人员要承担多种不同的复杂的角色,主要有促进者、改革者、利益代理人、公共关系专家、危机管理者、经纪人、分析员、倡导者、公共利益的道德领袖和服务员等。总之,在新公共服务中,公民权和公共利益始终处于舞台的中心,这种行政责任观表明要将公共行政人员的角色界定为公共利益的引导者、服务员和使者,而不是简单地视为企业家。①

总之,行政责任内容经历了内部取向到外部取向的变迁,其内容的范围也随着社会的进步而得到不断扩展。传统意义上的行政责任涉及"三 E",即:"Economy"(经济)、"Efficiency"(效率)和"Effectiveness"(效果)。发展到新公共服务阶段,有必要包括"四 E"了,即加上"Ethics"(伦理),公共行政的责任突出表现在追求公共利益和尊重公民价值之上。

---

① 〔美〕珍尼特·V. 登哈特、罗伯特·B. 登哈特:《新公共服务》,北京:中国人民大学出版社 2004 年版,第 114 页。

三、行政责任的冲突

而在实际的行政活动中,公务员由于是公共权力的实际拥有者,他们在公共权力的实际运用中,始终存在着行政责任的冲突。而且,在很大程度上,这种冲突直接影响到行政行为和行政效率。库珀将行政责任冲突分为三类,即权力冲突、角色冲突与利益冲突。① 我们觉得这种划分方法是富有意义的,因此,我们也试图循着这种划分方法对行政责任冲突来进行分析。

所谓权力冲突,是指两种或两种以上的权力(如法律、组织、上级、人民代表和公众等)强加于公务员的责任冲突。这种冲突形式大致又可分为三类:

第一,遵守组织决策与公众的期待之冲突。公务员有责任去遵守和执行组织的决定,但是并不是所有的组织决策或决定都是正确的。倘若自己所属的组织做出的决策是不正确的、不合理的,公务员是否还得无条件地遵守与执行?倘若他已通过正当途径向上级表达了自己对某种组织决策的担忧或不同建议,但上级不予理睬,他是否还应当执行组织的这种决策?例如,由于种种原因,西欧某国政府公共卫生部门不仅对人体血液制品可能受疯牛病菌污染的信息进行严密封锁,而且在一段时间内让这种可能被污染了的血液制品在本国与其他国家出售使用。这时,作为该国公共卫生部门极小范围内知晓内情并负责执行的一名公务员,是否应当睁一只眼闭一只眼、听之任之,或者消极抵抗,或者以公众的期待为价值取向使之公布于众?

第二,服从上级与服务公众之冲突。这同第一类冲突有点相似,区别在于这里的上级是仅仅以个人身份出现的上级,但这点区别也是相对的,因为上级总是以组织的身份出现,并代表组织行使职能。服从上级是公务员的基本职责之一。但是,假如当上级的决定是错误的,或者上级以组织的面貌出现但夹杂着自己的私心时,作为下级的公务员就会面临服从上级与服务公众的职责冲突。这时,作为下级的公务员是否应当无条件地服从上级,就成为下级的现实难题。

第三,来自两个或两个以上上级的指令且相互抵触时的职责冲突。例如,某位人事干部受命为某处室聘用一位能干的秘书,该处室处长以及厅长极力推荐了一位与他们两个都有暧昧关系的女士来,这位女士能力一般,而且按照工作章程她并不符合当秘书的条件。这时这位人事干部就会处于两难境地,他到底是按照工作章程的要求去做,还是按照上级领导的要求去做,于是他就面临工作章

---

① 〔美〕特里·L.库珀:《行政伦理学:实现行政责任的途径》,张秀琴译,北京:中国人民大学出版社2001年版,第224页。

程与上级领导这两种权力所强加给他的责任冲突。过了一段时间后,这位女士与处长关系闹僵了,处长就要求辞掉她,而她仍与厅长关系很好,厅长却要求继续让她干下去,这时这位人事干部又陷入困境,他到底是按照处长的要求去做还是按照厅长的要求去做,这样他又面临处长和厅长这两种权力所强加给他的责任冲突。

公共行政人员角色冲突的可能性总是存在的。正如库珀所指出的:行政角色只是公共行政人员可能扮演的所有或全部角色中的一个。而且行政人员角色时常与公民角色发生冲突,在这两种特定角色之间有反复发生冲突的潜在推动力。① 根据引起冲突的原因不同,公共行政人员的角色冲突有以下几种情形:

第一,由于角色期待与角色评价的不一致而引起的角色冲突。在社会的大转型时期,人们的价值观念发生了根本性变化,价值评价的标准出现了多元化趋势,究竟什么是好官,民众评价标准并不统一。清廉、能干、老实、造福百姓等等,其中的一项或几项的组合都可能成为好官的标准。而且在很多时候官员的社会期望与个人或小团体评价标准之间常常会发生偏离。例如,某国有大型企业的"老总",精明能干,使企业经济效益不断增长,职工收入逐年增加,但他在搞好企业的同时也大肆贪污受贿,累计达2000多万元,结果受到法律制裁,判处死刑。结果这家企业的许多职工联名请愿希望法庭改判,因为这位"老总"被拘留之后,企业经济效益下降。为人民服务是官员的行政义务,问题在于以何种方式为人民服务,在为人民服务的手段和方式上有时会发生矛盾。一个有腐败行为却给人民带来了巨大财富的官员比清廉朴素却无法给人民带来利益的官员相比,哪一个更好呢?人们当然欢迎廉洁能干的官员,但上述冲突的确在我国客观存在。

第二,由于角色变化而引起的新旧角色之间的冲突。公共行政人员行政角色的变化通常会经历由一般行政人员到官员、由低级官员到高一层次的官员、由官员退下来为普通百姓。随着职位的不断变化,行政人员的责任意识也发生变化,容易引起内心冲突。当官员即将退休,变为普通百姓的时候,此时的角色冲突最为激烈。所谓"59岁现象"就是例证。作为政府官员在即将退休时,保持好晚节才是正确的道德选择。

第三,行政官员同时兼任几种社会角色,不同的角色往往赋予不同的义务,从而形成义务之间的冲突。这种冲突不是我们要讨论的重点,但是在我国的公

---

① 〔美〕特里·L.库珀:《行政伦理学:实现行政责任的途径》,张秀琴译,北京:中国人民大学出版社2001年版,第86页。

共行政实践中,很多政府官员确实面临着这类角色冲突。例如,一个县长,在工作上要履行县长的职责,在其妻子面前又是丈夫的角色,应履行丈夫的义务,在其父母面前要履行儿子的义务,在其子女面前又要承担父亲的义务。从理论上而言,这些义务之间的冲突实质上属于同一价值体系内部的冲突,即善善冲突。但这些冲突也包含着公共利益和私人利益之间的冲突,所谓"忠孝两难全"就是指的这种冲突。①

利益冲突是指公共行政人员职位所代表的公共利益与其自身的私人利益之间的冲突。公共行政人员作为公共利益的维护者,在运用公共权力调节社会关系时,要有一种为了公共利益作出自我牺牲的精神,在具体的行政行为中应贯彻克己利人的原则。② 公共行政人员在公共领域不仅要具有公共利益至上的精神,而且要以是否符合公众利益为标准来衡量其行政行为是否是负责的行为。公共行政人员作为个体公民,他同样拥有个人权利和个人利益;而作为公共权力的行使者,他又代表着公共利益。公共行政人员所代表的公共利益与其私人利益既有一致性又有差异性。私人利益是具体的、特殊的利益形态,公共利益是私人利益的总和,是私人利益最集中、最权威、最现实、最直接的代表,但不是各种私人利益的简单相加。私人利益是公共利益存在的前提,维护公共利益实际上也就保护了私人利益。但是,有时维护公共利益可能暂时会损害私人利益,追求私人利益可能会损害公共利益,两者甚至可能导致对立。公共行政人员所拥有的公共权力给他们带来了为个人利益而滥用政府资源的机会,公共权力的非公共运用可以给他们带来额外的收益。因此,公共行政人员在行使公共权力时,常常面临着公共利益与私人利益的冲突。当面临公共利益与私人利益冲突时,公共行政人员如果没有正确的道德责任意识,可能会为实现自身利益的最大化而偏离"行政人"的要求,有意违背自己应该履行的职责,淡化公共利益甚至牺牲公共利益。例如,在处理公共事务时受贿索贿,给行贿者提供特殊优惠;为了个人利益从公共资源中攫取金钱和权力,进行权钱交易;任人唯亲,以权谋私,等等。其结果是政府的权威和公信力受到公众的质疑,最终造成政府执政的合法性危机。

显然,行政主体的权力冲突、角色冲突和利益冲突需要在社会核心价值观的基础上进行化解和整合,从而使得行政主体更好地维护公共利益。

---

① 李建华、刘海鸥:《官员的角色冲突及道德选择》,《湖湘论坛》1999年第3期。
② 张康之:《寻找公共行政的伦理视角》,北京:中国人民大学出版社2002年版,第217页。

第二节 客观行政责任与主观行政责任

按照行政责任的压力来源不同,行政责任可以分为客观行政责任和主观行政责任两种形式。客观行政责任通常源于法律、组织机构、社会对行政人员的角色期待,而主观行政责任却根植于我们自己对忠诚、良知、认同的信仰。换言之,客观行政责任与从外部强加的可能事物有关,而主观行政责任则与那些我们自己认为应该为之负责的事物相关。①

一、客观行政责任

所谓客观行政责任,是指法令规章以及上级交付的客观应尽的义务责任,是另一种责任和义务。对公共行政人员而言,客观行政责任来自法律的、组织的与社会的需求,它不是由个人所导致的,而是由别人来决定在其位应该如何谋其政。② 客观行政责任具有两种形式:第一是职责,表现为对人的关系,即对上级、下级、他人负责。职责包含上下级关系以及自上而下地行使权威以确保实现既定的目标。第二是义务,表现为对事负责。在行政过程中,义务比职责更为根本。职责则是确保义务在等级制结构中得以实现的手段。库珀对公共行政人员面临的客观行政责任进行了系统的阐释,他的基本观点如下:(1)对上级负责,贯彻上级指示;同时也对下级的行为负责。(2)对民选代表和选举的官员负责,把他们的意志当作公共政策的具体表现来贯彻。虽然这层关系不及对上级那么直接,但表现为更根本的义务。(3)对公民负责,洞察、理解和权衡他们的需求和其他利益。③

第一,公共行政人员对上级的责任。在官僚体系中,下级服从上级命令是确定无疑的。特别是在上下等级严密的政府系统,官僚责任关系主要体现在上级的规则、命令、纪律以及监督等方面。在韦伯看来,"官僚制本身纯粹是一种精密仪器",来自上级的责任规范,"对种种'客观'的目的的理性的权衡"克服了

---

① 〔美〕特里·L.库珀:《行政伦理学:实现行政责任的途径》,张秀琴译,北京:中国人民大学出版社2001年版,第86页。
② 张成福:《责任政府论》,《中国人民大学学报》2000年第4期。
③ 〔美〕特里·L.库珀:《行政伦理学:实现行政责任的途径》,张秀琴译,北京:中国人民大学出版社2001年版,第62—77页。

"自由的随意专断和恩宠,怀有个人动机的施惠和评价"①,行政人员犹如每个齿轮、杠杆和螺丝钉都各得其所固定在那里。现代民族国家的政府系统无不是在官僚制体系内运行的,要想实现行政高效和权责统一,就决定了公共行政人员必须向上级负责。

第二,公共行政人员对民选代表和选举的官员的责任。民主是目前最好的政治制度,民主的核心是选择。② 在现代政治体制下,要求公民事无巨细参与政府决策、行政管理是不可能的,必须用民主选择的方式将公共事务的治权委托给代理人,但是,"行政权力的受任者绝不是人民的主人,而只是人民的官吏;只要人民愿意就可以委任他们,也可以撤换他们"。③ 卢梭的理论清楚地说明了官员和人民之间的关系。因此,"公民与政府的关系可以看成是一种委托—代理关系,公民同意推举某人以其名义进行治理,但是必须满足公民的利益并且为公民服务"④。在现代政治运行过程中,公民通过选票将权力委托给不同的利益代表和民选官员,以表达和维护各自的利益。这种代表与选民之间的关系是符合委托—代理精神的,即选民将一定的权力委托给代表行使,代表则按照选民的意愿和利益行使相应的权力。因此,政府行政的过程必须树立对民选代表和官员负责的价值取向。在英国的议会制中,公务员通过等级制向部长负责,部长通过内阁和议会最终向人民负责。在美国的总统制中,公务员直接对行政首长即总统或州长负责,而行政部门又受到立法部门的控制和司法部门的制约,通过这样一种责任机制,最终实现了公务员到选民的政治责任的一致性。虽然这层关系不及对上级那么直接,但表现为更根本的义务。

第三,公共行政人员对公民的责任。社会契约论者认为,"政治的目的就是为了它的成员的生存和繁荣"。因此,公共意志应该是政府意志、政府行为的唯一规范。⑤ 政府作为人民权力的授予者和委托权力的执行者,应遵循公共利益制定公共政策,依法保障公共利益的至上性。在现代法治社会,唯有维护公民基本权利和充分回应公民意志,政府的公共管理活动才能获得合法性。虽然每个公民的能力、机会、处境不尽相同,但人与人之间是平等的。公共管理不能专门服务于某一群体,满足某一群体需求,它必须在涉及公共资源配置、社会保障、公

---

① 〔德〕马克斯·韦伯:《经济与社会》(下卷),林荣远译,北京:商务印书馆1997年版,第311、301页。
② 〔美〕科恩:《论民主》,北京:商务印书馆1988年版,第39页。
③ 〔法〕卢梭:《社会契约论》,何兆武译,北京:商务印书馆1982年版,第132页。
④ 〔澳〕休斯:《公共管理导论》,彭和平等译,北京:中国人民大学出版社2001年版,第107、73页。
⑤ 〔法〕卢梭:《社会契约论》,何兆武译,北京:商务印书馆1982年版,第79页。

共服务等项目的工作中,权衡政策实施的公平度,保障公民的普遍利益,以获得公共行政活动的合理性。随着服务型政府和公共服务理论的兴起,公民地位日益凸显,这就要求公共行政人员以公共利益为取向,对全体公民负责。

二、主观行政责任

在现代复杂的政府体系之中,行政责任并不能仅仅通过强制手段来实现,外在的约束并不能保证客观行政责任的有效履行,有证据表明大多数行政官员在很多情况下遵循的恰恰是主观的责任道德。① 自"水门事件"之后,美国联邦政府成立了"美国政府伦理办公室",目的在于加强对政府官员的主观行政责任的控制。

主观行政责任是指公共行政人员对自身及其行政行为所感受到的内在责任,包括对忠诚、良心以及认同的信仰。简而言之,主观行政责任就是公共行政人员的伦理自主性和道德自律性,这种责任受行政主体价值观的直接影响。主观行政责任是公共行政人员的一种积极的道德责任。公共行政人员必须严格依法办事,这是他们外在的底线责任或客观责任。与此同时,在很多情况下他们又必须按照社会道德和公民诉求,约束自己承担行政职责、为公民谋求更大利益。这种行政责任源于公共行政人员的内在道德和他们对主流社会价值观的体认,它鼓励行政主体主动承担责任。在中国的政治语境中,行政责任体现了共产主义信仰、为人民服务等行政信念在行政主体内心的沉淀,同时也体现了行政主体对个体良知、忠诚美德的正确判断。库珀指出:公共行政人员对某人负责和为某事负责的情感和信仰是在社会化过程中产生的。主观行政责任是公共行政人员价值观、态度和信念的体现,而这些价值观、态度和信念又是公共行政人员从家庭、学校、习俗、朋友、职业训练和组织活动中获得的。主观行政责任的核心表现是一个人的价值观,价值观受到与之相关的行政环境影响,从而产生了行政主体和环境的互动。价值观塑造了行政主体的主观认知能力,同时引起积极的或消极的情感反应,从而引发了行政主体的行政行为过程。②

义务论为主观行政责任提供了伦理基础。因为人具有控制自我行为的能力和行使自由选择的能力,行政主体应该对自己出于自由意志的行政行为负责。

---

① Carl Joachim Frederick, *Public Policy and the Nature of Administration Responsibility*, Cambridge: Harvard University Press, 1940, pp.3-24.

② 〔美〕特里·L. 库珀:《行政伦理学:实现行政责任的途径》,张秀琴译,北京:中国人民大学出版社2001年版,第74—75页。

单纯强调客观行政责任无法保证权力公共性前提下充分发挥个人主观能动性，也无法保证行政自由裁量权的合理运用；离开主观行政责任的能动作用，客观行政责任便失去了正确的价值取向。客观行政责任是一种被动的、消极的行政责任，而主观行政责任则是一种主动的、积极的行政责任。片面强调客观行政责任的制度化设计，忽视行政人员主观行政责任的作用会造成权责分离。换言之，某种"合法的"行政行为并不一定是"合德的"行政行为。因此，有必要通过对行政主体主观行政责任的内部塑造来解决权力与责任的分离问题。

主观行政责任判明是非时往往起着重要的作用，当来自上级的客观责任同自己的主观责任发生冲突时，行政领导应当根据自己的价值判断做出决定，从而避免不必要的决策失误或者对公共利益造成损害。《中华人民共和国公务员法》也鼓励行政人员主动承担主观责任，第60条规定："公务员执行公务时，认为上级的决定或者命令有错误的，可以向上级提出改正或者撤销该决定或者命令的意见；上级不改变该决定或者命令，或者要求立即执行的，公务员应当执行该决定或者命令，执行的后果由上级负责，公务员不承担责任；但是，公务员执行明显违法的决定或者命令的，应当依法承担相应的责任。"主观行政责任强调维护公共利益的重要价值追求，而外在的法律规范也是社会价值体系的体现。很多西方国家都从责任立法的角度来加强对行政领导主观责任的内部塑造，这不同于一般性的法律规范，它的目标指向是行政领导的主观责任，借助于法律规范的手段来达到改造主观道德世界的目的。美国、意大利、日本、新加坡、韩国等国家都对行政领导的主观责任做了法律方面的规定。例如，美国国会于1978年通过了《美国政府行为伦理法案》，规定政府部门中的任何人都必须做到对最高道德原则和国家的忠诚高于对个人、政党或政府的忠诚，尽职尽责地工作，尽最大努力履行其义务等要求；1992年美国政府又颁布了操作性更强的《美国行政部门雇员伦理准则》；韩国于1981年颁布了《韩国公职人员道德法》；日本于1999年通过并于2000年4月实施了《日本国家公务员伦理法》。强调主观行政责任可以使行政主体在履行职责过程中获得自我价值认同感，在没有履行职责时则会受到道德良心的谴责，它把主观责任与道德自律结合了起来。

第十一章　廉政与善政

当今,政府公共权威的廉洁直接关系到社会政治的清明和治理状况的优劣。① 正因为如此,从古到今,廉洁奉公守法的政府往往最能获得民众的支持与认同。从本质上说,廉政是一个政府获得政权合法性的基础与底线,亦是对公共行政人员最基本的要求,包括廉洁奉公、忠于职守、维护公共利益;廉政建设也成为任何一个民主法治国家制度建设乃至长远战略发展规划的重要组成部分。随着我国政治体制改革的稳步推进,面对相当严重的政治腐败,廉政建设亟待突破原有的体制束缚。廉洁政府的建设成败,取决于能否妥善处理好以下两个核心因素:一是客观系统地总结改革的经验与教训,对廉政现状进行科学评估;二是廉政措施的出台必须依据具体国情,避免极"左"或极右的偏激政策。相较于廉政,善政则是公共行政更高一层的治理目标。如何为特定政治共同体的人群谋取最大的"公共善",是任何政治组织和政治集团都必须面对和解决的问题,而这个问题就是所谓的善政问题。② 而所谓公共的善则是确认分配正义前提下的多元的善观念所达成的以公共意志所解释的公共利益。③ 不难发现,廉政要求的是政府自身做到清廉守法,善政则是在此基础上要求政府服务于公共利益,谋求"最大多数人的最大幸福"。因此,廉政目标的达成是实现善政的基础。善政

---

① 参见俞可平:《善政:走向善治的关键》,载《当代中国政治研究报告Ⅲ》,www. china eleetions. org/News Info. asp?/News ID =93689。
② 俞可平:《公正与善政》,《南昌大学学报(人文社会科学版)》2007年第4期。
③ 池忠军:《善治的悖论与和谐社会善治的可能性》,《马克思主义研究》2006年第9期。

的实现,首先需要转变政府角色,从管制转向服务、从人治转向法治、从封闭转向透明;其次,还离不开民众高度的政治参与。作为一种治理形式,善政的实现依靠广大民众民主意识的觉醒,这既是一个还权于民的过程,更是一个促进民主政治建设、实现人民当家作主的过程,更是我国民主法治建设从量变向质变的积累过程。为了有效实现"增量民主"与"增量改革"的目标,我们首先必须注重改革的"存量",使人民群众的民主权利从自发走向自觉,从自在的民主走向自为的民主。①

第一节 廉政的基本概念

廉政作为一种政治理念,早在西周初期便已经存在。在古汉语中,"廉政"同"廉正",意指清廉公正,是官员的一种重要的德性。在中国传统廉政思想和观念的产生与变迁历程中,我们可以发现,廉政包含了伦理与政治的双重意蕴。廉政首先是对官员的一种道德要求与伦理约束,是官吏最基本的德性之一和言行的重要准绳,是为官的基础和前提,促使其在义利之辩中选择前者。其次,廉政是国家治理的基础和关键,是整个吏治的本质和决定性因素,以及官吏清廉与否关系着民风与社会风俗的好坏,而统治者清廉与否则关系着国家的整个吏治的好坏。

一、廉政的界定

《周礼》首次将"廉"列为考察官员政绩的重要尺度。《周礼·天官冢宰·小宰》记载:"以听官府之六计,弊群吏之治,一曰廉善,二曰廉能,三曰廉敬,四曰廉正,五曰廉法,六曰廉辨。"②在孔子看来,"政"的本质就是公正无私,正直清廉。"政者正也,子帅以正,孰敢不正。"③此时的"廉政"仅仅限于官员的"官德",还没有成为我国封建统治制度的重要理论支点。随着周天子权威的下降,"礼崩乐坏",各诸侯国趁势兴起,原有统治秩序被打破,为了维护稳定、减少民怨、增强自身力量和凝聚力,各个诸侯国都开始重视"廉政"问题,他们认识到廉政对国家的生存、稳定和发展所起的决定作用。管仲明确提出:"国有四维,一维绝则倾,二维绝则危,三维绝则覆,四维绝则灭。倾可正也,危可安也,覆可起

---

① 刘海音:《走向善政和善治之路——访中共中央编译局副局长俞可平》,《上海党史与党建》2005年第11期,第1—4页。
② 李建华:《中国官德》,成都:四川人民出版社2000年版,第184页。
③ 李学勤:《论语注疏》,北京:北京大学出版社1999年版,第166页。

也,灭不可复也。何谓四维?一曰礼,二曰义,三曰廉,四曰耻。""礼义廉耻,国之四维,四维不张,国乃灭亡。"①廉政已经上升到国家意识形态和统治合法性的高度了,已经不仅仅是用来考核官员政绩优劣那么简单了。

  汉朝思想家贾谊提出:"遇之以礼,故群臣自憙;婴以廉耻,故人矜节行。上设廉耻礼义以遇其臣,而臣不义节行报其上者,则非人类也。"统治者以仪礼来对待官吏,使他们感到高兴;正是由于晏子提出了廉耻的观念,所以人们才爱惜和看重廉洁的德行和名节。统治者以廉耻礼义来对待官吏,如果他们不用自己清廉的节操来报答统治者的恩遇的话,连做人的资格都没有。贾谊的观点深受儒家德治主义的影响,将政治伦理化,也就是将皇帝对官吏的统治尽量通过伦理道德的说教统一起来。唐朝的武则天认为文武百官与皇帝一样同样需要有一部指导自己言行的德行之书,编写了《臣轨》。主要内容包括了同体、至忠、守道、公正、廉洁等方面,与廉政相关的便有守道、公正与廉洁等。武则天亲自署名并作序,认为编写的目的就是"发挥言行,熔范身心,为事上之轨模,为臣下之准绳",②并将此书作为参加科举考试学子的必读书目之一。可见在唐朝包含清廉在内的为官德行不但已经普及到了所有的官吏层级,甚至普及到了尚未成为官员的举子贡生,对廉政之重视、用心之良苦、思虑之深远让人惊叹。宋代吕本中在其著作《官箴》中提出:"当官之法,唯有三事,曰清、曰慎、曰勤。知此三者,可以保禄位,可以远耻辱,可以得上之知,可以得下之援。"③在吕本中的基础上,欧阳修认为:"廉耻,士君子之大节,罕能自守者,利欲胜之耳。"④他认为,廉耻的观念虽然是一个人的重要的德行和节操,但是由于利益和欲望的不断诱惑,导致很少有人能够保持清廉的本色。这就道出了清廉自守的不易。司马光更是直接切入要害,认为吏治的根本在于廉政。他说:"吏不廉平,则治道衰。"⑤清代王永吉则突破了统治集团的范围限制,从百姓和社会风俗的角度出发,认为要使社会风俗纯正,为官者必须廉洁自律。他指出:"大臣不廉无以率下,则小臣必污;小臣不廉无以治民,则风俗必败。"

  进入当代,随着民主与法治建设的不断推进,廉政同样是学术界讨论的焦点之一。俞可平教授认为,廉洁政府要求政府官员必须奉公守法,清明廉洁,不以手中的公共权力牟取个人私利,政府公职人员不以自己的职权寻求额外的"租

---

① 赵守正:《管子注译》,南宁:广西人民出版社1987年版,第156页。
② 徐梓:《官箴》,北京:中央民族大学出版社1996年版,第16页。
③ 参见李建华:《中国官德》,成都:四川人民出版社2000年版,序言一。
④ 欧阳修:《欧阳文忠公集》(影印本),北京:北京图书馆出版社2005年版,第32页。
⑤ 司马光:《资治通鉴》,郑州:中州古籍出版社1994年版,第237页。

金"。一个良好的政府必须是一个廉洁政府。古人云"公生明,廉生威",只有一个廉洁的政府,才能真正在人民群众中树立崇高的威信,具有最广泛和最坚实的支持基础。① 何增科认为,廉洁政府是指政府官员普遍清正廉明,法律政策优良,惠民利民,法律实施公正无私,公共权力被用来服务于公众利益。廉洁政府是古今中外人们普遍追求的一种理想政府状态。廉洁政府的主要表现是政府官员及其所在工作单位的廉洁奉公,公共权力和公共资源的获取和运用合法且无私,公共政策的制定和执行公正无私。② 还有学者指出,"廉政"的基本含义大致有四:其一是就"政局"而言,即造就一个公正清明的政治局面和政治氛围;其二是就"政制"而言,即建立廉洁高效的政治制度和法律制度;其三是就"政策"而言,即制订并严格实施确保政治清明的政策措施以取信于民;其四是就"政德"而言,即要求各级官吏树立廉洁奉公的官德与不贪不淫的私德以为民之表率。③ 尽管学术界对廉政的内涵界定各有不同,但也都包含了一些最基本的元素:即在个人德性上清廉自守,在公共行政上遵循宪法和法律的约束与规范,在行政行为上为公共利益而努力。同时,有些现代政治对廉洁政府的规范则被忽略掉了,其中最主要的就是政府自身在运行中的高效率与低成本。尤其是在当前政府权力与规模不断扩展的背景之下,低下的服务效率、臃肿的机构组成以及高昂的行政管理成本无疑是建设廉洁政府的严重阻碍。基于此,我们认为,所谓廉政,是指掌握政治权力的公共管理者,在行使权力的过程中,以清廉自守为前提,以奉公守法为准绳,以公共利益为方向,以高效率和低成本为保障,以全心全意为人民服务为最终目标的一套政府架构与运行体制。

二、廉政的主体与内涵

从表面看来,廉政的主体应该是公共行政人员,或者说主要是政府官员。但是,实际上我国许多事业单位的领导干部和其他工作人员已被纳入廉政建设的范围了。而在我国历史上,廉政的主体也不仅仅指官吏。例如,在封建社会,与皇帝关系密切的侍卫、太监,虽然不是正式的行政官员,但往往是腐败的重要力量,他们不但把握朝政、手握生杀大权,而且极其贪腐。新中国成立之后,几乎所有的党员队伍都成为廉政的主体。改革开放以来,廉政的主体主要指国家公务员人员。到了20世纪90年代之后,伴随着陈希同、王宝森、成克杰、胡长清、陈

---

① 参见俞可平:《善政:走向善治的关键》,《当代中国政治研究报告Ⅲ》。
② 何增科:《廉洁政府与社会公正》,《吉林大学社会科学学报》2006年第4期。
③ 吴光:《廉政的内涵与中国廉政建设的历史经验》,《浙江社会科学》2006年第3期。

良宇等一大批省部级高官腐败案件的出现，廉政的主体由全体公共行政人员缩小到了领导干部。因此，廉政的主体虽然主要指官员，但是由于制度背景、国家的决策重点的不同，使得廉政的主体的外延有较大的不同。

学术界对于廉政的定位同样也存在着较大的争议。争论的焦点在于：廉政到底是在职业道德还是在角色道德的范围来探讨。笔者在早年研究该问题时曾从身份伦理的角度对廉政问题进行了深入探讨。首先，要界定廉政属于职业道德还是角色道德，必须对职业与角色这两个概念进行区分。一般来说，职业是指人们由于社会分工从事具有专门业务和特定职责并以此作为主要生活来源的社会活动。而角色则是指在社会生活中处于一定位置、具有一定社会规范的活动个体及行为模式。以此为据，职业道德是从事一定职业的人们在其特定的工作或劳动中的行为规范的综合。而角色道德是人们在社会生活中充当某种角色时必须遵守的行为准则、价值观念与道德实践。[①] 职业道德与角色道德的区别在于以下几个方面：首先，从人的需要而言，职业是用来满足人的生存和发展需要的，因此人在获得一份职业所主要考虑的是如何获得自身需要的利益和需求；因此相应的，职业道德所调整的是人们在不影响和破坏他人权利的前提下合法合理地获得自身需要的利益。然而，角色道德所要求和调整的内容则高于职业道德，因为为官者一旦成为官员之后，职位本身对官员的要求则是全心全意为人民服务，积极为公共利益的获得和维护付出自己的辛劳与智慧，因此这种要求与境界已经远远超出了职业道德调整的范围。其次，从对二者的本质理解出发，职业对人而言往往具有固定性和长期性，而角色对为官者而言往往是变动的和不固定的，这是因为每个为官者在公务时间和其他时间所扮演的角色是不一样的。再次，职业道德注重的往往是调整范围内所有人的整体性伦理道德，每个人不管其具体情况如何，都必须无条件遵守该职业的职业道德规范；而角色道德注重的往往是个体性的人，这是因为每个官员在社会中所扮演的角色，由于其具体情况的不同而不同，因此要根据个性不同的情况来处理和协调不同角色之间的矛盾与冲突，从而实现道德的要求与规范。朱贻庭主编的《伦理学大辞典》中指出：廉政可以说是为官者所必备的德性简称"官德"的重要组成部分，在这个意义上说，"官是一种政治身份，又是一种社会角色，官德本质上是一种政治性角色道德。"在这种意义上，廉政仅仅针对政治官员而言。廉政属于行政官员所应具备的公仆意识中的重要构成要素，因而也属于"国家公职人员所应当具有的角色

---

① 参见李建华：《中国官德》，成都：四川人民出版社2000年版，第32—33页。

意识"。① 通过上述分析,廉政应该从角色道德的角度来探讨。

需要指出的是,完整意义上的廉政,其内容除了包括"廉洁的政治""廉洁的官员"之外,还应当包括"廉价的政府"。"廉价政府"的思想是由亚当·斯密在《国富论》中提出的主张,他认为"政府作为为纳税人服务的公共机构在其征收和使用税收时应体现合理性和效率性的要求,因此,必须限制政府的职能,缩小政府规模,节省政府开支,提高政府服务的质量和成效,使得政府像商品一样变得物美而价廉。"②廉价政府的内涵要求政府既要减少制度的运行成本,又要提高行政效率和质量。具体而言,廉价政府的内涵应当包含以下几个因素:(1)简化管理手续,减少审批环节,提倡一站式服务。这样不但能够节省时间成本、信息成本,还能够有效减少行政官员对服务对象的刁难和阻挠,以及由此而衍生的腐败行为和官僚主义习气,同时提高了服务的质量与效率。(2)实现政府公共决策的科学化与民主化。这样可以避免行政一把手惯有的拍脑袋决策的落后和专制主义模式,从而能够有效地避免因决策偏差和决策失误带来的公共预算和公共财富的损失,以淡化政府机关上下级之间的官僚主义作风,凸显人性化管理的新思维。(3)尽量避免官员之间为了获得额外的非法收益,彼此之间形成特殊的利益集团,达成利益的共谋,侵夺公共利益和公共财产,形成大规模的集团腐败,导致政府本身管理力量的削弱,以及民众对政府信任度的急剧降低和政府统治合法性的不断丧失。(4)避免行政官员将所享有的公共权力变成私有物品,并以此进行设租和寻租,寻求腐败的机会,导致公共权力的私有化以及官民之间的矛盾与冲突。(5)改革政府管理中的传统观念,尤其是"不求无功,但求无过"的消极怠政的思想和作风,树立"无功便是过"的管理氛围,并制定有严格和完善的政府管理激励制度,激发行政官员的积极性、主动性和创造性,从而提高公共服务的质量与效率。

第二节　廉洁政府的建立

作为国家治理方式的重要形式,廉政同样是国家政治体制的核心内容之一,治理改革因而也是政治体制改革的重要内容。无论在哪一个国家,在哪一种政治制度下,由哪一个政党执政,执政当局都希望其治下的社会政治经济生活更加

---

① 朱贻庭:《伦理学大辞典》,上海:上海辞书出版社 2002 年版,第 222—223 页。
② 蔡明茜:《〈我在美国当市长助理〉引发的思考——从公款消费谈建节约型政府》,《中国乡镇企业》2010 年第 1 期。

安定有序,广大公民对现实政治更加满意。换言之,都希望有更好的治理。同样,也都希望有一个廉洁、守法、廉价的政府,进而巩固自身的合法性和基础。无论从历史传统看,还是从现实生活看,政府和公共权力部门在中国的社会发展中都起着关键的作用,公共治理或政府治理对于中国社会来说,其作用甚至比西方社会更重要。① 尤其对于我国而言,廉洁政府的建立关系到执政党的执政地位,人民的幸福,社会的安定以及国家的和谐。

一、我国廉政建设的现状

有效治理政治腐败是实现廉政的前提和基础。换言之,防止腐败、建设廉洁政府是维护社会公正的必由之路,是政府必须履行的基本责任,否则政府就会失去其存在的理由。② 治理腐败仅仅依靠官德、良心和自律,往往很难有实际的效果。

要有效遏制腐败,必须依靠制度的力量。亚里士多德在《政治学》中就明确提出,最好的政治是政治家完全为人民考虑的德性政治,但是具有如此德性的政治家在实际生活中难以寻找。在一种不良的制度下,纵使有悲天悯人正直无私的政治家和公民,最终也难免暴政和独裁;而一旦出现了暴政、独裁或苛政,那么个人的自由、平等、尊严等民主权利就不可能有真正的保障。③

我国政府反腐倡廉的基本方针是:标本兼治、综合治理、惩防并举、预防为主。④ 具体而言,我国当前廉政建设模式或者说腐败治理模式的重点是预防,同时对已经产生的腐败案件进行查处,主要体现是以下几个方面:一是依靠人民群众,提高人民群众的监督作用;二是提高人民代表大会作为权力机关的监督作用;三是积极发挥新闻媒体作为"第四权力"的监督作用;四是加强行政机构内部监督机关的作用;五是加强对各级党政"一把手"权力的制约。在理论上,我国当前的腐败治理模式是较为完善的。首先,它认识到了我国腐败问题的根本原因,是行政权力尤其是党政一把手的权力没有得到有效制约。其次,对腐败的预防体系充分发挥了社会各个层次的力量,形成了多层次、多角度的网式治理模式。但是,随着成克杰、王宝森、陈良宇等高级别的官员因腐败而落马,家庭腐败、集团腐败、官商勾结等问题在我国政治领域凸显出来了,这一切说明我国在

---

① 俞可平:《中国治理评估框架》,《经济社会体制比较》2008 年第 6 期。
② 何增科:《廉洁政府与社会公正》,《吉林大学社会科学学报》2006 年第 4 期。
③ 俞可平:《政治与政治学》,北京:社会科学文献出版社 2005 年版,第 8 页。
④ 温家宝:《推进廉政和反腐败建设,加强对权力监督制约》,《中国监察》2008 年第 8 期,第 4—5 页。

实际的腐败治理中还存在问题。

首先,人民群众的监督在现实生活中作用有限。例如,2004年对前河北省委书记程维高的查处过程中,郭光允作为基层的政府工作人员发挥了关键的作用。但是,郭光允对程维高的检举和揭发,却经历了漫长而艰辛的历程。程维高利用职权,指示河北省的各级人民法院、公安机关对郭光允展开了连续的打击迫害,对郭光允的身体、精神、工作、家庭和名誉等各个方面都造成了严重影响。更为严重的是,在程维高被查处之后,郭光允并没有得到应有的补偿,河北省的有关部门对郭光允遭受的严重迫害也没有给予积极解决和慰问。郭光允在揭发期间遭受到的打压和揭发后的悲惨结局在无形之中成为一个"反面典型",让广大的人民群众对监督行政官员的廉政方面望而却步。国家鼓励人民群众积极监督行政官员,但是二者之间往往并无直接利害关系,即官员的查处对于普通人民群众而言并没有直接的收益,反而自身的合法权益甚至是生存权利都无法得到有效的保障和补偿。可以说,实践效果与国家的方针政策适得其反。因此,从经济学的角度看,国家在提高人民群众的监督作用方面获得的收益远远小于人民群众因此而付出的代价以及由此而在社会中形成的反面宣传效果。

其次,人民代表大会对治理腐败的监督作用有限。从宪法的高度来看,人民代表大会是我国唯一的权力机关,是国家所有行政官员的选举、任免、质询机关。行政官员理应对人民代表大会负责。人民代表大会监督角色的缺失,从一个侧面反映了人民代表大会的发展现实与宪法的规定相去甚远。究其根本原因,乃是由于人民代表大会在实际政治生活中扮演了政府官员的养老院或者是影子。前一种情况反映的是人大的组成人员往往是因年龄超杠、精力不济"退居二线"的政府官员,直接导致不管是从精力上还是从专业技术上,人大干部都无法对政府行政官员进行有效的廉政监督;后一种情况反映的是人大常委会主任往往与同级别的党委书记是同一人,同时相当一部分的人大代表也都是各级政府官员。结果就是自己监督自己,或者说左手监督右手。2004年被查处的程维高既是省委书记,同时兼任了省人大常委会主任。这反映出我国人民代表大会制度存在某些漏洞:首先,选举制度本身存在问题。我国现有的《选举法》规定,人大代表的选举实行差额选举,比例为25%—50%,有权推荐人大代表的单位有政党、团体和10人以上的代表联名。但在现实中,由于我国的城乡差别形势依然严峻,拥有九亿农民的广大农村地区人大代表的差额选举比例远远低于法律的规定。同时,政党提名基本上垄断了人大代表的提名权,团体和代表联名在很多地区都无法落实。其次,人大代表素质存在问题。人大代表绝非一种荣誉的头衔,而是所在选区人民群众的利益代表者,承担着积极反映和表达所代表大多数群众的合法权益。这就要求人大代表必须要理解政治并对之充满兴趣和强烈的责任感。然而当前我国各级人大都存在着将娱乐明星、成功的企业家以及获得优异成绩的运动员选为人大代表的情况。这些人对政治是否感兴趣，是否对我国当前存在的政治腐败问题和党风廉政建设保持高度的敏锐和关注，能否提出有针对性的、有价值的议案，都值得质疑。再次，人大常委会的机制问题。作为人民代表大会在闭会期间的常设机构，人大常委会的会议制度与机构构成都不同程度地存在着不足。作为政府机关及其公务员行政行为的最权威监督者，人大常委会一年却只有六次全体会议。更为严重的是，我国的政府机构和国务院直属办事机构将近50个，而人大常委会的专门委员会却只有9个。而在西方发达国家，立法机关的专门委员会与政府的职能机构往往是对应设立的，专业化程度与分工都是相当明确的，也有效地保障了政府机关公务人员行政行为限制在法律规定的框架之内。我国人大专门委员会在监督政府机关及其公务员行政行为的合法性与合理性方面心有余而力不足[1]。

再次，新闻媒体的舆论监督没有起到应有的作用。在西方发达国家，新闻媒体被公众认为是独立于行政、立法、司法之外的"第四权力"，在监督政府官员尤其是高级官员乃至国家最高行政首长是否清廉方面具有独特的优势。例如，自民党是日本第一大党派，曾连续执政达半个世纪之久，在日本的势力之大可想而知。然而，小泉纯一郎、安倍晋三、福田康夫等内阁首相的辞职，无不与媒体揭发其重要阁员的贪污腐败导致民意支持率急剧下滑息息相关。在一党独大的情况下，新闻媒体在监督行政官员清廉方面所起到的作用不得不令人叹服。又如，广为政界熟知的美国70年代著名的尼克松总统涉及的"水门事件"，虽然并不是直接针对尼克松总统的腐败，但是其针对的作风公正、正派仍然包含了清廉的含义。在该事件中，尽管白宫极力为尼克松总统开脱，但是新闻媒体不惧白宫压力，对"水门事件"紧盯不放，掀起了全民的抗议和游行，最终尼克松总统在连任成功的大好形势下被迫辞职。

在现实的腐败治理中，我国的新闻媒体发挥的作用远没有达到制度制定者的目标和希望。其深层次的原因就在于，我国的新闻媒体是党和政府的喉舌，统一由国家资本运营，新闻发布要受到专门的监管机构——新闻出版局、各级党委宣传部门乃至主管领导的审查和制约。新闻媒体在我国并非独立的"第四权力"，而是被统一纳入党和国家的权力体系的有机组成部分。新闻媒体同时受到了多重的权力制约，导致在各级党委、司法部门最终确定和查处腐败官员之

---

[1] 杨光斌：《政治学导论》，北京：中国人民大学出版社2004年版，第119—120页。

前,是无法及时向公众传达相关信息的,而只有等到一切都水落石出、铁案如山的情况下,才能够像事后播报员一般,向民众透露迟来的真相。最终,新闻媒体的监督作用尤其是事前和事中的预防作用被严重扼杀。例如,王怀忠、刘志华、陈良宇等腐败案件在经过新闻媒体通告广大民众时,早在几个月乃至数年之前,上级纪委和司法部门就已经开始着手对他们进行调查了。

最后,行政机关内部监督以及加强对各级党政"一把手"权力的制约措施,在实际的监督过程中难以实行。一般而言,行政机关内部都设有财务、审计、监察等专门部门来监督行政官员保持清正廉洁。值得深思的是,在实际操作中这些强有力的专门性监督手段却难以发挥其应有的监督效果。其重要原因在于,行政机关内部的权力流向并非单纯的自上而下,行政机关本身亦非铁板一块,而是由许多不同的利益群体构成的。造成的结果便是,财务、审计、监察等专门的监督部门在实际中分属不同的利益集团,自身由不同的机关领导主管,同时彼此之间的权力与责任存在一定的交叉和重叠,使得其自身的监督效果大打折扣,同时在出现问题之后互相推诿责任。另外,当前政府各级机关"一把手"所受到的有效制约还非常缺乏,行政机构享有的人事权、财政权、审批权等核心权力往往都集中在"一把手"手中。更为严重的是,我国相当一部分的党政一把手往往身兼数职。比如,职能部门的行政首长往往兼任党组书记,党委的一把手往往兼任人大常委会主任。仅以2008年十一届全国人大通过的人事任命为例,全国31个省、自治区、直辖市中,竟有23个地方的党委一把手和人大常委会主任系于一人,比例高达74.2%。人大是重要的权力机关和监督机关,党委书记和人大常委会主任一肩挑,这不但不是制约一把手,而且造成了一把手更加严重的集权,这与我们的政策治理目标而言可以说是南辕北辙。

二、国外廉政建设的经验

改革开放以来,我国在经济发展和制度建设等方面不断借鉴和吸收国外的先进经验。同样,抑制行政腐败、建设和完善廉政体制我们也应当积极借鉴国外的经验。日本、德国的廉政建设与我国具有一定的相似性,值得我们认真思索和借鉴。

日本的廉政体系建设可以追溯到1868年的明治维新,而真正意义上的廉政建设则始于二战之后。在美国的直接领导下,日本结束了帝国专制制度,建立了议会制度,实行多党制,天皇成为名义国家元首。在此背景下,日本于1946年制订了《国家公务员法》,对公务员的权限范围进行了严格的界定和约束,并以此后不久发生的"昭和电工"事件为契机,开始不断完善廉政体系。在国际透明组织近期公布的全球国家清廉指数中,日本位列第 17 位,可见日本的廉政建设已经取得了显著的成就。日本的廉政建设主要有三个方面的特点:一是预防和治理腐败的法律体系较为完善。日本拥有完备的刑法典,其中仅贿赂罪就分为 8 种情况:单纯受贿罪、受托受贿罪、事前受贿罪、第三者供贿罪、加重受贿罪、事后受贿罪、斡旋受贿罪、赠贿罪等;同时,日本的法律体系中还对公务员的很多细节如工资、住宿、退休等制定了专门的法律文件,如《有关一般职员的工资等法律》《国家公务员宿舍法》《国家公务员退职津贴法》等,完善的法律体系有效地遏制了官员的腐败问题。日本在 20 世纪末还制定了与《国家公务员法》相配套的《国家公务员伦理法》,对所有行政官员行政行为的合法性与合理性进行了严密的规定,进一步完善了对公务人员行政权力的制约,从而有效地遏制了不良官员在法律和道德的边缘牟取私利。二是具有良好效能的廉政机构。日本的廉政建设机构包含了国会系统的法官弹劾法院、法官追溯委员会,内阁系统的监察局、会计检察院,以及检察厅系统。日本的议会制政治体制让国会的廉政机构拥有很高的权威,同时检察厅系统的独立也让其拥有了高效的廉政效能。因此,廉政机构的独立性和权威性使得日本的廉政建设富有成效。三是着力打造"阳光政府"。上至首相下至基层公务员都必须遵守执行财务公开制度,所有官员对于自身拥有的不动产和动产都必须详细地向外界公开,同时允许日本的新闻媒体进行查证和跟踪,从而极大地限制了官员腐败的机会,促进了日本廉政体系的顺利开展。①

根据国际透明组织发布的 2008 年全球清廉指数排行榜中,德国排名第 14 位。这表明德国的廉政体制建设同样是卓有成效的。在舆论监督方面,德国的媒体真正体现了"第四权力"的权威和作用,在监督行政人员的廉洁方面具有很强的威慑力。其主要原因在于德国的大多数媒体都不是政府所有,而是属于民营或者股份制企业,是典型的自负盈亏的法人主体。据统计,德国有 100 多个电台、25 个电视台、27 家通讯社、380 多种报纸和 9000 多种期刊。② 为了在激烈的竞争中获得生存和发展,新闻媒体必须报道有吸引力的新闻。政府官员能否保持廉洁,是否浪费和贪污纳税人的钱往往易为民众所关注。同时,德国的法律规定,只要媒体所报道的新闻不泄露国家机密,消息来源就会受到法律保护。因此,德国媒体对于行政人员行政行为的监督可以说是无孔不入。为了能够有效

---

① 参见严维耀:《日本廉政制度建设理论与实践》,北京:中国方正出版社 2004 年版,第 87 页。
② 陈章联:《遏制腐败关键在机制——德国廉政建设经验借鉴》,《特区理论与实践》2001 年第 4 期,第 60—62 页。

地获得官员的贪污腐败信息,很多新闻媒体往往会雇佣专门的人员从事相关信息的打探和收集。可以说,媒体在主观上虽然是为了获得自身的生产与发展,但是在客观上却有效地促进了对政府机关清正廉洁的监督力度。另一方面,作为欧洲文明的重要发源地,德国民众受自律与理性的启蒙思想影响,以及基督教和天主教教义的感化和教育,形成了良好的道德修养,对自身的廉洁要求很高,同时对他人的贪污腐败行为的容忍度是非常低的。例如,德国前总理科尔在20世纪90年代初卷入了一宗严重的政治献金案。尽管科尔作为西德总理,成功实现了东西德的合并,实现了德国的统一,可以说是德国的民族英雄;更重要的是,科尔并非将这笔资金中饱私囊,而主要是为了自身所在的党派——德国基民盟的发展和壮大。但是民众仍然没有就此而宽恕他,科尔最终黯然离职。由此不难看出,新闻媒体与民众的联合对于实现国家清廉的监督作用是十分明显的。而在惩罚机制方面,德国实行了将受贿者和行贿者一并重惩的廉政建设机制。一方面,对于受贿的政府官员施行肉体和精神的双重惩罚,不但要身陷囹圄,而且造成国家财富损失的,要进行高额的罚金,目的就是防止"牺牲我一个,幸福一家人"的腐败怪圈,使敢于破坏廉政体制的官员在政治上身败名裂,在经济上倾家荡产,在生活上亲人孤苦无依。更重要的是,对行贿者进行责任追究,进行严厉的惩罚,并将行贿者及所在企业登入黑名单,对企业及个人今后的发展造成几乎无法挽回的名誉损失。比如广受全球媒体关注的德国企业巨头西门子的行贿大案,德国政府便将其劣行进行发布,导致西门子在德国遭受了严重的信誉损失。对其他企业以及意欲行贿者而言无疑是一个巨大的警钟,从而很好地抑制了腐败。

三、廉政制度创新的模型分析

廉洁是政府及其正当性的根基,政府在矫正市场失效维护社会公正方面负有不可替代的责任,而只有一个廉洁的政府才能履行好维护社会公正的责任,促进机会均等,保障公民自由权利。腐败的政府及其官员将会加剧机会不均等,侵害公民的自由权利。因此,可以说,政府对于人们来说有多重要,政府廉洁就有多重要。[①] 在当前乃至今后的政治体制改革中,依靠制度的健全与完善恐怕是建设廉洁政府的不二法门。凡勃伦认为,制度是个人或社会对有关的某些关系或某些作用的一般思想习惯;诺斯将制度理解为人为设计的各种约束,它由正式约束(如规则、法律、宪法)和非正式约束(如行为规范、习俗、自愿遵守的行为准

---

① 何增科:《廉洁政府与社会公正》,《吉林大学社会科学学报》2006年第4期。

则）所构成；①罗尔斯则把制度理解为"一种公开的规范体系"。②因此，腐败的出现，从根本上说，是制度的设计与运行出现了问题；而要杜绝腐败，实现廉政，也必须从制度这个根本要素出发。下面，我们将通过一个模型来说明廉政制度创新的关键所在。

如下图所示，我国当前廉政的建设模式，其核心缺陷是政策设计中权力的闭合流动区间发生了异化。如果我们将政府机构和官员体系（Administration）看作一个整体，那么国家权力的运行体系便可以简单化为权力在公共权力集团与利益集团（Group）、利益个体（Single）之间的流动。在马克斯·韦伯所设计的官僚制体系中，公共权力（Power）的流向是从公共权力集团到社会中的利益个体与利益集团，形成一个简单的闭合区间。韦伯认为，他所设计的政府和官员都是非人格化的，都是在法律的约束和规定下开展行政行为，并不存在官员的贪污腐败现象，政府自然是廉洁高效的，因此并不存在利益个体与利益集团对政府和官员的权力监督，即权力流向中的PA在官僚制体系中是不存在的。然而，在实际的公共管理中，面对腐败现象的丛生，各国管理者都发现韦伯的官僚制理论在实际上是不成立的，最根本的原因就在于该理论的前提：非人格化的政府及官员是不成立的。必须要对政府官员掌握的公共权力进行有效的监督，才能够有效地抑制腐败现象的蔓延。于是，权力流向中的PA被广泛地设计到权力框架的运行体系中，它的具体措施包括法律、投票、游行示威、举报、新闻媒体等。只有，包含了PA在内的公共权力流程图才是完整的，才能够有力地约束政府官员对权力的滥用和由此而导致的贪污腐败现象。

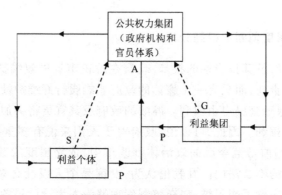

公共权力运行闭合区间图

---

① 彭定光：《论制度正义的两个层次》，《道德与文明》2002年第1期。
② 〔美〕罗尔斯：《正义论》，何怀宏等译，北京：中国社会科学出版社1988年版，第50页。

但是必须要明确的是,该模式图能够有效抑制腐败、实现廉洁政府的前提是添加进去的 PA 能够起到预想的效果。问题就在于,不管是法律、投票,还是游行示威与举报等,与之密切相关的管理机构如法院、立法机构、警察局、监察机构等,其权力仍然属于公共权力;换言之,公共利益集团由于自身拥有的天然强势,在民众对其的监督中起到了相当的作用,如果民众监督公共权力的渠道无法畅通,那么我们的公共权力运行将可能重新落入韦伯设计的理想主义迷宫,官员的贪污腐败现象仍然可能无法有效遏制。应当说,该模式从一定程度上反映了我国当前反腐倡廉机制建设中存在的瓶颈与困难。我国实行的是单一政治体,即明确规定了国家的经济社会发展必须遵循党的统一指挥与领导。换言之,我国的中央和地方各级政府、人大、司法机构以及新闻媒体等不能违背党的路线、方针、政策。为了保证党的决策的科学化与民主化,宪法明确规定了人大作为唯一的权力机关,有权依法任命、质询和罢免行政官员,政协作为民主党派参政议政的重要载体,也有权依法对公共权力的运行进行批评和监督。不过,由于我国的经济社会发展仍处于转型期,政治体制改革仍在进一步的探索之中,因而人大、民主党派等有利于确保民众监督渠道通畅的一系列机制尚不够完善。更为重要的是,少数的群体或个人为了实现自身的利益(包括合法的与非法的),在无法对公共权力集团进行有效约束的情况下,往往采取非常规的手段,最为核心的就是对行政官员进行行贿,从而在 PA 无法发挥有效监督作用的情况下,产生了 SA 和 GA。而相较于利益集团,个体利益明显处于不利的局面,SA 和 GA 形成了竞争与合作的复杂关系。SA 和 GA 取代了 PA,尽管使公共权力运行重新形成了一个闭合区间,但是无疑客观上造成了公共权力的腐败盛行。

通过对权力运行流程图的分析可以看出,要建立廉洁政府,疏通 PA 与限制乃至最终消除 SA 和 GA,以最终建立正常的权力运行机制是同样关键的。换句话说,廉政建设需要反腐和倡廉"两手抓,两手都要硬"的双管齐下的政策措施。而要疏通民众对公共权力的监督体系,从目前的国情和发展实际来看,最为关键的是要合理地疏导现有的反腐利器,主要包括审计和网络两个方面。审计对于当今全球任何一个法治国家的建设而言都是富有成效的揭发腐败信息的专门机构。尤其是在我国人民代表大会、监察机关、司法机关、新闻媒体等机构都无法有效监督官员廉洁的情况下,我国的审计署从 2003 年开始刮起了著名的"审计风暴",被视为高官集中地的中央各有关部门被挪用和贪污腐败的资金被大量揭露出来。可喜的是,新任审计署审计长刘家义在接任之后,审计署的"审计风暴"仍然在继续,让我们看到了我国的审计职能并没有因为领导者的变更而因此削弱。在审计风暴强力刮向中央部门之后,中央部委和高级官员的贪污腐败问题暴露在全国民众的视线中,在舆论中引起巨大的影响,为有关部门对腐败官员的查处与廉政建设的顺利推行形成了良好的影响。因此,国家必须充分重视并对审计部门刮起的"审计风暴"进行合理的引导,对揭露出来的较为严重的官员可以重刑,才能够促进我国廉洁政府的建立。否则,如果任凭审计风暴刮而无所作为,最终很有可能导致审计机关遇到的来自各个机关部门的压力和阻力大大增加,而慢慢丧失了反腐利器的本来面目。

因此,我国的廉政改革的关键点就在于如何使异化了的公共权力运行恢复常态。从现实条件来说,是完全可行的。因为尽管利益个体与利益集团大都选择了 PA 的异化手段 SA 和 GA,但是后者的选择成本无疑是远高于前者的。只要前者能够有效地发挥其应有功能,将会重新获得民众的选择与支持。

四、廉政建设与制度创新

当前,我国的廉政改革最为紧迫的任务,是高层的决策者能够提高对腐败治理的重视程度。这种重视不是表面的或者泛泛而谈的,而是包含了三个呈递进关系的努力方向:一是慎重立法,二是以身作则,三是对违法贪污者实行严刑峻法。尽管我国的领导人历来对廉政建设都倾注了极大的关注,但是不可否认的是,这种关注和努力是不够的。1997 年党的十五大正式提出我国要建立法治国家的战略,而法治国家的核心标志便是法律在整个国家、社会都拥有至高无上的权威;这种权威意味着法律面前人人平等,行政官员不管职权多大只要违背了法律,就必须受到严惩。

正因为法律拥有无上的权威,因此作为高层的决策者必须尊崇法律的权威,绝不可掉以轻心,反映在具体的措施中便是要在立法中慎之又慎,对法律的实用性、与国情的符合、现实操作性、与之相配套的长效机制等要素应有全面深入的全盘考虑。唯有如此,法律的制定与实施才不会被视为儿戏,轻率视之。在这方面,我们国家的高层决策者需要重视和提高。例如,为了打造廉洁和阳光政府,在借鉴国外经验的基础上,我国制定了领导干部的财产公开制度。从实施效果来看,自该法律宣布实施以来,从来没有任何一个腐败官员是由于在财产申报环节上被发现和查处的,而各级官员往往将每次的财产申报当作是简单的形式主义,草草应付。导致财产申报制度在我国的法律体系中处于尴尬的境地,更成为海外法律建设研讨中的笑柄。这不能不引起我们的反思。该法律的制定所针对的是所有的行政官员,但是在实际操作中却变成了针对地方各级官员。上级官员在财产申报方面尚不能够认真对待,又如何要求庞大的地方各级官员队伍如实地申报自己的财产。又如,为了减少在城市建设拆迁过程中发生的拆迁纠纷,我国 2004 年修订《宪法》加入了"公民的合法的私有财产不受侵犯"的条款。宪法作为我国的法律之母,享有最高的权威,在进行修订的时候聚集了全国很多民众的关注和期盼,但是在实际实施过程中却没有发挥应有的作用。

可见,宪法的一再修改和法律的不断制定,在我国现实的政治生活中仍然停留在法律文本的层面,不能不说是对我国法治国家建设的极大破坏。因此,必须明确:我们对法律的制定和修改一定要慎重,一旦进入具体实施中,高层领导者就必须起到模范带头的作用,这样才能够有效地保证法律的权威,也才能够有效减轻法律在惩治地方违法官员时受到的巨大压力和阻碍。一个恰当的例子是,日本在财产公开制度的推行方面,领导者都起到了明显的示范作用。1974 年,日本首相田中角荣因涉嫌腐败问题下台之后,继任三木武夫上台之后便迅速公布了自己的全部资产,在获得了民众支持的同时,也为日本财产公开制度的顺利推行起到了示范的作用;其后日本第 71 任首相中曾根康弘在上台之后要求全体内阁成员必须公布自己的财产,最终促使财产公开在日本内阁级别官员中成为惯例①。在惩治贪污腐败官员的问题上,高层领导者需要注意的则是要对敢于以身试法的腐败分子实行严刑峻法。按照一些学者的看法,我国要建设廉洁和法治国家,就必须让腐败分子在政治上身败名裂,在经济上倾家荡产,在生活上家人朋友抬不起头,在社会上遗臭万年。唯有如此,法律对于妄图贪污腐败的官员才具有强大的威慑力,法律的无上权威才能够不被破坏。在西方很多法治国家中,一旦腐败分子的罪行被揭露和公布,终生将不再被录用为公务人员,原先享有的诸多权益不复存在,而且将面临严重的牢狱之灾,自己的妻子儿女的社会信用被社会严重质疑。腐败官员的复出,让全力惩处贪污、建设廉洁政府的法律体系权威扫地,让广大的民众对法律的认同和信仰遭到严重的破坏,更导致很多人在通过正常渠道无法保障自身利益的情况下,转而去加入了行贿的队伍,对腐败的盛行起到了推波助澜的作用,这对我国法治国家的建设无疑将造成深远的影响。可见,只有决策层的领导者提高对廉政建设的重视程度,在制定廉政相关法律时慎之又慎,在实行法律时行为世范,在惩治贪官时毫不手软,法律的权威才能够得到有效的保障,廉洁政府的建设才能够拥有良好的法律环境和社会环境。

事实上,除了要对贪污腐败之徒实行严刑峻法,对行贿者课以重刑乃是必不可少的一个环节。对于行贿者尤其是利益集团而言,其能够从受贿官员那里获得的收益将大大高于行贿的成本。因此,如果在建设廉洁政府的过程中,仅仅对

---

① 李广民、秦汉:《战后日本反腐败司法措施探析》,《太平洋学报》2007 年第 7 期,第 10—15 页。

腐败官员进行惩处而让行贿者逍遥法外,那么该腐败官员的继任者将同样成为行贿者的目标,客观上造就了新的腐败现象和腐败官员。正因为如此,才有了河南省高速公路建设机构前后三位局长皆因腐败而倒台,安徽省阜阳市前后三任的中级人民法院院长同样因腐败而倒台的让人深思的"前腐后继"现象。尤其是在改革开放之后,虽然官商勾结而导致的商业贿赂案件频发,但是一直没有能够得到有效的根治。而在两年前的国务院举行的廉政会议上,温家宝总理明确指出:当前我国廉政建设的重点就是治理商业贿赂。因此,只有对行贿者同样进行法律的严惩,才能够从根本上堵住行贿之风,抑制腐败的盛行。在2007年7月中央对陈良宇一案的查处中,一大批有关联的企业负责人先后被逮捕和判刑,给很多希望通过行贿获得巨额非法收益的企业敲响了警钟,也显示了新世纪我国在廉洁政府建设中思路的转变。而对于行贿者尤其是商业行贿者的惩处中,除了依法惩治之外,还需要更多有效的手段来遏制商业行贿导致的腐败现象。其一,对行贿者及所在的商业利益集团通过新闻媒体向海内外公开发布,并载入商业管理部门设置的黑名单,对于该商业利益集团今后的贷款、项目审批、厂房扩建、产品销售等各个方面进行严格监管和限制。多方面的打击将对行贿者的利益集团的切身利益造成致命的损害,从而引起商业利益集团对整体利益受损的危机感,增强对行贿者的行贿行为的监督、制止和揭发。其二,通过对行贿者课以重刑,能够极大地提高行贿者的成本和付出的代价,同时对企图行贿者起到警醒的作用,从根本上斩断腐败的链条,掐断官员腐败的利益来源,促进我国廉洁政府的建设。

　　伴随着近些年来计算机使用的大众化和国际互联网的普及,网络反腐逐渐成为我国反腐倡廉的重要途径和手段。从某种意义上说,网络的兴起大大提高了我国传统监督手段效率的提高。我国的廉政建设历来主张广大民众积极监督和举报官员的廉洁情况和贪污受贿行为,但是由于检举法律保障体系建设的不健全以及贪污官员的疯狂报复,民众的检举行为面临着巨大的压力和限制。更为严重的是,我国相关廉政建设法律明文规定,对贪污官员的举报必须是实名制,对于匿名举报的一般情况下不予受理,就更加提高了检举的成本与风险。毫无疑问,网络的兴起有力地解决了由于实名制和因此而带来的可能的报复。网络能够使官员的腐败行为在极短的时间内传播至全国各地,而且由于我国目前对网络信息的监管和控制上不完善,贪污官员很难对网络上揭发的关于自身的腐败信息进行封锁和报复检举者,从而使得网络成为当前我国党风廉政建设中至关重要的举措和信息来源。不过,也正是由于对网络的监管尚不到位,导致了网络上的信息真假难辨,诽谤他人、道听途说的反腐信息充斥其中,为查处腐败

第十一章 廉政与善政

官员、建设廉洁政府增加了很大的难度。因此,我国要建设廉洁政府,积极发挥网络的长处和优点,并对其中的虚假和不良信息进行有效的监管和控制应当说是非常关键的一环,而如何有效地进行网络监管则是当前需要认真对待的问题。最近有关部门在酝酿实行网络实名制,对此我们应慎重。网络实名制的确能够有效地避免网络上散布虚假信息、不负任何责任的不正之风,从而有力地净化网络风气,减轻我国反腐廉政建设中的成本和压力;但同时也给官员腐败的真实信息的顺利发布形成了极大的限制。贪污官员利用手中权力,通过专门的渠道和机构能够迅速地确定检举者,从而对其进行各种形式的打击报复,最终使得网络这种新兴的反腐利器沦落为传统的廉政建设手段,扼杀其生命力。

第三节 善政及其实现

善政始终是公民对政府的期望和理想。[①] 休谟认为,一切人类努力的伟大目标在于获得幸福。个人的追求各有千秋,人类的奋斗永无停息,但其终极目的都是幸福快乐。社会发展的终极目标应该是更好地实现人民的幸福。不过,人民的利益和幸福只有上升到政治制度和法律层面的界定清晰才能获得真正的保障和实现[②]。亚里士多德的《政治学》几乎是用了全部的篇幅来论述"善政"或"好的政治"如何实现的问题。他认为,幸福不仅是合德性的实践活动,实现幸福更需要良好的政体和法律,因为"良法可以使人变好"[③],在其代表作《政治学》一书中,他明确指出,"凡订有良法而有志于实行善政的城邦就得操心全邦人民生活中的一切善德和恶行。……法律的实际意义应该是促成全邦人民都能进于正义和善德的永久制度。"[④]最大多数人的最大幸福无疑是善政当然的目标指向,而通过制度的设计与完善,则是善政得以最终实现的路径选择。

一、善政的界定

无论是古代中国还是古希腊对于"善政"的理念,思想家们都有过充分的阐述。例如,孟子就曾明确指出:"善政得民财,善教得民心。"[⑤]亚里士多德将善划

---

① 刘海因:《走向善政和善治之路——专访中共中央编译局副局长俞可平》,《上海党史与党建》2005年第11期,第1—4页。
② 罗建文:《崇尚民生幸福是善治政府的价值追求》,《中国行政管理》2008年第1期。
③ 〔古希腊〕亚里士多德:《尼各马可伦理学》,廖申白译,北京:商务印书馆2003年版,第315页。
④ 〔古希腊〕亚里士多德:《政治学》,吴寿彭译,北京:商务印书馆1981年版,第138页。
⑤ 杨逢彬:《孟子》,长沙:岳麓书社2000年版,第52、229页。

分为个体的善与城邦的善。毫无疑问,相对于个体的善,城邦的善关注的是全体公民的善,因而"城邦的善却是所要获得和保持的更重要的、更完满的善。"政治的目的在于能使国家(城邦)的全体公民获致一种幸福的生活。如果字面上理解,善政指的是良好的统治或者良好的政府。那么,这种理解显然是过于宽泛的。如果我们根据亚里士多德的理论,"善政"可以界定为一个主权国家的政府能够很好地保障全体公民的生存权与发展权,为全体公民提供一种良善、幸福的生活。无疑,善政的实现与否,政府是关键因素。为了实现善政,必须要对政府的结构、组成人员尤其是政府行为进行严格的规范与限制。在《政治学》这本书中,亚里士多德提了一个核心问题,即:应当由谁来管理政府。事实上,柏拉图在《理想国》中已经对该问题给出了经典的答案,即由哲学王来统治国家,因为唯有哲学王才是拥有最高理性、毫无偏私的爱智慧者,才能够将城邦实现至善。不过,亚里士多德对柏拉图的这一观点进行了批判。他认为,首先,柏拉图将城邦看作扩大了的家庭,从而混淆了伦理与政治的区别,将家长制权威与政治权威混为一谈。然而,"宪政统治者对其臣民的权威颇不同于一个主人对其奴隶的权威……政治权威也不同于一个男人对其妻子和儿女的权威。"从根本上说,奴隶主与奴隶的关系、父亲与妻子儿女的关系先天就是不公平的,但是"唯有这种不平等地位才能够使政治关系成为可能"。其次,完美的"哲学王"在现实中是难以寻觅的,因为欲望与理性同样是人的本性,人天生对财富、权力、荣誉拥有强烈的需求;与此相关联的是,动物性是人本质的重要组成部分。因此,即使"哲学王"能够保证在某些事情上积极为全体公民的利益而奔波,也不能保证这种积极能够成为始终如一;即使能够保证这种积极始终如一,也无法保证后来的"哲学王"同样能够做到这一点。①

在对待统治者的选择问题上,亚里士多德始终对完美的"哲学王"保持高度的质疑与警惕。基于此,他将柏拉图在《政治家篇》和《法律篇》中提出的次优国家作为了自己的政治理想,即把法律至上视作是善国家的一个标志。"即使是最贤明的统治者也不能置法律于不顾,因为法律具有一种非人格的品质,而一个人不论多么圣贤,也是不可能获致这种品质的。法律是不受欲望影响的理性。"②而要实现法治或者宪政,亚里士多德认为主要包含三个方面的因素:首先,统治的目的是全体公民的普遍利益,而非少数阶级或集团的利益;其次,统治

---

① 〔美〕乔治·萨拜因:《政治学说史》,邓正来译,上海:上海人民出版社2008年版,第131—132页。
② 〔美〕乔治·萨拜因:《政治学说史》,邓正来译,上海:上海人民出版社2008年版,第132页。

的手段是一般性的法律而不是专断;第三,统治的前提是公民的自愿与积极而不是对公民的强迫。以此为评价指标,亚里士多德对古希腊一百五十多个城邦的政治制度进行了系统的梳理与总结,并进行了著名的"六重分类法",即将这些古希腊城邦的政体划分为三类符合宪政的国家:君主制、贵族制和民主制,三类变态的国家:僭主制、寡头制和平民制。不过,对于三种符合宪政原则的政体,亚里士多德却表现出了不同的理解。尽管他也承认如果君主能够为全体公民的普遍利益服务,同样是一种可取的政体;但是从更深层次上讲,他并不认为君主制是一种真正的政体。这是因为,"那种理想的君主制与其说是政治之治,不如说是家庭之治"。① 这无疑又回到了柏拉图的哲学王思想。另外,民主制尽管可能最为符合宪政的要求,但是民主政体下的财产权是不明确的。全体公民共同决定公共事务由于人数的众多导致并非一定实现公正与正义;更为重要的是,这种政体给献媚众人、哗众取宠的演说家以机会,导致了大多数人对少数人的强迫统治,导致蜕变为毫无公正与至善可言的平民制。尽管亚里士多德对贵族政体的推崇似乎体现了他对奴隶主统治合法性的辩护,但是不得不说以财产权为基础的贵族制对现代意义上的宪政更具有实际意义。首先,财产权的确立意味着社会资本的产权明晰,这对于全体公民对自身财产的保护与投资有了法律的保障,对自身生存权与发展权的实现奠定了物质基础;相反,如果产权不明晰,公民个体在面对强势利益集团尤其是国家的掠夺往往无能为力,个人的良善生活的实现也就无从谈起了。其次,贵族政体综合了公平与效率两个方面因素的考量。诚如萨拜因所说,全体公民负责制定法律和决定重大问题,而一般性事务则交由政府去完成,充分体现了分工的合理,也保障了正义和至善生活的实现。②

随着现代政治的发展,善政一词也越来越多地成为政府与学术界讨论的话题。目前,对于善政如何定义并无完全一致的看法。有学者认为,善政是政府创新的主要目标,善政就是良好的政府。中国古代又称为"仁政""德政",意指政治清明,百业兴旺,百姓安居乐业。现代善政是现代政治文明的重要内容,具体来说有九大要素:民主政府;法治政府;责任政府;服务政府;优质政府;效益政府;专业政府;透明政府;廉洁政府。③ 与此相类似,俞可平认为,自从有了国家及其政府以后,善政便成为人们所期望的理想政治管理模式,这一点古今中外概莫例外。在中国传统政治文化中,仁政或善政的最主要意义,就是能给官员带来

---

① 〔美〕乔治·萨拜因:《政治学说史》,邓正来译,上海:上海人民出版社2008年版,第142页。
② 同上书,第140—143页。
③ 何增科:《廉洁政府与社会公正》,《吉林大学社会科学学报》2006年第4期。

清明和威严的公道和廉洁,各级官员像父母一样热爱和对待自己的子民,没有私心,没有偏爱。在全球化背景下,作为一个社会主义民主共和国的人民政府,善政应当具备以下八个要素:民主、责任、服务、质量、效益、专业、透明和廉洁。①还有学者从我国当前的政治体制出发,认为所谓善政,是指各级党委和政府要按照"三个代表"重要思想的要求,牢固树立和全面落实科学发展观,结合实际贯彻党的路线方针政策,构建社会主义和谐社会,善政强调的是为民执政的本事、能力。② 与廉政的内涵相比,善政更多的是考虑政府在提供公共服务过程中的参与、质量、效益等。因此我们认为,所谓善政,是指政府在拥有执政合法性和依法行政的基础上,实行政治授权、培育市民社会、增加公民参与,从而为广大人民提供良好的公共服务,使之过上良善的生活的政治体制。

从亚里士多德以来,致力于为全体公民提供良善和幸福生活的善政理念成了很多政治学家的梦想。由于世界政治体制改革和发展的阶段不同,善政理念在不同时期表现出不同的内容。正如俞可平所指出的:"只要政府存在一天,这样的善政将始终是公民对于政府的期望和理想。当然,善政的内容并不是固定不变的,在不同的时代和不同的社会政治制度下,善政有着不同的具体内容。"③当前关于善政理念的最新表现形式当属"善治"(Good Governance)。

二、治理与善治

善治理念的兴起源于治理危机的出现。善政尽管提出了为全体公民提供良善的生活,但是统治主体仍然是政府自身,竞争的缺乏与权力的集中往往导致善政无法实现。因此,治理理论的提出是试图在政府之外寻求新的治理群体。按照英国政治学家格里·斯托克的总结,治理理论包括以下五种主要观点:第一,治理意味着一系列来自政府但又不限于政府的社会公共机构和行为者;第二,治理意味着在为社会和经济问题寻求解决方案的过程中存在着界限和责任方面的模糊性;第三,治理明确肯定了在涉及集体行为的各个社会公共机构之间存在着权力依赖;第四,治理意味着参与者最终将形成一个自主的网络;第五,治理意味着办好事情的能力并不限于政府的权力,不限于政府的发号施令与运用权威。④尽管治理可以弥补国家和市场在调控和协调过程中的某些不足,但治理本身存

---

① 参见俞可平:《善政:走向善治的关键》,《文汇报》2004 年 1 月 19 日。
② 汪志芳:《共产党人的"善政"之道》,《政策瞭望》2007 年第 4 期。
③ 俞可平:《公正与善政》,《南昌大学学报(人文社会科学版)》2007 年第 4 期,第 1—3 页。
④ 〔英〕格里·斯托克:《作为理论的治理:五个论点》,《国际社会科学(中文版)》1999 年第 2 期,第 19—30 页。

第十一章 廉政与善政

在着诸多局限,它既不能代替国家而享有合法的政治暴力,也不可能代替市场而自发地对大多数资源进行有效配置。① 因此,为了有效应对治理危机,学界在治理的基础上提出了"良好的治理""健全的治理"或者"原治理"等概念,最终形成了善治理念。

20世纪90年代初,俞可平将善治理念引入我国,并对其含义进行了界定:"善治就是使公共利益最大化的社会管理过程。善治的本质特征就在于它是政府与公民对公共生活的合作管理,是政治国家与市民社会的一种新颖关系,是两者的最佳状态。"② 根据俞可平的总结,善治理念包括以下十个方面:一是合法性,是指社会秩序和权威被自觉认可和服从的性质和状态;二是法治,即法律是公共政治管理的最高准则,在法律面前人人平等;三是透明性,是指政治信息的公开性;四是责任性,是指管理者应当对其自己的行为负责;五是回应,是指公共管理人员和管理机构必须对公民的要求作出及时的和负责的反应;六是有效,主要指管理的效率;七是参与,首先是指公民的政治参与,其次是公民对其他社会生活的参与;八是稳定,主要包括国内的和平、生活的有序、居民的安全、公民的团结、公共政策的连贯等;九是廉洁,主要是指政府官员奉公守法,清明廉洁,不以权谋私,公职人员不以自己的职权寻租;十是公正,指不同性别、阶层、种族、文化程度、宗教和政治信仰的公民在政治权利和经济权利上的平等。③ 综上所述,善治本质上代表了公共权力从政府向社会以及普通公民的回归,它意味着以前那种一元化的高度集权的政府管理体制的瓦解,意味着政府不再是唯一的权力主体,更意味着公共权力的分散与授权。在善治的理念下,公民从被管理对象上升到了被服务对象,继而上升到了参与管理自身的主体之一。公民合理需求的满足不再简单依据于法律的规定或者政府的职责,而是依据公民自身的需求本身。

通过对治理与善治概念的界定与分析,廉政与善政之间的区别与联系也就渐趋明朗了。首先,廉政的角色定位是对政府及其组成人员的伦理道德水平以及权力运行机制,善政尽管也包含这方面的含义,但是前者的主体非常明确,仅限于政府自身;而后者则突出了政府能否为民众提供良善的生活并非决定于政府自身,而是决定于广大民众——公共服务的接受者与服务效果的最终评判者。换言之,廉政的核心是对政府存在的合法性的要求,而善政的核心则是对政府存

---

① 俞可平:《治理与善治》,北京:社会科学文献出版社2000年版,第7页。
② 同上书,第8—9页。
③ 刘海音:《走向善政和善治之路——访中共中央编译局副局长俞可平》,《上海党史与党建》2005年第11期。

在的目的的要求。长久以来,以法治与宪政为基础的廉政与善政一直都是政府公共管理的理想治理模式。其次,二者对政府功能的期望值不同。廉政的要点主要包括两点:廉洁与廉价,要求政府及其公职人员必须廉洁奉公、克己自律,同时要控制政府规模,包括机构规模、支出规模、成本规模,在低成本的基础上提供高效的公共服务。而善政的要点则包含了以下九个要素:民主、法治、责任、服务、质量、效益、专业、透明和廉洁。① 从而可以看出,廉政对政府功能的期望值集中于公职人员必须具备清廉的伦理道德素养,以及低成本基础上的高效服务,尚保存着浓厚的伦理意义。而善政对政府功能的要求则是要为全体民众提供良好的公共服务,使公民能够实现一种良善的生活。尽管善政本身是一个伦理色彩浓厚的术语,但是从其构成要素中不难发现其中的去伦理化非常明显,都是从政治的高度和法治的层面对公务人员做出了严格的要求,几乎涵盖了公共治理的各个层面。善政九要素中的廉洁与效益恰好对应了廉政的两个要点,廉政是实现善政的逻辑前提与治理基础。廉政的本质要求政府官员自身必须拥有高尚的德性,尽量节约纳税人的成本,从而奠定为公众服务的基础,获得民众的认可与支持,也使得政府拥有了政治合法性。如果政府自身贪污腐败成风,就必然失去民众的支持与信赖,失去赖以统治的合法性基础,社会就会出现动荡,固有的统治秩序就会被摧毁。国家的正常运行尚不可能,更遑论为民众提供良善的生活了。

三、治理与善政

毋庸置疑,从治理理论的提出,到良好的治理——善治的形成,从政府权力向社会的回归,到民众政治参与角色的转变,治理与善治理论为善政目标的实现提供了丰富的理论参考与路径选择。不过,必须要明确的是,"欲达到善治,首先必须实现善政。一言以蔽之,善政是通向善治的关键。"正如有学者指出的那样,尽管治理意味着主体的多元化与决策的共和主义,但至少目前为止,在"所有权力主体中,政府无疑具有压倒一切的重要性,任何其他权力主体均不足以与政府相提并论。代表国家的合法政府仍然是正式规则的主要制定者。国家及其政府仍然是国内和国际社会最重要的政治行为主体,在国内外的众多政治行为主体中,国家及其政府仍然处于独占鳌头的地位。"② 因此,在当代公共管理过程

---

① 刘海音:《走向善政和善治之路——访中共中央编译局副局长俞可平》,《上海党史与党建》2005年第11期。

② 俞可平:《善政:走向善治的关键》,《当代中国政治研究报告Ⅲ》。

中,政府依然掌控着社会绝大部分可支配的社会资源、经济资源、自然资源,依然掌握着国家的立法、行政、司法机构,依然决定着公共利益的维护与增加。基于此,要实现治理基础上的善政,并不是简单或孤立的,而是依赖于一系列因素或条件的支撑。

首先是民主与法治的高度发展。近代以来的社会契约理论已经表明,民主最原始和根本的意义是人民民主,社会与国家最终的权力来源是人民的政治授权。因此,要提倡民众的政治参与、实现善政,就必须实现民主的高度发展。反过来说,没有民主,就不会有政治参与,也不会有善政的最终实现。尽管民主自身并非完美的。有学者就严肃指出,民主虽然会让人民的切身利益和合法权利得到保护,但是也有其自身的隐患。① 民主的施行可能会让政府原本有能力迅速做出的政治决策因不能满足部分阶层或集团的利益而引发集会与游行,从而导致社会动荡的出现,产生严重的负外部效应。民主也有可能使原本简单的决策因民众的理解与建议不同而产生漫长的辩论、争执与反复,最终使得决策的最佳时机早已错过,而且大大提高了政治决策与执行的机会成本,导致政府高昂的行政管理成本居高不下,最终利益受到损害还是公民自身。民主还有可能把善于蛊惑人心与耍弄伎俩的政治掮客推向政治前台。比如20世纪30年代在大萧条的刺激下,德国民众最终将纳粹头子希特勒选为总理,从而导致民主政体的蜕变,如亚里士多德在《政治学》中阐述的那样,国家将从民主政体蜕变为平民政体或者说暴民政体。这样的可能性使得民主的过程最终会导致适得其反的效果。但是,"在人类迄今发明和推行的所有政治制度中,民主是弊端最少的一种。也就是说,相对而言,民主是人类迄今最好的政治制度。或者如一位著名政治家讲的那样,民主是一种比较不坏的政治制度。"②

民主是善政得以实现的理论前提与逻辑起点,而法治则是民主能够得到持续推行并保持合理秩序的有效保障。正因如此,在当代政治学领域中,民主与法治二者往往并称。"从根本上说,民主与法治是一个硬币的两面,互为条件,不可分离,它们共同构成现代政治文明的基础。"③民主赋予了公民表达自身利益诉求、实现政治参与、保护切身利益的权利与条件,然而如果没有法治的保障,公民的这些合法权利随时都有可能被政府强行剥夺。法治意味着包括执政党和政府在内的一切公民与法人团体都必须将自身的行为约束在宪法和法律的固定范

---

① 参见俞可平:《民主是个好东西》,北京:社会科学文献出版社2006年版,第1页。
② 同上。
③ 俞可平:《再说民主》,《领导文萃》2009年第6期(下)。

围内,任何个人或团体违反法律的行为都将毫无例外地受到应有的惩处。唯有如此,政府权力的膨胀才能够被有效约束,政府权力的形式也才能够限制在依法行政的正确轨道上,政府权威才不至于过分地压制民众的权利,民主的实施才能够获得发展的空间,民主的制度优越性与有效性才能够得以发挥。

其次是政治参与和市民社会的培育。按照一般理解,政治参与是衡量治理有效性的重要指标,高度的政治参与同样是廉政得以实现的重要条件。目前,民众政治参与的方式主要是个体参与和集体参与两种。前者可以称之为选举民主,后者称之为协商民主;"前者关系到政府官员是否代表人民,后者关系到政府政策是否充分体现民意。"①在实际的政治发展中,社会依据一定标准被划分为不同的阶层与利益集团,个体所表达出的声音往往是微弱无力的。这是由民众力量的分散、观点的差异以及民主意识的参差不齐所导致的必然结果。在个体参与理论方面,目前最有影响力的就是哈佛大学教授罗伯特·帕特南提出的社会资本理论。在他看来,社会资本指的是普通公民的民间参与网络,以及体现在这种参与中的互惠和信任的规范。社会资本的本质性组成要素是集体行动中人与人之间的相互信任,其实质性功用是它有助于形成自发的合作。② 社会资本理论的提出,使得公民之间通过形成互惠与信任,从而减少彼此之间观点的差异,协调民主参与意识,从而增强在表达自身利益诉求时的分量。

不难发现,帕特南提出社会资本理论的初衷,同样是希望公民个体在政治参与过程中通过结成利益集团来表达和维护自身权益,从而达到"使民主运转起来"的效果。因此,集体参与或者说协商民主是当前政治参与的主要形式。而协商民主得以推行的重要载体则是市民社会的高度发达。改革开放前,我国由于种种历史原因的限制,作为市民社会组成细胞的社会团体缺乏生存和发展的必要土壤。改革开放以来,"一个相对独立的市民社会已经在中国迅速崛起,并且对完善市场经济体制、转变政府职能、扩大公民参与、推进基层民主、推动政务公开、改善社会管理、促进公益事业发挥着日益重要的作用。"③不过,市民社会在蓬勃发展的同时,也面临着很多发展的不利条件。必须认识到,政府一家独大、享有一切权威、将公民单纯地看成是被管理者的传统公共管理方式与管理思维早已与当今的政治发展潮流格格不入,政府部门与市民社会对社会政治事务

---

① 俞可平:《中国治理评估框架》,《经济社会体制比较》2008年第6期。
② 俞可平:《社会资本与草根民主——罗伯特·帕特南的〈使民主运转起来〉》,《经济社会体制比较》2003年第2期。
③ 俞可平:《推进社会管理体制的改革创新》,《学习时报》2007年4月23日。

的合作管理,是实现民主治理的关键所在。一个健康的市民社会是国家长治久安的重要基础,是社会团结和谐的基础,也是民主政治的基础。从某种意义上说,现代国家的成熟程度,与市民社会的发达程度是一致的。① 根据一些学者的总结,目前在我国市民社会的发展与培育中存在四个方面的主要问题:一是轻视和漠视民间组织,认为民间组织在中国的社会政治生活中无足轻重;二是对民间组织不信任,认为民间组织不是正式机构;三是害怕民间组织,认为市民社会一旦变得强大,就会脱离政府的监管,政府对社会的控制力就会下降;四是敌视民间组织,认为民间组织总是跟政府不合作,甚至跟政府唱对台戏,要坚决予以遏制。

四、善政的实现

善政的宗旨在于为民众提供一种良善的生活,同时民众是善政实现程度的评判者。中国共产党在新时期提出的科学发展观其重大战略意义在于纠正了过去单纯以经济建设为中心、过度追求 GDP 为核心的发展理念,将核心转向社会与民生需求,最终目的是要建立社会主义和谐社会,即实现民主法治、公平正义、诚信友爱、充满活力、安定有序、人与自然和谐相处。建设和谐社会便是有中国特色的善政理念。在实现善政的过程中,必须认识到我国治理中存在的问题,诸如城乡居民收入差距拉大,税负过重导致税收增长率远高于 GDP 增长率,医疗保障体系的改革仍然没有能够让大多数民众享受到改革开放与税收增加的好处,服务性和透明政府的建设在一些地方仍然流于形式,民众的合法权益在很多时候尚无法得到切实的保障与维护等。改革开放的经验告诉我们,要实现善政需要从制度上规范政府的职能,限制公共权力,承担行政责任,切实维护公民权利。英国著名学者波普曾指出:"我们需要的与其说是好的人,还不如说是好的制度。……我们渴望得到好的统治者,但历史的经验向我们表明,我们不可能找到这样的人。正因为如此,设计甚至使坏的统治者也不会造成太大损害的制度是十分重要的。"②我国善政目标的实现必须坚持在宪政和法治的制度框架之内,从以下三个方面着手:

首先,积极促进政治社会化。我国政治社会化进程的效果,直接决定着民心的向背、社会秩序的安定,也在很大程度上决定着善政理念的实现。善政理念反映在政治社会化层面,要求政府对公民的利益诉求进行积极有效的回应,对公民

---

① 俞可平:《改善我国公民社会制度环境的若干思考》,《当代世界与社会主义》2006 年第 1 期。
② 〔英〕卡尔·波普:《猜想与反驳》,傅纪重等译,上海译文出版社 1986 年版,第 491 页。

的价值倾向与价值判断进行合理引导,从而提高民众对政府执政合法性的认可与接受,实现社会秩序的稳定。善政对公共服务的价值重塑反映在可操作的层面,需要政府在提供公共物品与服务的体制与机制方面的多个维度进行系统化的改革:第一,对于重大尤其是突发的公共事件,政府应当在最短的时间内,通过新闻媒体对民众进行公开发布,并对事件的进展进行定时发布。只有及时了解了事实的真相,民众的知情权才能够得到有效的保障与维护,各种小道消息乃至谣言对公民的影响才能够得到有效的遏制,民众的思想与舆论发展才能够有效地受到政府的引导。在2003年爆发的SARS危机中,面对民众的极大恐慌和对SARS的无知,北京市对危机的迅速蔓延处置不力,方法不对头,因而导致了更大范围和程度的恐慌,对社会秩序的稳定造成了严重的影响。而其后中央政府吸取教训,决定对全国范围内的SARS疫情实行24小时定时对外界公布的政策,才有效地避免了可能的社会动乱的产生。值得注意的是,贵州瓮安、湖南湘西等一系列重大事件之所以能够在极短的时间内为广大民众获悉,原因就在于政府在巨大的舆论压力之下对此进行了妥善处理,网络政治功能的发挥可以说功不可没。第二,对民众的利益诉求应当积极给予回应,才能够使民众对自身利益的维护获取权威的方式和途径,民众的幸福感和满意度才能够保持较高的水平,信访尤其是越级信访事件、群体性事件的发生频率也才能够得到有效的控制。这一点在我国的广大农村地区表现得尤为明显。耕地的非法流转与征用,农业生产专项资金的贪污挪用,以及农产品的销售渠道不畅,农村基层民主自治中的违法违规行为等问题,都是关系到农民切身利益的重大问题。由于各种原因,农民的合法权益往往得不到有效保障。此外,要顺利推行政治社会化,还要求政府的行政行为必须公开透明,尽量消除民众由于信息不对称而导致的弱势地位,通过网络、报纸、新闻等媒介向社会公布自身职能的权限和范围。只有通过这些具体措施打造实实在在的透明政府,公民对自身拥有的权利以及利益需求的可实现性才能够得到充分的了解,政府的统治合法性才能够得到有效维护,从而为和谐社会的构建奠定思想和文化基础。

其次,推进政治民主化的进程。经过30多年的改革开放,我国的政治民主化已经达到一定的水平,广大民众在民主选举、民主决策、民主管理、民主监督、民主自治等方面都享有了一定的权利。需要指出的是,仅依靠政治民主化并不能够必然实现善政。这是因为,民主政治的主体仍然是政府,与民众拥有的民主权利相比较,政府明显处于绝对的优势地位。因而善政理念的实现,同时依赖于民众广泛的政治参与,从而改变民众所处的不利地位,将政府享有的公共权力限制在公共领域中,杜绝对私域的侵犯;同时依靠民众力量的加强来规范和引导政府的公共服务朝着善政与和谐的方向发展。在民主选举方面,应完善《选举法》的配套措施,切实保障民众的选举权。在民主决策方面,应广泛征求社会各个阶层的意见和建议,建立专门和固定的决策听证会,并能够真正在政策草案的修改中积极接纳与吸收。"民主政治并不能保证每一项决策都是科学和理性的,例如第二次世界大战前英国和法国对法西斯德国的绥靖政策。没有民主政治的决策并不都是非科学的,但是灾难性的政策远多于民主政治中的决策。"[1]从根本上说,广大的普通民众是政治决策失误成本的最终承担者,也是政治决策最主要的服务对象。因此,要实现和谐社会的善政理念,势必要严格抑制决策的失误成本;在这当中,积极发挥民众的政治参与热情无疑是关键的。

最后,在社会自治方面,政府公共权力的触角在城市社区与农村基层实现了大范围的退出,给了广大民众通过民主选举和监督来管理自身生活和秩序的机会和政治空间。客观而言,我国当前的社区自治与农村基层民主自治都已经达到了一定的水平,对于居民生活水平的改善与提高起到了一定的促进作用,也显示了善政理念在基层的强大生命力。而基层民主的试水反过来也给我国普遍的民主化改革提供了一定的动力和借鉴。不过,也应当看到,我国目前的基层民主试验已经出现了一些偏差,有些偏差甚至严重背离了自治的目标与初衷。主要表现在乡镇、街道办等公共权力的触角在一些基层仍然处于主导地位,对基层自治的过分干预或过度放任导致了基层自治出现了越来越多的不和谐的音符:公共权利的过分干预导致了基层自治异化为基层政府附属机构,对基层自治的干部进行干预和控制;公共权力的过度放任导致了基层自治选举中频频出现"金钱换选票"的贿选事件愈演愈烈。显然,公共权力对基层自治的插手,其本质是将政府的公共服务的理念重新拉回到过去的严格管制的旧时代,无疑是在拉历史发展的倒车;而"金钱换选票"尽管能够在短时期内为民众生活的改善提供一定的帮助,但是从长远来看,无疑是对自治的极大破坏,最终也必将给广大民众生活的提高产生阻碍作用。因此不难发现,要破除当前的自治困局,实现善政理念,顺利构建和谐的社会秩序,公共权力必须要从基层自治中退出,从以前的管理者与裁判者转变为自治的引导者与矫正者,从而为民众的自治保驾护航,促进民众生活的自主与幸福。

---

[1] 杨光斌:《政治学导论》,北京:中国人民大学出版社2004年版,第249页。

后 记

这本教材是我所主持的 2007 年度国家精品课程"行政伦理学"建设的一部分。我先后组织或参与编写过《行政伦理导论》《现代公共管理伦理导论》《公共治理与公共伦理》《公共伦理案例与分析》等专著和教材。在长期的教学和研究实践中，深感要编写出一部优秀教材之艰难，同时也认识到编写一本简明教材的重要性。国内关于行政伦理学的教材和专著不下数十种，各有特色，我们充分吸收了它们的优秀成果，按照我们自己的思路编写了这本教材。我们选择了当下行政伦理中最为重要的一些理论问题和现实问题进行分析，初步勾勒出行政伦理学的知识地图。

提纲由我和左高山博士商定，编写组的成员都是从事公共行政学或行政伦理学教学与研究的青年学者。在本书的编写过程中，左高山博士协助我完成了书稿的统稿和修改工作。

各章写作分工如下：

第一章、第二章、第三章、第四章、第八章由左高山撰写；

第五章由周谨平、李建华撰写；

第六章由万国威、李建华撰写；

第七章、第十章由吴晓林、李建华撰写；

第九章、第十一章由牛磊、李建华撰写。

由于水平有限，教材肯定存在某些问题，恳请广大读者在使用本书的过程中多多提出批评意见和建议，以便日后修订和完善，进一步推动我国行政伦理学的教学和学科建设。

李建华

2010 年 1 月

21 世纪公共管理学系列教材

(已出书目)

公共行政学(第三版)(普通高等教育"十一五"国家级规划教材)	张国庆	主编
公共政策分析(普通高等教育"十五"国家级规划教材)	陈庆云	主编
人力资源开发与管理——在公共组织中的应用	萧鸣政	主编
公共经济学(北京市高等教育精品教材)	黄恒学	主编
现代行政领导学	李成言	著
城市管理学(北京市高等教育精品教材立项)	张 波 刘江涛	编著
地方政府管理学	曾 伟 罗 辉	主编
西方公共行政学思想与流派	谭功荣	著
西方管理思想史	姜 杰	等编者
现代绩效考评技术及其应用(第二版)	萧鸣政	著
中国民族自治地方公共管理导论(北京市高等教育精品教材立项)	李俊清	著

新编公共行政与公共管理学系列教材

（已出书目）

公共行政学	张康之 李传军	著
公务员制度概论	谭功荣	编著
公共事业管理概论	徐双敏	主编
公共政策学	冯　静	著
社会求助学（普通高等教育"十一五"国家级规划教材）	乐　章	主编
政府公共关系（北京市高等教育精品教材立项）	唐　钧	著
公共部门管理学（北京市高等教育精品教材建设立项项目）	程惠霞	编著
行政伦理学（国家精品课程教材）	李建华 左高山	主编

读者朋友如有使用上述教材的意向或意见，或有编写出版教材的意向，请直接与北京大学出版社社会科学编辑室联系。联系地址：北京市海淀区成府路205号，北京大学出版社社会科学编辑室(100871)。

联系电话：010 - 62753121/62765016（编辑部）；62752015（邮购部）。

电子邮件地址：ss@ pup. pku. edu. cn。

如欲查询我社更多相关图书信息，可登录我社网站(www. pup. cn)或我社市场营销中心网站(www. pupbook. cn)。谢谢！